数学模型在生态学的应用及研究(26)

The Application and Research of Mathematical Model in Ecology(26)

杨东方　苗振清　编著

海洋出版社

2013 年 · 北京

内 容 提 要

通过阐述数学模型在生态学的应用和研究,定量化的展示生态系统中环境因子和生物因子的变化过程,揭示生态系统的规律和机制,以及其稳定性、连续性的变化,使生态数学模型在生态系统中发挥巨大作用。在科学技术迅猛发展的今天,通过该书的学习,可以帮助读者了解生态数学模型的应用、发展和研究的过程;分析不同领域、不同学科的各种各样生态数学模型;探索采取何种数学模型应用于何种生态领域的研究;掌握建立数学模型的方法和技巧。此外,该书还有助于加深对生态系统的量化理解,培养定量化研究生态系统的思维。

本书主要内容为:介绍各种各样的数学模型在生态学不同领域的应用,如在地理、地貌、水文和水动力,以及环境变化、生物变化和生态变化等领域的应用。详细阐述了数学模型建立的背景、数学模型的组成和结构以及其数学模型应用的意义。

本书适合气象学、地质学、海洋学、环境学、生物学、生物地球化学、生态学、陆地生态学、海洋生态学和海湾生态学等有关领域的科学工作者和相关学科的专家参阅,也适合高等院校师生作为教学和科研的参考。

图书在版编目(CIP)数据

数学模型在生态学的应用及研究. 26/杨东方等编著.
—北京:海洋出版社,2013.12
ISBN 978 – 7 – 5027 – 8677 – 9

Ⅰ.①数…　Ⅱ.①杨…　Ⅲ.①数学模型 – 应用 – 生态学 – 研究　Ⅳ.①Q14

中国版本图书馆 CIP 数据核字(2013)第 240930 号

责任编辑: 方　菁
责任印制: 赵麟苏

海洋出版社　出版发行

http://www.oceanpress.com.cn
北京市海淀区大慧寺路 8 号　邮编:100081
北京华正印刷有限公司印刷　新华书店北京发行所经销
2013 年 12 月第 1 版　2013 年 12 月第 1 次印刷
开本:787 mm×1092 mm　1/16　印张:19.25
字数:460 千字　定价:60.00 元
发行部:62132549　邮购部:68038093　总编室:62114335

海洋版图书印、装错误可随时退换

《数学模型在生态学的应用及研究(26)》编委会

数学是结果量化的工具

数学是思维方法的应用

数学是研究创新的钥匙

数学是科学发展的基础

杨东方

要想了解动态的生态系统的基本过程和动力学机制,尽可从建立数学模型为出发点,以数学为工具,以生物为基础,以物理、化学、地质为辅助,对生态现象、生态环境、生态过程进行探讨。

　　生态数学模型体现了在定性描述与定量处理之间的关系,使研究展现了许多妙不可言的启示,使研究进入更深的层次,开创了新的领域。

杨东方

摘自《生态数学模型及其在海洋生态学应用》

海洋科学(2000),24(6):21 − 24.

前　言

细大尽力,莫敢怠荒,远迩辟隐,专务肃庄,端直敦忠,事业有常。

——《史记·秦始皇本纪》

　　数学模型研究可以分为两大方面:定性和定量的,要定性地研究,提出的问题是:"发生了什么? 或者发生了没有?",要定量地研究,提出的问题是"发生了多少? 或者它如何发生的?"。前者是对问题的动态周期、特征和趋势进行了定性的描述,而后者是对问题的机制、原理、起因进行了定量化的解释。然而,生物学中有许多实验问题与建立模型并不是直接有关的。于是,通过分析、比较、计算和应用各种数学方法,建立反映实际的且具有意义的仿真模型。

　　生态数学模型的特点为:(1)综合考虑各种生态因子的影响。(2)定量化描述生态过程,阐明生态机制和规律。(3)能够动态的模拟和预测自然发展状况。

　　生态数学模模型的功能为:(1)建造模型的尝试常有助于精确判定所缺乏的知识和数据,对于生物和环境有进一步定量了解。(2)模型的建立过程能产生新的想法和实验方法,并缩减实验的数量,对选择假设有所取舍,完善实验设计。(3)与传统的方法相比,模型常能更好地使用越来越精确的数据,从生态的不同方面所取得材料集中在一起,得出统一的概念。

　　模型研究要特别注意:(1)模型的适用范围:时间尺度、空间距离、海域大小、参数范围。例如,不能用每月的个别发生的生态现象来检测1年跨度的调查数据所做的模型。又如用不常发生的赤潮的赤潮模型来解释经常发生的一般生态现象。因此,模型的适用范围一定要清楚;(2)模型的形式是非常重要的,它揭示内在的性质、本质的规律,来解释生态现象的机制、生态环境的内在联系。因此,重要的是要研究模型的形式,而不是参数,参数是说明尺度、大小、范围而已;(3)模型的可靠性,由于模型的参数一般是从实测数据得到的,它的可靠性非常重要,这是通过统计学来检测。只有可靠性得到保证,才能用模型说明实际的生态问题;(4)解决生态问题时,所提出的观点,不仅从数学模型支持这一观点,还要从生态现象、生态环境等各方面的事实来支持这一观点。

　　本书以生态数学模型的应用和发展为研究主题，介绍数学模型在生态学不同领域的应用，如在地理、地貌、气象、水文和水动力，以及环境变化、生物变化和生态变化等领域的应用。详细阐述了数学模型建立的背景、数学模型的组成和结构以及其数学模型应用的意义。认真掌握生态数学模型的特点和功能以及注意事项。生态数学模型展示了生态系统的演化过程和生态数学模型预测了自然资源可持续利用。通过本书的学习和研究，促进自然资源、环境的开发与保护，推进生态经济的健康发展，加强生态保护和环境恢复。

　　本书获得浙江海洋学院出版基金、浙江海洋学院承担的"舟山渔场渔业生态环境研究与污染控制技术开发"、海洋渔业科学与技术（浙江省"重中之重"建设学科）和"近海水域预防环境污染养殖模型"项目、海洋生态环境动态评价与预警技术研究（201305012－2）、国家海洋局北海环境监测中心主任科研基金——长江口、胶州湾、莱州湾及其附近海域的生态变化过程（05EMC16）的共同资助下完成。

　　此书得以完成应该感谢北海环境监测中心崔文林主任和上海海洋大学的李家乐院长；还要感谢刘瑞玉院士、冯士筰院士、胡敦欣院士、唐启升院士、汪品先院士、丁德文院士和张经院士。诸位专家和领导给予的大力支持，提供的良好的研究环境，成为我们科研事业发展的动力引擎。在此书付梓之际，我们诚挚感谢给予许多热心指点和有益传授的其他老师和同仁。

　　本书内容新颖丰富，层次分明，由浅入深，结构清晰，布局合理，语言简练，实用性和指导性强。由于作者水平有限，书中难免有疏漏之处，望广大读者批评指正。

　　沧海桑田，日月穿梭。抬眼望，千里尽收，祖国在心间。

杨东方　苗振清

2012 年 11 月 1 日

目　次

灌溉用水量的预测公式

1 背景

一般的灌溉用水量历史数据较少,可以用灰色模型预测。但是,灰色预测方法理论上只适合预测呈近似指数增长规律的数据序列,而且求解参数 a 和 u 的算法存在理论误差。人工神经网络不但具有逼近任意函数的能力,而且具有高度并行的处理机制、高度灵活可变的拓扑结构以及强大的自组织、自适应能力和处理非线性问题的能力。鉴于此,迟道才等[1]提出了把人工神经网络和灰色预测方法结合成并联型灰色神经网络预测方法,用这种方法来预测灌溉用水量,并以预测方法有效度为优化指标求解组合模型加权系数。

2 公式

2.1 并联型灰色神经网络的结构

在这种模型中,首先采用灰色 GM(1,1) 模型和神经网络分别进行预测,然后对预测结果加以适当地有效组合作为实际预测值。其原理见图1[2]。

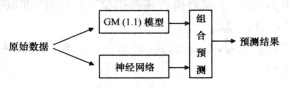

图1 并联型灰色神经网络模型

PGNN 实质是组合预测,目的是综合利用各种方法所提供的信息,避免单一模型丢失信息的缺憾,减少随机性,提高预测精度。一般采用算术平均组合方式,其公式为:

$$\hat{y}_t = k_1 \hat{y}_{1t} + k_2 \hat{y}_{2t} \qquad t = 1,2,\cdots,N \tag{1}$$

式中:$\hat{y}_t$ 为加权组合预测值;N 为待预测数据总数;$\hat{y}_{1t}$,$\hat{y}_{2t}$ 分别为使用灰色 GM(1,1) 模型和神经网络的预测值;k_1,k_2 为 2 种预测模型的加权系数。

2.2 加权系数的确定

预测模型的加权系数 k_1、k_2 如何确定是一个关键问题,可以根据有效度确定加权系数,

1

实验以常用的线性组合模型为例说明该方法。有效度是以预测精度反映预测方法的有效性,具有一定的合理性。其思想如下:

令

$$A_t = 1 - \left| \frac{y_t - \hat{y}_t}{y_t} \right| = 1 - \left| \frac{y_t - k_1 \hat{y}_{1t} - k_2 \hat{y}_{2t}}{y_t} \right| \tag{2}$$

式中:$y_t(t = 1, 2, \cdots, N)$ 为实际值。

则 A_t 构成组合预测的精度序列,该序列的均值 E 与均方差 σ 分别为

$$E = \frac{1}{N} \sum_{t=1}^{N} A_t, \sigma = \left[\frac{1}{N} \sum_{t=1}^{N} A_t^2 - \left(\frac{1}{N} \sum_{t=1}^{N} A_t \right)^2 \right]^{\frac{1}{2}} \tag{3}$$

定义组合预测方法的有效度为

$$S = E(1 - \sigma) \tag{4}$$

S 越大,说明预测模型的精度越高,预测误差越稳定,模型越有效[3]。我们可以借鉴有效度概念确定 k_1 和 k_2。

设 A_{1t} 和 A_{2t} 分别为使用灰色 GM(1,1) 模型和神经网络预测的精度序列,即

$$A_{it} = 1 - \left| \frac{y_t - \hat{y}_{it}}{y_t} \right| \qquad i = 1, 2; t = 1, 2, \cdots, N \tag{5}$$

由式(1)和式(2)可求出灰色 GM(1,1) 模型、神经网络的有效度 S_1 和 S_2,将 S_1 和 S_2 归一化作为加权系数 k_1 和 k_2,即

$$k_i = \frac{S_i}{\sum\limits_{i=1}^{2} S_i} \qquad i = 1, 2 \tag{6}$$

为了使预测结果更为精确,下面对组合预测模型进行优化,即以有效度为指标建立求解组合预测加权系数 k 的优化模型。

由于 S 越大,说明预测模型越有效,以式(2)为目标函数,考虑加权系数的规范性约束,可以得到如下的优化模型[4]:

$$\max(S) = E(A_t)[1 - \sigma(A_t)] = \left(1 - \frac{1}{N} \sum_{t=1}^{N} \left| 1 - \sum_{i=1}^{2} k_i \frac{\hat{y}_{it}}{y_t} \right| \right)$$

$$= 1 - \left\{ \frac{1}{N} \sum_{t=1}^{N} \left[1 - \left| 1 - \sum_{i=1}^{2} k_i \frac{\hat{y}_{it}}{y_t} \right|^2 \right] - \frac{1}{N^2} \left[\sum_{t=1}^{N} \left(1 - \left| 1 - \sum_{i=1}^{2} k_i \frac{\hat{y}_{it}}{y_t} \right| \right) \right]^2 \right\} \tag{7}$$

式中:$\sum\limits_{i=1}^{2} k_i = 1, \quad k_i \geqslant 0$。

模型中由于有绝对值的存在和加权系数所在位置的分散,其求解十分复杂,当对灌溉用水量的预测用于用水管理部门输配水系统的实时调度时将很不实用。因此,必须加以简化,寻求一个近似最优解。在只有两个预测方法组合的情况下,通过数学分析,可知 A_t、E (A_t)、$\sigma(A_t)$ 与组合加权系数 k 之间存在如下几个近似关系:

(1)组合预测精度 A_t 与组合加权系数 k 的近似关系：

$$A_t = kA_{1t} - (1 - k)A_{2t} \tag{8}$$

(2)组合预测精度序列均值 $E(A_t)$ 与组合加权系数 k 的近似关系：

$$E(A_t) = kE(A_{1t}) + (1 - k)E(A_{2t}) \tag{9}$$

(3)组合预测精度序列均方差 $\sigma(A_t)$ 与组合加权系数的近似关系：

$$\sigma(A_t) = \sigma_{\min} + \frac{\sigma(A_{1t}) - \sigma_{\min}}{1 - k_0}(k - k_0)$$

$$= \frac{\sigma(A_{1t}) - \sigma_{\min}}{1 - k_0}k + \frac{\sigma_{\min} - \sigma(A_{1t})k_0}{1 - k_0} \tag{10}$$

$$k_0 = \frac{\sigma^2(A_{2t}) - \mathrm{cov}(A_{1t}, A_{2t})}{\sigma^2(A_{1t}) + \sigma^2(A_{2t}) - 2\mathrm{cov}(A_{1t}, A_{2t})} \tag{11}$$

式中：$\mathrm{cov}(A_{1t}, A_{2t})$ 为协方差；$\sigma_{\min}$ 为最小均方差；k_0 为初始权系数。

$$\sigma_{\min} = [k_0^2\sigma^2(A_{1t}) + (1 - k_0)^2\sigma^2(A_{2t}) + 2k_0(1 - k_0)\mathrm{cov}(A_{1t}, A_{2t})]^{1/2} \tag{12}$$

将式(7)和式(8)代入优化模型(5)中得求解组合加权系数近似解的简化模型为：

$$\max\hat{S} = [(E(A_{1t}) - E(A_{2t}))/k + E(A_{2t})] \cdot$$

$$\left[1 - \frac{\sigma(A_{1t}) - \sigma_{\min}}{1 - k_0}k - \frac{\sigma_{\min} - \sigma(A_{1t})k_0}{1 - k_0}\right] \tag{13}$$

式中：$k_0 \leqslant k \leqslant 1$；$\hat{S}$ 为组合预测有效度估计值。

令 $\dfrac{\mathrm{d}S}{\mathrm{d}k} = 0$，使 $\hat{S}$ 达到最大时的最优解为：

$$k = \frac{1}{2}\left|\frac{(1 - \sigma_{\min}) - [1 - \sigma(A_{1t})]k_0}{\sigma(A_{1t}) - \sigma_{\min}} - \frac{E(A_{2t})}{E(A_{1t}) - E(A_{2t})}\right| \tag{14}$$

当由式(12)确定的 k 值不在 $[k_0, 1]$ 之间时，应对其进行修正如下：

$$k = k_{修正} = \sigma(A_{2t})/(\sigma(A_{1t}) + \sigma(A_{2t})) \tag{15}$$

2.3　PGNN 预测模型的步骤

(1)用灰色 GM$(1,1)$ 模型和人工神经网络模型分别进行预测，得到预测序列 y_1 和 y_2。

(2)由式(1)计算 $E(A_{1t})$、$E(A_{2t})$、$\sigma(A_{1t})$、$\sigma(A_{2t})$ 及两个序列的协方差 $\mathrm{cov}(A_{1t}, A_{2t})$。一般情况下两种预测方法是相互独立的，因此 $\mathrm{cov}(A_{1t}, A_{2t}) = 0$。

(3)由式(9)和式(10)求出 k_0，$\sigma_{\min}$。

(4)若 $k_0 = 0$，则 $k = 1$，转步骤(5)，否则转步骤(6)。

(5)计算组合预测值，输出预测值序列，结束计算。

(6)按式(11)至式(13)求出权系数，转步骤(5)。

2.4　PGNN 预测模型的实例计算

实验使用 1993—2002 年的实测灌溉用水量数据预测 2003—2005 年的灌溉用水量。灰色预测方法和神经网络方法的预测结果见表 1[5]。

表 1　两种方法的预测结果

项目	年　份										
	1995	1996	1997	1998	1999	2000	2001	2002	2003	2004	2005
灌溉用水量实测值/$10^8 m^3$	1.935	2.233	3.026	1.602	2.493	2.440	2.589	3.139	2.681	3.339	24.487
灌溉用水量灰色预测值/$10^8 m^3$	1.935	2.205	2.297	2.393	2.493	2.597	2.705	2.818	2.936	3.058	3.086
灌溉用水量 BP 预测值/$10^8 m^3$	1.948	2.358	2.968	1.631	2.582	2.514	2.835	3.389	2.482	3.248	2.327

由式(1)至式(3)计算灰色模型的精度序列 A_{1t}、$E(A_1)$、$\sigma(A_1)$ 如下：

$A_{11} = 0.905, A_{12} = 0.916, A_{13} = 0.759, E(A_1) = 0.86, \sigma(A_1) = 0.071\,56$

计算神经网络模型的精度序列 A_{2t}、$E(A_2)$、$\sigma(A_2)$ 如下：

$A_{21} = 0.926, A_{22} = 0.973, A_{23} = 0.936, E(A_2) = 0.945, \sigma(A_2) = 0.020\,2$

灰色预测和神经网络预测两种预测方法是相互独立的,因此 $\text{cov}(A_{1t}, A_{2t}) = 0$。由式(9)、式(11)至式(14)计算得:

$$k_0 = 0.073\,9, \quad \sigma_{\min} = 0.019\,4, \quad k = 14.3$$

由于计算所得的 k 值不在 $[0.073\,9, 1]$ 之间,即不在 $[k_0, 1]$ 之间,所以要用式(15)对其修正:

$$k = k_{修正} = 0.22$$

则组合预测模型对 2003—2005 年的灌溉用水量预测结果分别是:

$$\hat{y}_1 = 2.582 \qquad \hat{y}_2 = 3.206 \qquad \hat{y}_3 = 2.494$$

上述各种方法的预测结果及其比较列入表 2。由表 2 可知,从最大误差和平均误差来看,组合预测结果最好,神经网络预测次之,灰色预测最差。

表 2　不同预测方法的预测结果比较

年份	实际灌水量 /$10^8 m^3$	灰色预测		神经网络预测		组合预测	
		预测值 /$10^8 m^3$	误差 /%	预测值 /$10^8 m^3$	误差 /%	预测值 /$10^8 m^3$	误差 /%
2003	2.681	2.936	9.51	2.482	7.42	2.582	3.70
2004	3.339	3.058	8.42	3.248	2.73	3.206	4.00
2005	2.487	3.086	24.09	2.327	6.43	2.494	0.30

3　意义

该方法使灰色预测方法和神经网络方法互相补充,取长补短,提高了预测精度,为灌溉用水量预测提供了一种新的有效途径。结果显示,灰色神经网络预测方法的平均误差为2.67%,明显低于单一的灰色预测方法和神经网络预测方法的平均误差,可以将这种组合方法应用于中长期灌溉用水量预测。

参考文献

[1] 迟道才,唐延芳,顾拓,等.灌溉用水量的并联型灰色神经网络预测.农业工程学报,2009,25(5):26 - 29.

[2] 陈淑燕,王炜.交通量的灰色神经网络预测方法.东南大学学报,2004,34(4):511 - 544.

[3] 王明涛.确定组合预测权系数最优近似解的方法研究.系统工程理论与实践,2000(3):104 - 109.

[4] 李斌,许仕荣,柏光明,等.灰色 - 神经网络组合模型预测城市用水量.中国给水排水,2002,18(2):66 - 68.

[5] 飞思科技产品研发中心.神经网络理论与 MATLAB7 实现.北京:电子工业出版社,2005:99 - 102.

屏蔽泵的轴向力平衡计算

1 背景

屏蔽泵的轴向力能否很好的平衡直接影响到屏蔽泵的安全可靠运行。屏蔽泵轴向力平衡设计技术已成为制约其大型化的难题之一。孔繁余等[1]对 PBN65 - 40 - 250 型屏蔽泵转子的轴向受力全面分析计算，综合屏蔽泵轴向力产生的各种原因，采用调整叶轮后密封环尺寸和平衡孔过流面积的方法，能有效地实现轴向力平衡设计。

2 公式

2.1 轴向力计算

2.1.1 盖板力 A_1 的计算

叶轮前后盖板不对称，前盖板在吸入口部分没有盖板。作用在后盖板上的压力，除前密封环以上部分与前盖板对称作用的压力相互抵消外，前密封环下部减去吸入压力所余压力产生的轴向力，方向指向叶轮入口，此力由下式计算：

$$A_1 = \pi\rho(R_{m1}^2 - R_h^2)\left[H_p - \frac{\omega^2}{8g}\left(R_2^2 - \frac{R_m^2 + R_h^2}{2}\right)\right] \tag{1}$$

式中：A_1 为盖板力，N；ρ 为液体密度，kg/m³；R_{m1} 为叶轮前密封环半径，m；R_h 为叶轮轮毂半径，m；H_p 为势扬程，m；ω 为旋转角速度，rad/s；R_2 为叶轮出口半径，m。

2.1.2 动反力 A_2 的计算

动反力指向叶轮后面，由下式计算：

$$A_2 = \rho Q_1(v_{m0} - v_{m3}\cos\alpha) \tag{2}$$

式中：A_2 为动反力，N；Q_1 为泵理论流量，m³/s；v_{m0}、v_{m3} 为叶轮进口稍前、出口稍后的轴面速度，m/s；α 为叶轮出口轴面速度与轴线方向的夹角。

2.1.3 电机转子体阻力件轴向力 A_3 的计算

轴向力 A_3 计算步骤是：

（1）由屏蔽泵的循环扬程、势扬程和冷却回路各阻力件的阻力系数、过流截面等参数求解出循环流量。

6

（2）由循环流量、各阻力系数分别求出相应阻力件的压头损失。

（3）由压头损失确定出压差力,调整相应阻力件的参数可调整循环流量、阻力件的压头损失,即调整轴向推力的大小。

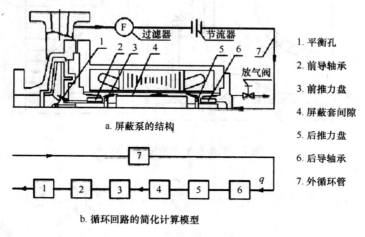

a. 屏蔽泵的结构

1. 平衡孔
2. 前导轴承
3. 前推力盘
4. 屏蔽套间隙
5. 后推力盘
6. 后导轴承
7. 外循环管

b. 循环回路的简化计算模型

图1　屏蔽泵循环回路的结构

PBN65 – 40 – 250 型屏蔽泵是串联循环回路,通常根据结构尺寸、加工工艺确定出合理的各阻力件的几何参数[2-3]。回路的简化如图1所示,冷却循环液流经各阻力件构成一个串联循环回路,循环流量可通过式(3)求解。因为

$$H_x = \sum_{i=1}^{7} h_i = \sum_{i=1}^{7} \zeta_i \frac{v_i^2}{2g} = \sum_{i=1}^{7} \zeta_i \left(\frac{q}{s_i}\right)^2 \frac{1}{2g}$$

所以

$$q = \sqrt{\frac{2gH_x}{\sum_{i=1}^{7} \frac{\zeta_i}{s_i^2}}} \tag{3}$$

式中: H_x 为循环回路全扬程, $H_x = H(m)$; h_i 为相对于 i 阻力件的压头降,m; v_i 为流经 i 阻力件的平均速度,m/s; ζ_i 为对应 i 阻力件的流阻系数; s_i 为对应 i 阻力件的过流面积,m²; q 为循环流量,m³/h。

2.2　轴向力平衡

在叶轮后盖板上设置密封环,同时在后盖板下部开平衡孔。由于液体流经密封环间隙的阻力损失,使密封下部的液体的压力下降,从而减小作用在后盖板上的轴向力[4-11]。轴向力的减小程度取决于后密封环尺寸和平衡孔的数量和大小。平衡孔泄漏量和平衡轴向力的计算,由图2可知。

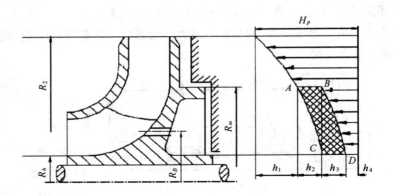

图 2　平衡孔平衡程度的计算

$$H_p = h_1 + h_2 + h_3 + h_4 = \frac{1}{8g}(u_2^2 - u_B^2) + \frac{q^2}{2g}\left(\frac{\zeta_m}{F_m^2} + \frac{\zeta_B}{F_B^2}\right)$$

则

$$q = \sqrt{\frac{\left[H_p - \frac{1}{8g}(u_2^2 - u_B^2)\right]2g}{\left(\frac{\zeta_m}{F_m^2} + \frac{\zeta_B}{F_B^2}\right)}} \tag{4}$$

式中:ζ_m 为密封间隙阻力系数,$\zeta_m = 1.5 + \frac{\lambda L}{2b}$,摩擦阻力系数 $\lambda = 0.04 \sim 0.06$,b 是密封间隙值,L 是间隙为 b 的密封间隙长度;ζ_B 为平衡孔阻力系数,通常 $\zeta_B = 2$;$F_m = D_m \pi b$ 为密封间隙过流面积,m^2,D_m 为密封环直径;$F_B = \frac{d^2}{4}\pi k_1$ 为平衡孔总面积,m^2,K_1 为平衡孔个数。

平衡轴向力的数值等于 ABCD 部分压力体的体积重量,可按下式计算

$$F_2 = \frac{\zeta_m}{2g}\left(\frac{q}{F_m}\right)^2 \rho g \pi (R_m^2 - R_h^2) \tag{5}$$

若 $F_2 = F_1$,则转子体轴向力完全平衡。如果 F_2 与 F_1 相差不大,则轴向力平衡设计可以认可,否则要重新设计叶轮密封环半径。

2.2.1　屏蔽泵轴向力计算结果

BN65 - 40 - 250 型屏蔽泵轴向力的计算结果见表 1。

表 1 轴向力计算结果

流量 $Q/(\mathrm{m^3 \cdot h^{-1}})$	30.0
扬程 H/m	52.0
转速 $n/(\mathrm{r \cdot min^{-1}})$	2 900
叶轮出口半径 R_2/mm	127.0
轮毂半径 R_n/mm	24.5
密封环半径 R_m/mm	59.0
势扬程 H_P/mm	39
盖板力 A_1/N	3 456
动反力 A_2/N	−42.0
轮毂轴端引起 A_3/N	308.8
轴向分力之和 F_1/N	3 722.8
循环流量 $q/(\mathrm{m^3 \cdot h^{-2}})$	3.40
平衡孔和密封环平衡力 F_2/N	3 441.9
剩余轴向力 $F_1 - F_2/\mathrm{N}$	280.9

3 意义

通过屏蔽泵转子的轴向受力全面分析计算[1],采用调整叶轮后密封环尺寸和平衡孔过流面积的方法,能有效地实现轴向力平衡设计。经过平衡计算和试验验证,理论计算值与实测值基本一致,说明屏蔽泵轴向力的平衡计算是有意义的。而且根据综合受力计算,轴向力平衡的设计计算方法具有工程应用价值。

参考文献

[1] 孔繁余,高翠兰,张旭峰,等. PBN65 - 40 - 250 型屏蔽泵轴向力平衡计算及其试验. 农业工程学报,2009,25(5):68 - 72.

[2] 孔祥花,孔繁余,季建刚,等. 屏蔽泵冷却润滑回路分析计算. 水泵技术,2006(5):8 - 10.

[3] 孔繁余,袁寿东,施卫东,等. 屏蔽泵循环回路的设计试验研究. 2002 中国流体机械技术流体机械专刊,2002(10):353 - 356.

[4] 陆雄,范宗霖,薛建欣. 单级单吸离心泵后密封环加大量和平衡孔直径最佳值实验研究. 水泵技术,1998(5):3 - 9.

[5] 孔繁余,刘建瑞,施卫东,等. 高速磁力泵轴向力平衡计算. 农业工程学报,2005,21(7):69 - 72.

[6] 陆伟刚,李启锋,施卫东,等. 减小叶轮后盖板直径的轴向力试验. 排灌机械,2008,26(1):1 - 5.

［7］ 高红俐,杨继隆,叶力. 分段式多级离心泵的轴向力计算. 水泵技术,2000(2):8－12.

［8］ 陆伟刚,张金凤,袁寿其. 离心泵叶轮轴向力自动平衡新方法. 中国机械工程,2007,18(17):2037－2040.

［9］ 李多民. 磁力传动离心泵轴向力的计算与平衡方法. 流体机械,2002(6):14－16.

［10］ 孔繁余,高翠兰,季建刚,等. 基于 Visual C＋＋610 软件平台的屏蔽泵轴向力计算. 排灌机械,2008,26(6):15－19.

［11］ 施卫东,李启锋,陆伟刚,等. 基于 CFD 的离心泵轴向力计算与试验. 农业机械学报,2009,40(1):60－63.

机械设备的故障诊断模型

1 背景

为了实现对柴油机故障诊断系统的最小化和系统诊断模型的通用化,郑发泰等[1]在机械设备的故障诊断数据处理方面,在对特征量提取算法、主特征量提取算法、神经元网络系统进行深入比较研究的基础上,建立了机械设备故障诊断系统统一的数据结构和模型算法,结合 MATLAB 的工具包实现了机械故障诊断系统(MFDS)软件包的开发。

2 公式

2.1 MFDS 模型表示

机械设备的故障诊断问题,是将机械设备作为一个系统,通过检测反映系统异常工作状态的信息来判定是否发生故障,这些信息可用如下的模型表示:

$$Y = f(U, X, \theta) \tag{1}$$

式中:Y 为可测的输出信息,它一般是直接测量的量;U 为可测或者是不可测的输入信息,它是影响 Y 的输入量。例如,如果 Y 是振动信号,U 则表示了振源;X 为这一过程的状态量,即它可以从输入输出信息推导出内部过程的状态;θ 为这一模型中的参数。在 MFDS 中,主要模型设置有:

$$(\text{ARMAI}): A(q^{-1})y(t) = B(q^{-1})u(t) + C(q^{-1})e(t) \tag{2}$$

$$(\text{ARMA}): A(q^{-1})y(t) = C(q^{-1})e(t) \tag{3}$$

$$(\text{ARMAIP}): A(q^{-1}, P)y(t) = B(q^{-1}, P)u(t) + C(q^{-1}, P)e(t) \tag{4}$$

$$(\text{ARMAP}): A(q^{-1}, P)y(t) = C(q^{-1}, P)e(t) \tag{5}$$

$$(\text{PLI}): y(t) = C_0 + C_1 u(t) + C_2 u(t) + \cdots\cdots \tag{6}$$

$$(\text{PL}): y(t) = C_0 + C_1 e(t) + C_2 e(t) + \cdots\cdots \tag{7}$$

$$(\text{NL}): y(t) = NL(u(t)) \tag{8}$$

式中:ARMAI 为数据输入模型;ARMA 为时序模型,$e(t)$ 为不可测输入量,q^{-1} 为单位滞后算子,这一模型包括了 AR 和 MA 模型[2];ARMAIP 和 ARMAP 为非线性模型;$u(t)$ 为离散随机过程,A、B 和 C 多项式的每一个系数都是 P 的非线性函数,即:

$$A(q^{-1},P) = 1 + a_1(P)q^{-1} + a_2(P)q^{-2} + \cdots\cdots + a_n(P)q^{-n} \tag{9}$$

PLI 和 PL 为多项式模型;NL 为神经元网络模型[3-6]。从这些模型可以得出对应的状态空间模型。对于机械的某一个系统,每一个测量的量或是每一组测量的量,都可用一个模型表示,因而一个系统可用如下的一组模型表示:

$$S = \{y_1, u_1, f_1; y_2, u_2, f_2; \cdots\cdots y_m, u_m, f_m\} \tag{10}$$

因此,在整个故障诊断过程中,无非是从 S 出发,经过特定的算法得出 S 的变化量 C(特征量)。它可表示为:

$$C = \{\Delta y_1, \Delta e_1, \Delta x_1, \Delta\theta_1 \cdots\cdots \Delta y_m, \Delta e_m, \Delta x_m, \Delta\theta_m\} \tag{11}$$

从 C 得出模型的输出变化量 Δy,不可测输入变化量 Δe,状态变化量 Δx 和参数变化量 $\Delta\theta$,这些变化反映了系统的故障信息,将这些变化量即特征信息压缩和提取[7],则可得出故障的征兆信息 $M = \{m_1, m_2, \cdots\cdots m_l\}$。将这些征兆送入神经元网络进行模式识别和聚类,最终得出系统的故障信息 $D = \{d_1, d_2, \cdots\cdots d_\lambda\}$。整个故障诊断过程可归纳表示为:

$$S \xrightarrow{CA} C \xrightarrow{MA} M \xrightarrow{DA} D$$

式中:CA 为特征量提取算法;MA 为征兆量提取算法;DA 为神经元网络,它给出了故障判别算法,加上神经元网络的学习算法 LA,$MFDS$ 整个软件包由 4 类算法(CA、MA、DA 和 LA)和 4 个对象(S、C、M、D)即数据结构组成:

$$MFDS = \{(S,C,M,D),(CA,MA,DA,LA)\} \tag{12}$$

2.2　数据结构与软件的实现

整个 MFDS 由 MATLAB 语言实现,系统主要定义了 H 矩阵以及(C,M,D) 阵。其中特征量 C,征兆量 M,故障量 D 由相应的矩阵实现,其他量由 H 阵实现,称之为系统的回路结构阵。系统把每一个子系统称之为一个回路,S 由 m 个回路组成,它对应于 S 的 m 个模型表示,这样 MFDS 由下列算法组成:$H = \text{defloop}$,它给出了对应一个特定系统的模型;从 $C = CA(H)$ 得出这一系统按照 H 中的 CA 规定的特征量;从 $M = MA(H,C)$ 得出这一系统按照 H 中的 MA 规定的征兆量;从 $D = DA(M)$ 给出这一系统的故障信息。

由于采用了数据结构的形式,对于不同的系统,只要定义对应的 H 阵,MFDS 就可以适用于各种系统的故障诊断系统,同时每一个 H 阵,就代表一个特定的系统,它可以保存起来,因而就形成了特定系统的故障诊断系统。

2.2.1　回路结构阵和特征量的形式

为了软件包编写方便、结构简单,将系统中的一些参数以矩阵形式放入数据文件中,回路结构 H 阵主要内容如下:

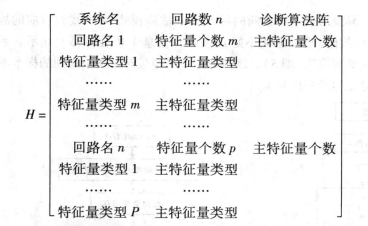

$$H = \begin{bmatrix} 系统名 & 回路数\,n & 诊断算法阵 \\ 回路名\,1 & 特征量个数\,m & 主特征量个数 \\ 特征量类型\,1 & 主特征量类型 \\ \cdots\cdots & \cdots\cdots \\ 特征量类型\,m & 主特征量类型 \\ \cdots\cdots & \cdots\cdots \\ 回路名\,n & 特征量个数\,p & 主特征量个数 \\ 特征量类型\,1 & 主特征量类型 \\ \cdots\cdots & \cdots\cdots \\ 特征量类型\,P & 主特征量类型 \end{bmatrix}$$

其中诊断算法阵定义为一维数组 $a = [MC, BP, BAM]$；MC：矩阵联想记忆诊断算法；BP：BP 网络诊断算法；BAM：双向联想记忆诊断算法。特征量类型：时域、频域、波形、振动；主特征量类型：时域：残差、频谱、欧氏距离、马氏距离、信息距离。频域：总能量、加权总能量；波形：波形加权差异和指数差异。

2.2.2 软件包的主要程序框图

软件包主要包括主程序流程（图 1）。该模块主要是从选择的回路数 h、程序设置的回路循环变量 k、特征量循环变量 i 等参数来实现特征量的提取。其诊断算法见图 2。该模块

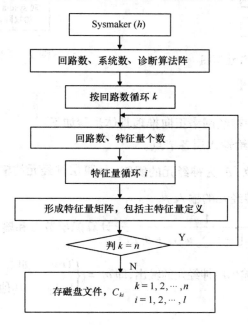

图 1 软件包主要程序框图

主要是通过比较输出的标准差异量形成一个诊断向量 x，并在故障模式 M 中找到对应的故障解释信息 Y(第三缸有确定性故障：喷油雾化不好)，该解释信息 Y 可在屏幕上显示。系统通过对样本的学习构成系统学习算法(图3)。该部分主要是通过对设备采集到的样本不断学习聚类形成新的标准差异量和诊断向量 x。

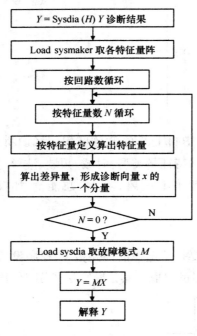

图 2　系统诊断算法框图

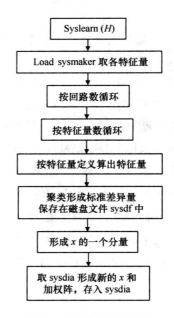

图 3　系统学习算法框图

2.3　神经网络并行推理

对于 MFDS 所构成的神经网络正向推理具体步骤如下：

(1)将原始数据提交给输入层各节点。

(2)由 $x_i = \sum\limits_{j} w_{ij} + \theta_i (\theta_i$ 为神经元的阈值$)$ 计算层神经元的输出 $y_i = f_i(x_i)$，并将其作为隐层神经元或输出层神经元的输入。

(3)由 $y_i = \dfrac{1}{\{1 + \exp[-(\sum w_{ij} y_j + \theta_i)]\}}$ 计算隐层节点和输出层神经元的输出。

(4)由阈值函数判定输出层神经元的输出，即 $o_i = \begin{cases} \text{True} & \text{如果 } y_i \geq \theta_i \quad \text{其中 } 0 < \theta_i \leq 1 \\ \text{False} & \text{其他} \end{cases}$

3 意义

在特征量提取算法、主特征量提取算法和神经元网络系统的基础上,采用了数据结构的形式,MFDS 可以适用于各种系统的故障诊断系统,诊断算法包括了矩阵联想记忆诊断算法、BP 网络诊断算法、双向联想记忆诊断算法。通过对测量取得的数据经过 MFDS 的学习与诊断,结果表明,该系统可以快速准确地给出诊断结果,对完善柴油机等复杂机械系统的故障诊断理论和水平具有实际意义。

参考文献

[1] 郑发泰,郭俊杰. 柴油机故障诊断系统的数据结构与模型算法. 农业工程学报,2009,25(5):78 - 82.

[2] 郑发泰,郭俊杰. 时序分析及特征量的提取在柴油机喷油嘴故障诊断中的应用研究. 柴油机,2006,(5):10 - 12.

[3] 朱大奇,史惠. 人工神经元网络原理及应用. 北京:科学出版社,2006.

[4] 郑发泰,郝玉萍. 神经网络应用于工程机械故障诊断的研究. 工程机械,2004(4):3 - 5.

[5] 田景文,高美娟. 人工神经网络算法研究及应用. 北京:北京理工大学出版社,2006.

[6] 肖键华. 智能模式识别. 广州:华南理工大学出版社,2006.

[7] 郑发泰. 基于神经元网络故障诊断主特征量提取的应用研究. 煤矿机械,2007(6):188 - 190.

小麦播种机的性能评估公式

1 背景

探索科学合理的小麦免耕播种机性能指标评价方法,对保护性耕作技术的推广应用有重要意义。赵丽琴等[1]以 2BMF-9 型小麦免耕播种机为研究对象,对小麦免耕播种机评价指标体系构建、指标测定方法与权重进行研究,同时采用灰色评估模型,给出各指标高、中、低级别的参考值。为小麦免耕播种机性能评价指标体系的研究提供了参考方法,为制定其性能评价指标提供了理论依据。

2 公式

2.1 性能指标的测定方法公式

2.1.1 通过性

实验把通过性指标定量化,采用判断现象打分法,用机具堵塞总分(SB)来评价。据调查,当地免耕地长度在 200 m 左右,故约定在往返单程内选取连续 100 m 的播种行程,用观察法判断机具在播种过程中的堵塞现象,从堵塞物形成到自行流走或停机清理缠绕堵塞物记为 1 次堵塞,依堵塞所属现象设定 3 种分值(表1)。

各处理机具堵塞总分 = SUM(堵塞分值 × 堵塞次数),并求其平均值。

表1 通过性指标评价之堵塞现象与对应堵塞分值

类别	堵塞现象	堵塞分值
A	开沟器轻微挂草但无壅土,堵塞物即刻从行间自动流走,地表无拖痕,可能影响播种质量	1
B	开沟器挂草、壅土较多,堵塞物缠绕开沟器但尚可从行间自动流走,地表有不明显短距离拖痕	2
C	开沟器前后各部位被秸秆缠绕,有大量壅土,出现机具无法行走或显动力不足,地表有明显的长距离拖擦印痕,严重影响播种质量	3

2.1.2 播种均匀性

国家机械行业标准《谷物播种机技术条件》,用播种均匀性变异系数 C_v 评价播种均匀性。为了避免由于地轮滑移率瞬变而引起播量稳定性变差,采用的测试方法:在往返单程

16

内交错抽取 5 个小区,测定行数为 6 行,选左中右各 2 行。把轮胎行走之外的地表秸秆残茬全部取走并平整,把开沟器提起,输种管固定在开沟器后播种,让种子落在平整且无秸秆残茬的地表。测定时,以 10 cm 为一段,连续取 30 段为一小区。测定各行、各区段内种子粒数,按下式计算 C_V,并求其平均值。

$$C_V = S/\overline{X}$$

式中:$\overline{X}$ 为各小区平均粒数;S 为标准差。

2.1.3 覆土性能

用漏覆土率(R)来评价覆土性能。测定 R 时,只考虑种子暴露在外部的沟段长度,而把覆土厚度不足的沟段记入播深不合格项目中。在往返单程内交错抽取 5 个小区,每小区长度 10 m,测 6 行,选左中右各 2 行。测出每个区段内种子暴露在外部的沟段长度 L_i(m),按下式计算 R,求平均值。

$$R = \frac{1}{60} \sum L_i$$

2.1.4 播深稳定性

国家机械行业标准《谷物播种机技术条件》,用播深合格率(H)评价播深稳定性。测定方法:播前将种子染为红色(为了便于扒土测定播深和种肥间距),在往返单程内交错抽取 5 个小区,测 5 行,以镇压后的地面为基准,测量种子上部覆盖土层厚度,每行连续测 50 个种子深度。按下式计算各小区的 H 值,求平均值。以农艺要求播深为 h,($h \pm 1$)cm 为合格。

$$H = h_1/h_2$$

式中:h_1 为播深合格点数;h_2 为测定总点数。

2.1.5 种肥间距合格率

种肥间距与播深同时测定,且在施肥播种后立即进行,避免化肥溶解。在往返单程内交错抽取 5 个小区,测 5 行,测量种子与肥料的纵向距离。每行连续测 50 个种肥间距。按下式计算各小区的种肥间距合格率(D),求平均值。按农艺要求:种肥间距检测值不小于 3 cm 为合格。

$$D = d_1/d_2$$

式中:d_1 为种肥间距合格点数;d_2 为测定总点数。

2.2 性能评价指标的灰色统计评估公式

灰色统计是根据被评估样点的状态对评估指标进行归纳综合,确定其所属灰类[2]。考虑到机具通过性是免耕播种机作业的必要条件(表2),试验对设计的不同留茬高度、粉碎秸秆和不同覆盖量等 8 种试验处理进行对比(表3)。

表 2　各试验组合及相应的机具通过性堵塞总分

项目	B₁	B₂	B₃	B₄
A₁	11	20	21	30
	11	22	23	28
A₂	11	14	16	25
	9	14	18	23

表 3　试验处理修改前后机具通过性指标值对比数据

序号	原试验处理	机具堵塞总分	修改后试验处理		机具堵塞总分
			秸秆状态	覆盖量	
1	茬高 20 cm,覆盖量小于 3 000 kg/hm²	10			
2	茬高 20 cm,覆盖量 3 750 kg/hm²	21			
3	茬高 20 cm,覆盖量 4 500 kg/hm²	22			
4	茬高 25～30 cm,覆盖量 3 000 kg/hm²	21			
5	茬高 25～30 cm,覆盖量 3 750 kg/hm²	24	粉碎秸秆长 10 cm	2 500 kg/hm²	14
6	茬高 35 cm,覆盖量 3 000 kg/hm²	25	粉碎秸秆长 10 cm	2 000 kg/hm²	10
7	粉碎秸秆长 10 cm,覆盖量 4 500 kg/hm²	17			
8	粉碎秸秆长 10 cm,覆盖量 5 700 kg/hm²	24			

2.2.1　评估样本矩阵

被评估样本为 $a(a=1,2,\cdots,n)$;评估指标为 $b(b=1,2,\cdots,m)$;原始数据 d_{ab} 表示第 a 个样点的第 b 个指标值,则样本矩阵为:

$$D = \begin{bmatrix} d_{11} & \cdots & d_{1m} \\ \vdots & & \vdots \\ d_{n1} & \cdots & d_{nm} \end{bmatrix}$$

2.2.2　原始数据等测度变换

不同的指标序列,数据变化所反映的意义和效果不同。在评估前要对原始数据等测度化,使数据的变化趋势朝着目标所要求的方向[3]。播种均匀性变异系数、机具堵塞总分和漏覆土率,这 3 项指标值越小,机具性能越好,播种质量越高,故这 3 项指标用下限效果测度;其余两项指标用上限效果测度。

上限效果测度: $\delta = d/\max$

下限效果测度: $\delta = \min/d$

式中:δ 为测度值;d 为该数据列中的最大和最小值。

将性能指标矩阵中每个数据都据矩阵 D 变为等测度矩阵 δ。

2.2.3 建立各类别的白化权函数

分别按指标计算各样点的类别权系数,并列出各指标的类别权系数矩阵。

$$\delta_b = \begin{bmatrix} \delta_{11}(b) & \cdots & \delta_{1m}(b) \\ \vdots & & \vdots \\ \delta_{n1}(b) & \cdots & \delta_{nm}(b) \end{bmatrix}$$

式中:$a = 1,2,\cdots,n$,样点数;$b = 1,2,\cdots,m$,指标数。

3 意义

通过小麦免耕播种机性能评价指标体系,根据小麦播种机的性能评价指标和灰色评估公式,得到播深合格率和种肥间距合格率性能较好,播种均匀性一般,通过性和覆土性能较差;改善免耕播种机的性能,要以提高播种均匀性、通过性和覆土性能为目的,从机具结构设计和作业地表处理方面着手。参考样播种均匀性一般,而通过性和覆土性能较差。要改善小与标准差,分析试验数据,并结合实际提出小麦免耕播种机的性能,就要以提高播种均匀性、通过性和种机性能等评价指标的建议值。

参考文献

[1] 赵丽琴,郭玉明,张培增,等. 小麦免耕播种机性能指标体系的建立与灰色评估. 农业工程学报, 2009,25(5):89-93.

[2] 王学萌. 灰色系统方法简明教程. 成都:成都科技大学出版社,1993.

[3] 邓聚龙. 灰色系统基本方法. 武汉:华中科技大学出版社,2005.

机耕作业水平的预测模型

1 背景

农机化作业水平的预测是一个复杂的非线性系统,其发展变化具有增长性和波动性,对于拟合的方法要求较高。鞠金艳等[1]对黑龙江省农机化作业水平预测方法进行了研究,在传统预测模型灰色 GM(1,1)模型和回归预测模型的基础上建立了基础预测模型,对黑龙江省农机化作业水平进行了预测。

2 公式

2.1 机耕作业水平

2.1.1 灰色 GM(1,1)预测模型

机耕作业水平历史数据总体发展趋势是增大的,表现出复杂的非线性关系,但数据的波动不大,实验采用回归预测模型得到的 R^2 值不到 0.1,灰色预测模型算法当中的"累加生成"是使灰色过程由灰变白的一种方法,通过累加可以看出灰量积累过程的发展态势,使离乱的原始数据中蕴含的积分特性或规律充分显露出来。

灰色 GM(1,1)的基本形式为:

$$x^{(0)}(k) + az^{(1)}(k) = b, \qquad k = 1,2,\cdots,n \tag{1}$$

设 $X^{(0)}$ 为原始序列:

$$X^{(0)} = [x^{(0)}(1),x^{(0)}(2),\cdots,x^{(0)}(n)] \tag{2}$$

其中,$x^{(0)}(k) \geqslant 0, k = 1,2,\cdots,n$; ;$X^{(1)}$ 为 $X^{(0)}$ 的 1 - AGO 序列:

$$Z^{(1)} = (z^{(1)}(2),z^{(1)}(3),\cdots,z^{(1)}(n)) \tag{3}$$

其中,$Z^{(1)}(k) = 0.5(x^{(1)}(k) + x^{(1)}(k-1)), k = 2,3,\cdots,n$

若 $\hat{a} = [a,b]^T$ 为参数列,且

$$Y = \begin{bmatrix} x^{(0)}(2) \\ x^{(0)}(3) \\ \vdots \\ x^{(0)}(n) \end{bmatrix}, \quad B = \begin{bmatrix} -z^{(1)}(2) & 1 \\ -z^{(1)}(3) & 1 \\ \vdots & \vdots \\ -z^{(1)}(n) & 1 \end{bmatrix}$$

20

则 GM（1,1）模型 $x^{(0)}(k) + az^{(1)}(k) = b$ 的最小二乘估计参数列满足：$\hat{a} = (B^T B)^{-1} B^T Y$，则称方程 $\dfrac{dx^{(1)}}{dt} + ax^{(1)} = b$ 为 GM（1,1）模型 $x^{(0)}(k) + az^{(1)}(k) = b$ 的白化方程，也叫影子方程，解此白化方程可以得解为

$$x^{(1)}(t) = \left(x^{(1)}(1) - \frac{b}{a}\right)e^{-at} + \frac{b}{a} \tag{4}$$

GM（1,1）模型 $x^{(0)}(k) + az^{(1)}(k) = b$ 的时间响应序列为

$$x^{(1)}(k+1) = \left(x^{(0)}(1) - \frac{b}{a}\right)e^{-ak} + \frac{b}{a}, k = 1,2,\cdots,n$$

还原值：

$$x^{(0)}(k+1) = a^{(1)}\hat{x}^{(1)}(k+1) = \hat{x}^{(1)}(k+1) - \hat{x}^{(1)}(k)$$

$$= (1 - e^a)\left(x^{(0)}(1) - \frac{b}{a}\right)e^{-ak}, k = 1,2,\cdots,n \tag{5}$$

实验得到的机耕作业水平灰色预测模型为

$\hat{x}^{(1)}(n) = 52\,030.164\,86 e^{0.001\,53(n-1990)} - 51\,954.564\,86, n \geq 1990$ 的整数。

在利用此模型前要对其精度进行检验，计算其平均绝对百分误差为 6.19%，精度较高，满足进一步预测的要求。

2.2 植保农机化作业水平预测

植保农机化作业水平是指当年机械化植保作业面积占总播种面积的比例。数据波动较大，直接利用曲线拟合得到的三次函数拟合精度最高，拟合优度 R^2 为 0.817，平均绝对百分误差为 12.27%，可见拟合的精度并不理想。

2.2.1 平滑回归预测模型

时间序列平滑法是利用时间序列资料进行短期预测的一种方法。其基本思想在于：除一些不规则变动外，过去的时序数据存在着某种基本形态，假设这种形态在短期内不会改变，可以作为下一期预测的基础。平滑的主要目的在于消除时序数据的极端值，以某些较平滑的中间值作为预测的根据。移动平均的公式为

$$M_t^{[1]} = \sum_{i=1}^{N} Y_{t-i+1} \tag{6}$$

$$M_t^{[2]} = \sum_{i=1}^{N} M_{t-i+1}^{[1]} \tag{7}$$

式中：$M_t^{[1]}$ 为第 t 周期的一次平均数；$M_t^{[2]}$ 为第 t 周期的二次平均数；t 为周期数；Y_t 为第 t 周期的原始数据；N 为分段数据点数。

利用 EXCEL 软件和 SPSS 软件建立得到最后的预测模型为：

$$Y_n = 15.932\,2 \times e^{0.073(n-1991)}, n \geq 1992 \text{ 的整数}$$

对比曲线神经网络模型对 2008—2015 年黑龙江省农机化作业机收水平预测结果见表 1。

表1 2008—2015年黑龙江省农机化作业水平预测值

年份	机耕	机播	机收	植保	灌溉
2008	94.81	96.07	58.78	68.52	23.53
2000	97.29	97.69	63.17	75.52	24.92
2010	98.96	98.49	63.03	83.70	26.46
2011	100	98.88	64.98	90.77	28.07
2012	100	99.06	70.43	95.32	29.64
2013	100	99.15	75.75	97.61	31.01
2014	100	99.19	80.04	95.58	32.13
2015	100	99.20	83.24	98.94	32.97

3 意义

通过机耕作业的水平预测模型,对2008—2015年黑龙江省农机化作业机进行机收水平预测。结果表明,新的预测方法拟合精度高、有效、可行,为农机化作业水平的预测提供了一条新的途径;该地区机耕、机播、植保作业水平很高,但是机收作业水平不高,机械化灌溉是主要的"瓶颈",需要进一步发展。

参考文献

[1] 鞠金艳,王金武.黑龙江省农业机械化作业水平预测方法.农业工程学报,2009,25(5):83-88.

雾化喷头的阻抗有限元模型

1 背景

为了加速低频超声雾化栽培喷头(图1)的研发速度、降低研发成本,任宁等[1]提出了其阻抗的测试原理电路图,建立了阻抗分析的有限元模型,在大型通用有限元分析软件 AN-SYS 中进行了静态分析、模态分析和谐响应分析。应用静态分析、模态分析以及谐响应分析分别确定了静态电容、谐振频率和反谐振频率以及动态电阻、半功率点频率、动态电感、机械品质因数。

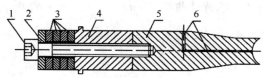

1. 螺栓;2. 后盖板;3. 压电陶瓷;4. 前盖板;5. 变幅杆;6. 流道

图1 低频超声雾化喷头结构

2 公式

低频超声雾化喷头等效电路如图2所示[2]。其中,C_0 为压电振子静态时等效电容,R_1 为动态时机械阻尼的电阻,L_1 为动态等效电感,C_1 为动态等效电容。

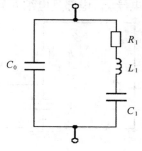

图2 等效电路图

用交流电路的复数表示等效电路的总阻抗(或导纳),设雾化喷头的总导纳、静态导纳和动态导纳分别为 Y、Y_0 和 Y_1,则:

$$Y = Y_0 + Y_1;\quad Y_0 = jwC_0 = jb_0;\quad Y_1 = g_1 + b_1$$

式中:b_0 为静态电纳,S;g_1 为动态电导,S;b_1 为动态电纳,S;w 为角频率,rad/s;j 为虚数单位。

由图2可知:

$$\left(g_1 - \frac{1}{2R_1}\right)^2 + b_1^2 = \left(\frac{1}{2R_1}\right)^2 \tag{1}$$

如果横坐标表示电导 g_1,纵坐标表示电纳 jb_1,当频率改变时,式(1)代表圆心在 $\left(\frac{1}{2R_1}, 0\right)$,半径为 $\frac{1}{2R_1}$ 的一个圆。当 $w = w_s = \frac{1}{L_1 C_1}$ 时,g_1 达到最大值 $g_1 = g_{1\max} = \frac{1}{R_1}$,$w_s$ 称为串联谐振角频率。根据 $g_{1\max}$ 可以确定串联谐振角频率 w_s、动态电阻 R_1。

根据文献[3]的 $b_1(w)$ 电纳特性曲线,当 $wL_1 - \frac{1}{wC_1} = \pm R_1$ 时,$g_1 = \frac{1}{2R_1} = \frac{1}{2}g_{1\max}$,是半功率点,相应的2个角频率 w_1、w_2 是半功点角频率。

动态电感定义为:

$$L_1 = \frac{R_1}{w_2 - w_1} \tag{2}$$

机械品质因数定义为:

$$Q_m = \frac{w_s L_1}{R_1} = \frac{w_s}{w_2 - w_1} = \frac{f_s}{f_2 - f_1} \tag{3}$$

式中:f_s 为串联谐振频率,Hz;f_1、f_2 为半功点频率,Hz。

根据半功点角频率 w_1 和 w_2,可以确定动态电感 L_1、机械品质因数 Q_m。

低频超声雾化喷头导纳的测试电路如图3所示。图3中 E 为电压源,P 为雾化喷头,R 为纯电阻,R 取值尽可能小些。测得雾化喷头两端的电压 U 及通过电阻 R 中的电流 I,即可得出雾化喷头的总导纳,其实部是电导 g_1,虚部是电纳 b_1。

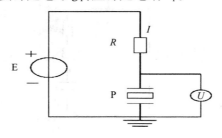

图3　测试原理电路

总导纳：

$$Y = \frac{\dot{I}}{\dot{U}} = g_1 + jb_1 \qquad (4)$$

由于试验中加入了采样电阻 R，动态电阻 R_1 做下列修正[4]：

$$R_1 + R = \frac{1}{g_{1\max}} \qquad (5)$$

$$L_1 = \frac{R_1 + R}{w_2 - w_1} \qquad (6)$$

3 意义

雾化喷头的阻抗有限元模型表明，从基础参数分析可知它们的误差都控制在 5% 左右，可以作为设计超声波发生器的计算依据；机械品质因数是根据动态电感和半功率点频率计算得出的，由于这两类数据都有误差，因此机械品质因数的误差相对也大一些。该研究有助于高设计效率，缩短设计周期，降低研发成本。

参考文献

[1] 任宁,高建民. 低频超声雾化栽培喷头阻抗特性的数值模拟. 农业工程学报,2009,25(5):115 - 118.

[2] 林书玉. 超声换能器的原理及设计. 北京:科学出版社,2004:238 - 239.

[3] 左全生. 压电换能器的导纳分析及其应用. 常州工学院学报,2000,13(2):37 - 42.

[4] 马雪花,蒋鑫元. 压电换能器导纳圆图的测定. 天津科技大学学报,2004,19(2):66 - 68.

扭振减振器的设计模型

1 背景

为提高扭振减振器设计的速度和精度,柴国英等[1]通过考察减振器结构参数对振动性能影响的关系,探讨了减振器各个参数的优化设计方法,然后通过扭振模型灵敏度分析以及设计导数的选择,对实际减振器进行了优化设计。建立了一种基于灵敏度分析的减振器结构参数优化设计模型。

2 公式

2.1 扭振减振系统动力学模型

轴系扭振系统与减振器构成多自由度受迫振动系统[2],其动力学模型如图1所示。

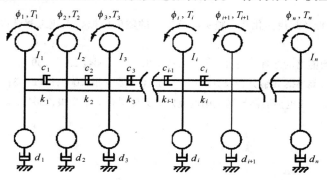

图 1 扭振系统动力学模型

图1中 I_1, k_1 为减振器的转动惯量、弹簧刚度,c_1 为减振器与主振系统间的阻尼系数,$I_i, k_i, d_i (i = 2, \cdots, n)$ 为轴系主振系统集中质量的转动惯量、弹簧刚度和阻尼系数,$c_2, c_3, \cdots,$ c_{n-1} 为主振系统集中惯量间的轴段阻尼,T_i 为作用在轴系上的激振力,ϕ_i 为轴系转动角度。

则振动系统运动微分方程为:

$$[I]\{\ddot{\phi}\} + [c]\{\dot{\phi}\} + [k]\{\phi\} = \{T\} \tag{1}$$

式中:$\dot{\phi}$ 和 $\ddot{\phi}$ 为分别表示转动角速度和角加速度,第 i 质量的运动微分方程为:

26

$$I_i \ddot{\phi}_i - k_{i-1}(\phi_{i-1} - \phi_i) + k_i(\phi_i - \phi_{i+1}) + d_i \dot{\phi}_i - c_{i-1}(\dot{\phi}_{i-1} - \dot{\phi}_i) + c_i(\dot{\phi}_i - \dot{\phi}_{i+1}) = T_i \sin \omega t$$

$$(2)$$

式中：ω 为激励频率，令 $\phi_i = \theta_i e^{j\omega t}$，$\theta_i$ 为振幅，j 为虚数单位。求导数并代入式（2），整理得：

$$(-k_{i-1} - j\omega c_{i-1})\theta_{i-1} + [(k_{i-1} + k_i - I\omega^2) + j\omega(c_{i-1} + c_i + d_i)]\theta_i - j\omega c_i \theta_{i+1} = T_i \sin \omega t / e^{j\omega t}$$

$$(3)$$

将式中实部虚部分开，令 $\theta_i = x_i + jy_i$，$T_i \sin\omega t / e^{j\omega t} = m_{xi} + jm_{yi}$ 带入整理，并当 i 取值为 1，2，$\cdots$，n 时，就得到了强制扭转振动的矩阵方程：

$$\begin{cases} ([k] - \omega^2[I])\{x\} - \omega[c]\{y\} = \{m_x\} \\ \omega[c]\{x\} + ([k] - \omega^2[I])\{y\} = \{m_y\} \end{cases}$$

$$(4)$$

或表示为：

$$\begin{pmatrix} k - \omega^2 I & \cdots & \omega c \\ \vdots & & \vdots \\ \omega c & \cdots & k - \omega^2 I \end{pmatrix} \begin{Bmatrix} x \\ \vdots \\ y \end{Bmatrix} = \begin{Bmatrix} m_x \\ \vdots \\ m_y \end{Bmatrix}$$

$$(5)$$

上述扭振减振系统的动力学方程中，包含减振器的所有参数，系统方程的动力学参数与扭振减振器的各种结构参数有关，动力方程可能对某些参数的变化不灵敏，但对另一些结构参数的变化灵敏。所以需要对动力方程中各种参数的灵敏度进行分析。

2.2 灵敏度分析

灵敏度的定义为：减振器参数的变化引起轴系自由振动固有频率的变化，参数在某一定值附近的小范围内变化时，固有频率变化大小与参数变化大小的比值为灵敏度[3]。在工程实践中，可以假设参数与频率都是连续可微的，因此灵敏度就可以用偏导数 $\dfrac{\partial \omega}{\partial b}$ 来表示。其中 ω 为轴系振动频率，b 为待变参数。

上述振动系统的无阻尼自由振动方程可以简记为：

$$[I]\{\ddot{\phi}\} + [k]\{\phi\} = 0$$

$$(6)$$

其特征值为：

$$([k] - \omega_i^2[I])X_i = 0 \qquad (i = 1, 2, \cdots, n)$$

$$(7)$$

式中：$[k]$ 为 $n \times n$ 的系统刚度矩阵；$[I]$ 为 $n \times n$ 的系统转动惯量矩阵；ω_i 为系统的固有频率；X_i 为对应于 ω_i 的振型向量。

则式前乘 X_i^T 得

$$X_i^T([k] - \omega_i^2[I])X_i = 0$$

$$(8)$$

设扭振减振器某结构参数 b 有微小变化时，系统的固有频率及振幅向量也有微小的改变，将式（8）对 b 取偏导数可得

27

$$X_i^T\left(\frac{\partial[k]}{\partial b} - 2\omega_{ni}[I]\frac{\partial\omega_{ni}}{\partial b} - \omega_{ni}^2\frac{\partial[I]}{\partial b}\right)X_i = 0 \qquad (9)$$

同时注意到：$X_i^T[I]X_i = [E]$，从而可得

$$\frac{\partial\omega_{ni}}{\partial b} = \frac{1}{2\omega_{ni}}X_i^T\left(\frac{\partial[k]}{\partial b} - \omega_{ni}^2\frac{\partial[I]}{\partial b}\right)X_i \qquad (10)$$

上式说明系统某结构参数 b 有微小变化时,对系统第 i 阶固有频率 ω_{ni} 有影响。则 $\dfrac{\partial\omega_{ni}}{\partial b}$ 就称为第 i 阶固有频率对结构参数 b 的灵敏度。

2.3　参数优化设计

为求解工程设计的数学模型,应优先选择可靠性好、收敛速度快、算法稳定性好及对参数敏感性小的优化方法和计算程序。考虑到扭转振动基频的特殊意义,计算出了减振器刚度 k_1,减振器转动惯量 I_1 在比较大区间的灵敏度。画出曲线如图2和图3所示。

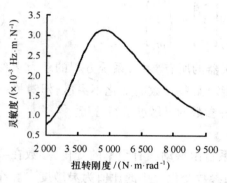

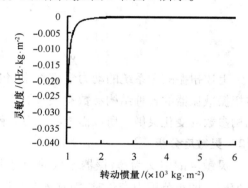

图2　扭转刚度的灵敏度曲线　　　　图3　转动惯量的灵敏度曲线

从图中可以看出,一般减震器惯性块转动惯量受安装尺寸及结构要求等的限制很难进行大的改动,所以直接应用厂家提供的转动惯量的大小,不对其进行改进。故可将扭振系统最优化目标函数定义为

$$F(X,\omega) = \min\{\max[\phi_1(X,\omega)]\},$$
$$X = \{c_1, k_1\}^T$$

根据上述分析,取2个变量的约束条件为:

$$c_1 \leqslant 8\ \text{N·m·s/rad}, \quad k_1 \leqslant 80\ 000\ \text{N·m}。$$

根据对发动机轴系扭振的实测及计算可知,该发动机存在6谐次的较大振动,所以主要针对这个谐次进行优化计算,求出扭振减振器最佳刚度值及阻尼系数。

为求解上述优化数学模型,应选择可靠性好、收敛速度快、算法稳定性好及对参数敏感性小的优化方法和计算程序。利用上述求解灵敏度的设计导数,采用基于偏导迭代的 newton-rephson 法进行优化计算[4]。优化过程中的迭代运算结果如图4所示。

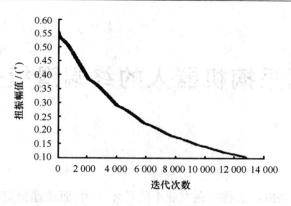

图4　优化过程迭代运算结果

3　意义

　　扭振动力学模型是减振器优化设计的基础,可以通过对扭振系统进行离散化集总参数方法得到;参数灵敏度分析能够指导参数修改,从而有效地改变动力系统振动特性;将优化结果所得的扭振与经验设计结果进行对比,优化计算结果的共振峰向高频方向移动,共振的振幅大小比经验设计方法的结果更小,说明了上述优化设计方法的快捷和精确。

参考文献

[1] 柴国英,黄树和,岳文忠,等. 基于灵敏度分析的曲轴扭振减振器优化设计. 农业工程学报,2009,25(5):105-108.

[2] Shu Gequn,Liang Xingyu. Axial vibration of high-speed automotive engine crankshaft. International Journal of Vehicle Design,2007,45(4):542-554.

[3] 张静,李柏林,刘永均. 基于灵敏度分析的多学科设计优化解耦方法. 西安交通大学学报,2007,42(5):563-566.

[4] 方世杰,綦耀光. 机械优化设计. 北京:机械工业出版社,2003.

黄瓜采摘机器人的终端滑模公式

1 背景

黄瓜采摘机器人是机器人技术在农业中的具体应用,而快速稳定地到达目标采摘点的轨迹规划则是黄瓜采摘机器人研究的主要内容之一。杨庆华等[1]根据摆线运动曲线光滑,并能在有限区间的端点产生零速度和零加速度的特点,将其应用于黄瓜采摘机器人关节空间的轨迹规划。同时,为了实现对期望轨迹的精确跟踪,构造了一种快速非奇异的终端滑模控制器,采用指数和幂次结合的趋近率方法,引入非线性滑模面,突破了普通滑模控制器在线性滑模条件下渐进收敛的特点,并且不会出现传统终端滑模控制的奇异性和抖振问题。

2 公式

2.1 基于摆线运动的关节空间轨迹规划公式

摆线运动能在有限区间的端点产生零速度和零加速度,适用于点到点的关节空间轨迹规划。在正则形式下,其运动方程可描述为[2]:

$$s(\tau) = \tau - \frac{1}{2\pi}\sin 2\pi\tau \tag{1}$$

式中:τ 为归一化时间,$\tau = \dfrac{t}{t_f - t_0} = \dfrac{t}{T}$,$t_0$ 为起点对应时间,t_f 为终点对应时间。

容易得到它的各阶导数为:

$$s'(\tau) = 1 - \cos 2\pi\tau \tag{2}$$

$$s''(\tau) = 2\pi\sin 2\pi\tau \tag{3}$$

摆线运动和它的前 2 阶导数在正则区间($-1,1$)的曲线如图 1 所示。可以看出,摆线运动曲线光滑,速度和加速度曲线连续,且在定义域 $0 \leqslant \tau \leqslant 1$ 两端点处的速度和加速度为零,表明机器人末端执行器不会产生振动,保证了机器人系统工作运动的平稳性。

对于第 i 个关节,如果已知起点 $q_i(0)$ 和终点 $q_i(f)$,其位置、速度和加速度曲线可表示为:

$$q_i(t) = q_i(0) + [q_i(f) - q_i(0)]s(\tau) \tag{4}$$

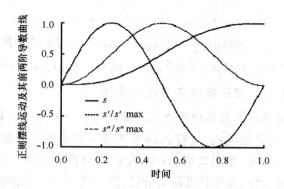

图 1　正则化的摆线运动和它的导数曲线

$$\dot{q}_i(t) = \frac{q_i(f) - q_i(0)}{T} s'(\tau) \tag{5}$$

$$\ddot{q}_i(t) = \frac{q_i(f) - q_i(0)}{T^2} s''(\tau) \tag{6}$$

如果运动被电动机的最大速度 $(\dot{q}_i)_{max}$ 和加速度 $(\ddot{q}_i)_{max}$ 所约束,可求出第 i 个关节完成操作所需的最短时间 T_{min}。由式(5)和式(6)得:

$$T_{min1} = \frac{2}{(\dot{q}_i)_{max}}[q_i(f) - q_i(0)] \tag{7}$$

$$T_{min2} = \sqrt{\frac{2}{(\ddot{q}_i)_{max}}[q_i(f) - q_i(0)]} \tag{8}$$

$$T_{min} = max(T_{min1}, T_{min2}) \tag{9}$$

式中:T_{min1} 为由电机的最大速度约束求出的最短时间,T_{min2} 为由电机的最大加速度约束求出的最短时间。

2.2　机器人快速非奇异终端滑模控制器的设计与稳定性分析公式

2.2.1　机器人动力学方程

对于 n 关节机器人,其动力学方程可表示为[3]:

$$M(q)\ddot{q} + c(q,\dot{q}) + g(q) = \tau + \tau_d \tag{10}$$

式中:$q, \dot{q}, \ddot{q}$ 为分别为 $n \times 1$ 的关节位置,速度,加速度向量;τ 为 $n \times 1$ 广义力矩矢量;τ_d 为 $n \times 1$ 外部扰动和未建模动力学。

$M(q) = M_0(q) + \Delta M(q)$ 是 $n \times n$ 的对称质量矩阵;$c(q,\dot{q}) = c_0(q,\dot{q}) + \Delta c(q,\dot{q})$ 是 $n \times 1$ 的离心力和哥氏力矢量;$g(q) = g_0(q) + \Delta g(q)$ 是 $n \times 1$ 的重力矢量;$M_0(q), c_0(q,\dot{q}), g_0(q)$ 是已知部分;$\Delta M(q), \Delta c(q,\dot{q}), \Delta g(q)$ 是含有系统参数不确定性的未知部分。

将 $\Delta M(q), \Delta c(q,\dot{q}), \Delta g(q)$ 代入式(10)得:

$$M_0(q)\ddot{q} + c_0(q,\dot{q}) + g_0(q) = \tau + f(q,\dot{q},\ddot{q}) \tag{11}$$

其中，$f(q,\dot{q},\ddot{q}) = \tau_d - \Delta M(q)\ddot{q} - \Delta c(q,\dot{q}) - \Delta g(q)$；假定外部扰动是有界的，

$$f(q,\dot{q},\ddot{q}) \leqslant \lambda_0 + \lambda_1\|q\| + \lambda_2\|\dot{q}\|, \quad \lambda_0,\lambda_1,\lambda_2 > 0 \tag{12}$$

2.2.2 滑模变结构控制的理论特性及趋近率设计

滑模变结构控制对系统内部参数和外部干扰具有完全不灵敏性和很强的鲁棒性，因而广泛地应用在机器人、交直流电机、过程控制及其他一些非线性控制领域。滑模变结构控制系统的运动由两部分组成，如图 2 所示：AB 是位于滑模面外的正常运动，它是趋近滑模面直至到达的那段运动，因此也称趋近运动阶段；第二部分 BC 是在滑模面附近并沿着滑模面 $s(x) = 0$ 的运动。

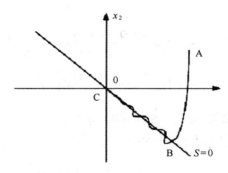

图 2　滑模变结构控制系统的两个运动阶段

按照滑模控制理论的原理，正常运动段必须满足滑动模态的可达性条件 $s \cdot \dot{s} < 0$，才能实现系统状态空间由任意位置的初始状态在有限时间内到达滑模面。因此，可以设计各种趋近率函数来保证正常运动段的品质。常用的趋近率有[4]：

等速趋近率：

$$\dot{s} = -\varepsilon\,\mathrm{sgn}(s), \quad \varepsilon > 0 \tag{13}$$

指数趋近率：

$$\dot{s} = -\varepsilon\,\mathrm{sgn}(s) - ks, \quad \varepsilon > 0, \quad k > 0 \tag{14}$$

幂次趋近率：

$$\dot{s} = -\varepsilon\,|s|^\alpha\mathrm{sgn}(s), \quad \varepsilon > 0, \quad 0 < \alpha < 1 \tag{15}$$

在趋近运动阶段，由于系统误差不能被直接控制，而系统响应又会受到内部参数变化和外部扰动的影响。因此，在设计趋近率时，必须尽量缩短趋近运动阶段的时间。实验采用指数和幂次结合的快速趋近率方法：

$$\dot{s} = -K_1 s - K_2 |s|^\rho\mathrm{sgn}(s) \tag{16}$$

其中，$K_1 = diag(k_{11},\cdots,k_{1n})$，　$K_2 = diag(k_{21},\cdots,k_{2n})$，　$k_{1i},k_{2i} > 0$，　$0 < \rho < 1$。

可达性条件证明：

$$\begin{aligned}
s^T \cdot \dot{s} &= s^T [-K_1 s - K_2 |s|^\rho \text{sgn}(s)] \\
&= -s^T K_1 s - s^T K_2 |s|^\rho \text{sgn}(s) \\
&= -\left[\sum_{i=1}^{n} k_{1i} s_i^2 + k_{2i} s_i \text{sgn}(s_i) |s_i|^\rho \right] < 0
\end{aligned} \tag{17}$$

此种趋近率在正常运动段远离切换面时,能快速地趋向切换面;而当运动接近切换面时,趋近速度又大大降低,与常用指数趋近律相比,过渡时间、系统的抖动都能进一步减小。

2.3 非奇异终端滑模控制与传统终端滑模控制的性能比较

以一个二阶不确定非线性系统为例来比较它们的性能[5]:

$$\begin{cases}
\dot{x}_1 = x_2 \\
\dot{x}_2 = f(x) + g(x) + b(x)u
\end{cases} \tag{18}$$

其中,$x = [x_1, x_2]^T, b(x) \neq 0, g(x)$ 代表不确定性及外部干扰,$g(x) \leq l_g$。

2.3.1 传统终端滑模控制器

滑模面设计为:

$$s = x_2 + \beta x_1^{q/p} \tag{19}$$

其中,$\beta > 0$,p 和 $q(p > q)$ 为正奇数。

控制器设计为:

$$u = -b^{-1}(x) \left(f(x) + \beta \frac{q}{p} x_1^{\frac{q}{p}-1} x_2 + (l_g + \eta) \text{sgn}(s) \right) \tag{20}$$

从式(20)可见,$\frac{q}{p} - 1 < 0$,当 $x_1 = 0, x_2 \neq 0$ 时,传统终端滑模控制器存在奇异性问题。

2.3.2 非奇异终端滑模控制器

非奇异滑模面设计为:

$$s = x_1 + \frac{1}{\beta} x_2^{p/q} \tag{21}$$

其中,$\beta > 0$,p 和 $q(p > q)$ 为正奇数。

非奇异滑模控制器设计为:

$$u = -b^{-1}(x) \left(f(x) + \beta \frac{q}{p} x_1^{2-p/q} x_2 + (l_g + \eta) \text{sgn}(s) \right) \tag{22}$$

其中,$1 < p/q < 2, \eta > 0$。

从式(22)可以看出,$0 < 2 - p/q < 1$,故不会出现奇异性问题。

2.4 机器人非奇异终端滑模控制器设计

设关节位置指令为 q_d,定义

$$\varepsilon(t) = q - q_d, \quad \dot{\varepsilon}(t) = \dot{q} - \dot{q}_d \tag{23}$$

非奇异终端滑模面设计为:

$$s = \varepsilon + \beta \mathrm{sig}(\dot{\varepsilon})^{\gamma} \tag{24}$$

其中, $\mathrm{sig}(\dot{\varepsilon})^{\gamma} = |\dot{\varepsilon}|^{\gamma}\mathrm{sgn}(\dot{\varepsilon})$, $\beta_i > 0$, $1 < \gamma_i < 2$。

如果趋近率选择式(16),滑模面设计为式(24),那么非奇异终端滑模控制器可设计为[6-7]:

$$\tau = \tau_0 + u_0 + u_1 \tag{25}$$

$$\tau_0 = M_0(q)\ddot{q}_d + c_0(q,\dot{q}) + g_0(q) \tag{26}$$

$$u_0 = -\gamma^{-1}M_0(q)\beta^{-1}\mathrm{sig}(\dot{\varepsilon})^{2-\gamma} \tag{27}$$

$$u_1 = -M_0(q)[K_1 s + K_2\mathrm{sig}(s)^{\rho}] \tag{28}$$

另外,为了消除控制器的抖动,将式(16)、式(24)、式(27)和式(28)中的符号函数替换成饱和函数,即:

$$\mathrm{sat}(s) = \begin{cases} 1 & s > \delta \\ s/\delta & |s| \leq \delta, \quad \delta > 0 \\ -1 & s < -\delta \end{cases} \tag{29}$$

2.5 Lyapunov 稳定性分析

取 Lyapunov 函数为:

$$V = \frac{1}{2}s^T s \tag{30}$$

对 Lyapunov 函数求导,并将式(26)、式(27)和式(28)代入到式(30)中,可得:

$$\dot{V} = s^T\dot{s} = s^T[\dot{\varepsilon} + \beta\gamma diag(\mathrm{sig}(\dot{\varepsilon})^{\gamma-1})\ddot{\varepsilon}]$$

$$= s^T\{\dot{\varepsilon} + \beta\gamma diag[\mathrm{sig}(\dot{\varepsilon})^{\gamma-1}] \cdot [M_0^{-1}(u_1 + f) - \beta^{-1}\gamma^{-1}diag(\mathrm{sig}(\dot{\varepsilon})^{2-\gamma})]\}$$

$$= s^T\beta\gamma diag(\mathrm{sig}(\dot{\varepsilon})^{\gamma-1})M_0^{-1}(u + f) \tag{31}$$

①如果

$$f = 0, \quad \dot{V} = -s^T K'_1 s - s^T K'_2 \mathrm{sig}(s)^{\rho} \tag{32}$$

其中,

$$K'_1 = \beta\gamma diag(\mathrm{sig}(\dot{\varepsilon})^{\gamma-1})K_1 > 0,$$

$$K'_2 = \beta\gamma diag(\mathrm{sig}(\dot{\varepsilon})^{\gamma-1})K_2 > 0。$$

由定理

$$(a_1^2 + a_2^2 + \cdots + a_n^2)^p \leq (a_1^p + a_2^p + \cdots + a_n^p)^2 \quad a_1, a_2, \cdots, a_n > 0, 0 < p < 2 \tag{33}$$

式(32)可写成:

$$\dot{V} \leq -2K'_1 V - 2^{(\rho+1)/2}K'_2 V^{(\rho+1)/2} \leq 0 \tag{34}$$

满足 Lyapunov 稳定性定理。

②当 $f \neq 0$,式(32)变成:

$$\dot{V} = -s^T\beta\gamma diag(\mathrm{sig}(\dot{\varepsilon})^{\gamma-1}) \cdot [K_1 s + K_2\mathrm{sig}(s)^{\rho} - M_0^{-1}f] \tag{35}$$

它可以表示成以下两种形式:

34

$$\dot{V} = -s^T \beta \gamma diag(\text{sig}(\dot{\varepsilon})^{\gamma-1}) \cdot$$
$$[(K_1 - diag[(M_0^{-1}f)diag^{-1}(s)]s + K_2\text{sig}(s)^\rho] \tag{36}$$
$$\dot{V} = -s^T \beta \gamma diag[\text{sig}(\dot{\varepsilon})^{\gamma-1}] \cdot$$
$$\{K_1 s + [K_2 - diag(M_0^{-1}f)diag^{-1}(\text{sig}(s)^\rho]\text{sig}(s)^\rho\} \tag{37}$$

当:

$$K_1 - diag(M_0^{-1}f)diag^{-1}(s) > 0 \tag{38}$$

$$K_2 - diag(M_0^{-1}f)diag^{-1}(\text{sig}(s)^\rho) > 0 \tag{39}$$

满足 Lyapunov 稳定性定理,此时:

$$\|s\| \geqslant \frac{\|M_0^{-1}\|(\lambda_0 + \lambda_1\|q\| + \lambda_2\|\dot{q}\|^2)}{K_1} \tag{40}$$

$$\|s\| \geqslant \left(\frac{\|M_0^{-1}\|(\lambda_0 + \lambda_1\|q\| + \lambda_2\|\dot{q}\|^2)}{K_2}\right)^{1/\rho} \tag{41}$$

2.6 仿真实验公式

为验证非奇异终端滑模控制器的性能,以两关节刚性机器人模型为例进行仿真实验,其动态方程为[8]:

$$M_0(q)\ddot{q} + c_0(q,\dot{q}) + g_0(q) = \tau + f(q,\dot{q},\ddot{q})$$

其中, $q = \begin{bmatrix} q_1 \\ q_2 \end{bmatrix}$, $\tau = \begin{bmatrix} \tau_1 \\ \tau_2 \end{bmatrix}$, $M_0(q) = \begin{bmatrix} \alpha_{11}(q_2) & \alpha_{12}(q_2) \\ \alpha_{12}(q_2) & \alpha_{22} \end{bmatrix}$,

$$C_0(q) = \begin{bmatrix} -\beta_{12}(q_2)\dot{q}_1^2 - 2\beta_{12}(q_2)\dot{q}_1\dot{q}_2 \\ \beta_{12}(q_2)\dot{q}_2^2 \end{bmatrix}, g_0(q) = \begin{bmatrix} \gamma_1(q_1,q_2)g \\ \gamma_2(q_1,q_2)g \end{bmatrix}, f(q,\dot{q},\ddot{q}) = \begin{bmatrix} f_1 \\ f_2 \end{bmatrix}$$

取 $\alpha_{11}(q_2) = (m_1 + m_2)r_1^2 + m_2r_2^2 + 2m_2r_1r_2\cos(q_2) + J_1$, $\alpha_{12}(q_2) = m_2r_2^2 + m_2r_1r_2\cos(q_2)$, $\alpha_{22} = m_2r_2^2 + J_2$, $\beta_{12}(q_2) = m_2r_1r_2\sin(q_2)$, $\gamma_1(q_1,q_2) = (m_1 + m_2)r_1\cos(q_2) + m_2r_2\cos(q_1 + q_2)$, $\gamma_2(q_1,q_2) = m_2r_2\cos(q_1 + q_2)$, $f_1 \leqslant \lambda_0 + \lambda_1\|q_1\| + \lambda_2\|\dot{q}_1\|$, $f_2 \leqslant \lambda_0 + \lambda_1\|q_2\| + \lambda_2\|\dot{q}_2\|$, g 是重力加速度。

两连杆机械臂参数如表 1 所示。

表 1 两连杆机械臂参数

参数名称	参数符号	单位	参数值
连杆 1 长度	r_1	m	1
连杆 2 长度	r_2	m	0.8
连杆 1 质量	m_1	kg	0.5
连杆 2 质量	m_2	kg	1.5
连杆 1 惯量	J_1	kg·m	5
连杆 2 惯量	J_2	kg·m	5

两关节的期望轨迹取摆线运动方程,仿真时间取

$$T = 10s: q_{d1} = q_{d2} = 0.1t - \frac{1}{2\pi}\sin 0.2\pi t。$$

系统初始状态条件为:$q_1(0) = 1.0, q_2(0) = 1.5, \dot{q}_1(0) = 0, \dot{q}(0) = 0$。

系统不确定和外部扰动参数取为:$\lambda_0 = 0.1, \lambda_1 = 0.2, \lambda_0 = 0.3$。

滑模控制参数取:$\beta = \begin{bmatrix} 200 & 0 \\ 0 & 200 \end{bmatrix}, K_1 = K_2 = \begin{bmatrix} 2 & 0 \\ 0 & 2 \end{bmatrix}, \rho = 1/3, \gamma_1 = \gamma_2 = 5/3, \delta = 0.02$。

仿真结果如图3至图8所示。

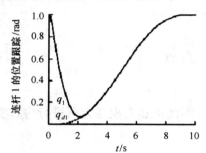

图3 连杆1的位置跟踪

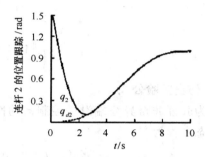

图4 连杆2的位置跟踪

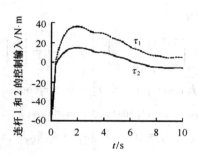

图5 连杆1和2的控制输入

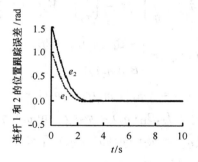

图6 连杆1和2位置跟踪误差

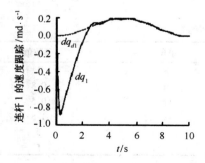

图7 连杆1的速度跟踪

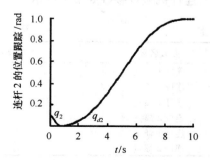

图8 连杆2的位置跟踪

3　意义

黄瓜采摘机器人的终端滑模公式表明,非线性滑模面能使滑模面上的跟踪误差在有限时间内收敛到零,并且不会出现传统终端滑模控制的奇异性和抖振问题。李亚普诺夫稳定性分析和仿真试验证明:它能够准确地跟踪期望轨迹,并能使位置跟踪误差在有限时间内收敛到零,响应时间短,跟踪效果好。

参考文献

[1] 杨庆华,王燕,高峰,等. 基于摆线运动的黄瓜采摘机器人终端滑模轨迹跟踪控制. 农业工程学报, 2009, 25(5): 94-99.

[2] Jorge Angeles,宋伟刚. 机器人机械系统原理. 北京:机械工业出版社,2004: 141-143.

[3] 冯旭刚. 基于模糊滑模方法的不确定机器人神经网络控制. 冶金动力,2006, 117(5):79-80.

[4] 李运峰. 滑模变结构理论在机器人控制中的应用. 秦皇岛:燕山大学,2000.

[5] 刘金琨. 滑模变结构控制 Matlab 仿真. 西安:西安电子科技大学出版社, 2007: 379-380.

[6] Shuanghe Yu. Continuous finite time control for robotic manipulators with terminal sliding mode. Automatica, 2005, (41): 1957-1964.

[7] Francesco Amato,Marco Ariola,Carlo Cosentino. Finite time stabilization via dynamic output feedback. Automatica,2006,42: 337-342.

[8] Yong Feng,Xingguo Yu,Zhihong man. Non-singular terminal sliding mode control of robot manipulators. Automatica, 2002,38: 2159-2167.

坡面的侵蚀和产沙计算

1 背景

对于坡面细沟与细沟间侵蚀过程的研究是建立侵蚀预报模型的基础,但传统方法难以对其进行深入理解。刘刚等[1]利用[7]Be在土壤表层分布的特点,将次降雨过程中坡面总侵蚀、坡脚沉积区泥沙及流出径流小区(图1)的泥沙中来自细沟间侵蚀与细沟侵蚀的量定量区分开来,为研究坡面侵蚀产沙机理提供科学依据。

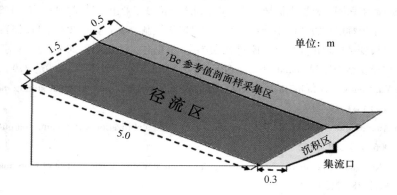

图1 径流试验小区示意图

2 公式

2.1 径流小区产沙中来自细沟与细沟间侵蚀量的计算

由于人工降雨前坡脚并无土壤,因此流出小区的泥沙均来自坡面,并且沉积下来的泥沙无明显再分布现象发生。虽然泥沙在坡脚处沉积的定量过程还不清楚,但并不影响本研究中对细沟间及细沟侵蚀进行区分。Yang等[2]根据坡面表层土壤流失深度内[7]Be和径流泥沙中[7]Be总量守恒原理,建立如下关系式:

$$S \times \int_0^{H_{i,j}} a e^{bH} \mathrm{d}H = \sum_{j=1}^{N} W_j \times C_{\mathrm{Be},j} \tag{1}$$

式中:S为试验小区面积,m^2;W_j为第j时段收集径流泥沙质量,kg;$C_{\mathrm{Be},j}$为第j时段收集径流泥沙中平均^{7}Be含量，Bq/kg；$H_{i,j}$为至第j时段径流泥沙中所含坡面细沟间侵蚀平均累积质量深度，kg/m^2；a和b为参考值剖面中^{7}Be随累积质量深度的增加呈指数减少的系数；H为累积质量深度，kg/m^2；N为降雨过程中所经历的时段总数（前后时段是连续的）。

通过对A、B小区参考值剖面分层土样中^{7}Be含量和土壤累积质量深度的回归关系分析：

A小区：

$$C_{Be} = 150.282\,8e^{-0.285\,1H} \qquad (n=5, R^2=0.996) \qquad (2)$$

B小区：

$$C_{Be} = 151.360\,2e^{-0.263\,8H} \qquad (n=5, R^2=0.995) \qquad (3)$$

式中：C_{Be}为^{7}Be质量浓度，Bq/kg。因此式(1)中A和B小区a、b分别为150.282 8、−0.285 1和151.360 2、−0.263 8。

由以上3式可知，第j时段径流泥沙中所含坡面细沟间侵蚀量：

$$E_{i,j} = (H_{i,j} - H_{i,j-1}) \times S \qquad (4)$$

如果坡面发生细沟侵蚀，第j时段径流泥沙量中所含坡面细沟侵蚀量：

$$E_{r,j} = W_j - E_{i,j} \qquad (5)$$

细沟面积内细沟间侵蚀发生在表层土壤1 cm深度范围内，则A、B小区$E_{i,j}$、$E_{r,j}$计算结果如表1所示。

表1　次降雨过程中径流小区细沟与细沟间侵蚀

小区	j	t/min	$C_{Be,j}$/(Bq·kg^{-1})	W_j/g	$E_{i,j}$/g	$E_{i,j}$/g	$(E_{i,j}/W_j)$/%	$(E_{r,j}/W_j)$/%
	1	0～53	176.03±28.39	196	196	0	100	0
	2	53～73	127.17±7.08	258	221	37	85.7	14.3
	3	73～92	75.92±9.77	222	114	108	51.5	48.5
	4	92～100	49.08±5.30	370	124	246	33.4	66.6
	5	100～105	42.58±8.38	253	74	179	29.1	70.9
	6	105～112	43.77±7.41	234	70	164	30.0	70.0
A	7	112～120	46.75±6.75	312	100	212	32.2	67.8
	8	120～125	71.24±8.66	197	97	100	49.2	50.8
	9	125～130	57.09±8.48	230	91	139	39.6	60.4
	10	130～136	67.50±9.36	192	90	102	47.0	53.0
	11	136～140	40.27±8.90	254	71	183	28.1	71.9
	12	140～145	36.68±10.61	170	44	126	25.6	74.4
	总量			$W=2\,888$	$W_i=1\,293$	$W_r=1\,595$	$W_i/W=44.8$	$W_r/W=55.2$

续表

小区	j	t/min	$C_{Be,j}$/(Bq·kg^{-1})	W_j/g	$E_{i,j}$/g	$E_{i,j}$/g	($E_{i,j}/W_j$)/%	($E_{r,j}/W_j$)/%
	1	0~15	158.45±8.76	273	273	0	100	0
	2	15~17	152.84±9.10	260	260	0	100	0
	3	17~20	138.01±7.51	331	309	22	93.5	6.5
	4	20~21	112.20±10.23	230	176	54	76.7	23.3
	5	21~23	91.35±6.25	328	206	122	62.8	37.2
	6	23~26	69.36±4.87	633	305	328	48.1	51.9
	7	26~29	63.44±5.15	686	305	381	44.5	55.5
	8	29~32	49.25±4.92	767	268	499	34.9	65.1
	9	32~34	56.88±4.88	889	362	527	40.8	59.2
	10	34~36	46.23±5.22	628	210	418	33.5	66.5
B	11	36~39	51.18±4.85	590	220	370	37.3	62.7
	12	39~41	40.02±4.74	672	198	474	29.4	70.6
	13	41~43	47.33±4.82	738	259	479	35.0	65.0
	14	43~46	45.60±5.08	644	219	425	34.0	66.0
	15	46~49	42.49±5.64	567	181	386	32.0	68.0
	16	49~51	36.13±5.20	647	177	470	27.3	72.7
	17	51~54	44.55±4.86	660	224	436	34.0	66.0
	18	54~56	36.17±4.82	837	233	604	27.8	72.2
	19	56~59	32.33±5.42	915	229	686	25.0	75.0
	20	59~62	29.72±5.44	941	218	723	23.2	76.8
	21	62~64	27.69±5.22	511	111	400	21.7	78.3
	总量			W=12 747	W_i=4 944	W_r=7 803	W_i/W=38.8	W_r/W=61.2

注：t 为径流时间；W 为径流泥沙总量；W_i、W_r 为径流小区细沟间侵蚀、细沟侵蚀产沙总量；$E_{i,j}/W_j$、$E_{r,j}/W_j$ 为第 j 时段细沟间侵蚀、细沟侵蚀贡献率；W_i/W、W_r/W 为总径流泥沙中细沟间侵蚀、细沟侵蚀贡献率.

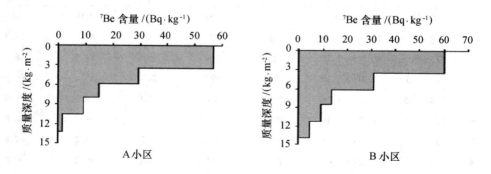

图2　小区背景土壤中^{7}Be 剖面深度分布

2.2　坡面细沟间侵蚀量及坡脚沉积泥沙总量的计算

由图2可知,本试验背景土壤剖面^{7}Be 深度分布符合 Walling[3] 模型所假设指数型分布。该模型中土壤侵蚀速率 R_{Be}（kg/m^2）可由下式求得：

$$R_{Be} = h = h_0 \ln(A_{Be,ref}/A_{Be}) \tag{6}$$

式中:h 为土壤侵蚀的质量深度,kg/m^2;h_0 为张弛质量深度,kg/m^2,用以表征 ^7Be 土壤剖面分布形式,对于指数型剖面分布,h_0 处 ^7Be 质量浓度为表层土壤的 $1/(e$ 约 $0.37)$;A_{Be} 为采样点 Be 总活度,Bq/m;$A_{Be,ref}$ 为研究区土壤 ^7Be 的基准值,Bq/m^2。

如果采样点的 ^7Be 总活度高于基准值,则说明该点发生了净沉积,沉积速率 R'_{Be}(kg/m^2)可由下式求得:

$$R'_{Be} = (A_{Be} - A_{Be,ref})/C_{Be,d} \tag{7}$$

式中:$C_{Be,d}$ 为沉积土壤的 ^7Be 浓度,Bq/kg。

2.3 坡面总侵蚀、沉积泥沙及径流小区产沙定量关系

根据泥沙质量平衡原理,任何坡面侵蚀—搬运—沉积—产沙规律都可以用下式表示:

$$
\begin{aligned}
E &= D + W \\
E &= E_i + E_r \\
D &= D_i + D_r \\
W &= W_i + W_r \\
E_i &= D_i + W_i \\
E_r &= D_r + W_r
\end{aligned}
\tag{8}
$$

式中:E 为坡面侵蚀总量;E_r 为坡面细沟侵蚀总量;D_i、D_r 为细沟间侵蚀、细沟侵蚀产沙在坡脚沉积总量。根据本次试验 ^7Be 示踪结果以及泥沙监测与实际量测细沟体积等数据,将式(8)中各参数计算结果及方法列于表 2。

表 2 径流小区侵蚀、沉积及产沙量

参数	数值/kg		数据来源
	A 小区	B 小区	
W	2.888	12.747	实测
W_l	1.293	4.944	利用式(1)、式(2)、式(3)、式(4)求得
W_r	1.595	7.803	利用式(5)求得
D	6.120	3.734	实测
D_i	3.750	1.438	$D_i = E_l - W_i$
D_r	2.370	2.296	$D_r = D - D_l$
E_i	5.043	6.382	利用式(6)及实测求得
E_r	3.965	10.099	$E_r = W_r + D_r$
E	9.008	16.481	$E = D + W$

3 意义

根据坡面—侵蚀泥沙中 ^7Be 总量守恒和泥沙质量平衡原理,坡面细沟间侵蚀及细沟侵

蚀在坡面总侵蚀、坡脚沉积区泥沙及流出径流小区泥沙中的比例被定量区分开。通过坡面的侵蚀和产沙计算,细沟间侵蚀量在径流泥沙中的比例逐渐减少,而细沟侵蚀量逐渐增加。而且坡面细沟侵蚀量和坡脚沉积量的计算与实测值相比相对误差均较小,因此,坡面的侵蚀和产沙计算可以对土壤侵蚀进行较为准确地定量研究。

参考文献

[1] 刘刚,杨明义,刘普灵,等. ^{7}Be 示踪坡耕地次降雨细沟与细沟间侵蚀. 农业工程学报,2009,25(5): 47 – 53.

[2] Yang M Y, Walling D E, Tian J L, et al. Partitioning the contributions of sheet and rill erosion using beryllium-7 and cesium-137. Soil Science Society of America Journal, 2006, 70: 1579 – 1590.

[3] Walling D E, He Q, Blake W H. Use of ^{7}Be and ^{137}Cs measurement to document short and medium-term rates of water-induced soil erosion on agricultural land. Water Resources Research, 1999, 35(12): 3865 – 3874.

农业物料的散体颗粒跟踪模型

1 背景

为了获取农业物料在风筛式清选筛面的实际运动规律,李耀明等[1]对多颗粒散体中的目标颗粒进行着色处理,提出采用基于颜色特征向量的 Mean shift 算法,实现对目标运动轨迹的跟踪。算法根据 Bhattacharyya 系数的大小判定跟踪目标是否被遮挡,并引入了 Kalman 滤波器设计。为清选装置的结构调整和工作参数优化提供依据。

2 公式

2.1 基于颜色向量建立目标模型

在图像检测算法中,目标模型建立的好坏直接影响着跟踪算法的优劣。实验 Mean shift 算法编程中,在跟踪的起始帧,以目标为中心,采用量化后的颜色空间分布作为特征向量,通过核函数运算建立目标模型,颜色特征向量 $u \in (1, m)$ 在核窗口的概率为[2-3]

$$\hat{q}_u = C \sum_{i=1}^{n} k\left(\left\|\frac{X_i - X_0}{h}\right\|^2\right) \delta[b(X_i) - u] \tag{1}$$

式中:$k(x)$ 为核函数;$b(x)$ 为像素点特征值的量化函数;m 为颜色空间量化后互不相交的特征子空间;n 为核窗口包含的像素个数;X_0 为起始帧核窗口中心坐标;X_i 为核窗口内第 i 个像素的坐标;h 为核函数的带宽;δ 为 Kronecker delta 函数;

归一化系数 $C = \dfrac{1}{\sum\limits_{i=1}^{n} k\left(\left\|\dfrac{X_i - X_0}{h}\right\|^2\right)}$。

同理,在第 N 帧图片中,中心位置为 Y_0 的核窗口内,特征向量 u 的概率为

$$\hat{p}_u(Y) = C_h \sum_{i=1}^{m} k\left(\left\|\frac{X_i - Y}{h}\right\|^2\right) \delta[b(X_i) - u] \tag{2}$$

式中:$C_h = \dfrac{1}{\sum\limits_{i=1}^{m} k\left(\left\|\dfrac{X_i - Y}{h}\right\|^2\right)}$

2.2 利用 Bhattacharyya 系数进行目标定位

建立目标模型 $\hat{q}_u$、$\hat{p}_u(Y)$ 后,可以采用 Bhattacharyya 系数 $\rho(Y)$ 描述两模型的相似性,

$\rho(Y)$ 值越大表明相似度越高，$\rho(Y)$ 最大的区域即为目标所在位置。

根据 Mean shift 算法性质可知，从原核窗口中心坐标 Y_0 进行一次偏移运算后，得到新坐标 Y_1 为[2-3]

$$Y_1 = \frac{\sum_{i=1}^{nh} X_i w_i g\left(\left\|\frac{X_i - Y_0}{h}\right\|^2\right)}{\sum_{i=1}^{nh} w_i g\left(\left\|\frac{X_i - Y_0}{h}\right\|^2\right)} \tag{3}$$

式中：w_i 为加权系数；$g(x) = -k'(x)$。

Bhattacharyya 系数总是向局部最大值移动，令 $Y_1 \to Y_0$ 进行反复迭代，最终得到目标在当前帧的最优位置 $\hat{Y}$，此时迭代运算收敛，完成对目标的定位。

以目标黄豆从输送板下落时刻为起始帧，为了能够包括跟踪目标同时避免融入较多的背景噪音，（黄豆在图片中的大小约为 10×10 像素，）以目标黄豆为中心，设定核窗口尺寸为 13×13 像素，图 1 给出了第 1、73、78、83、140 帧目标黄豆的运动跟踪状态。

2.3 正常目标跟踪

在目标正常跟踪过程中，Mean shift 运算的收敛点即为目标所处的准确位置。在短时间内，目标的运动可以近似为时不变系统，因此可以通过目标在前几帧的位置拟合得到目标的运动参数，并利用 Kalman 滤波器对目标在当前帧的位置进行预测，然后以预测点作为初始点进行 Mean shift 迭代运算，找到目标的精确位置。当目标快速运动，连续两帧核窗口不重叠时，也可以通过 Kalman 滤波器预测，提高跟踪稳定性。

假设目标在第 $k-n$ 帧到 $k-1$ 帧内服从速度和加速度分别为 $v_{(k)}$、$a_{(k)}$ 的运动模型，则信号模型和观测模型分别为

$$\begin{bmatrix} X_{(k)} \\ X'_{(k)} \end{bmatrix} = \begin{bmatrix} 1 & t \\ 0 & 1 \end{bmatrix} \begin{bmatrix} X_{(k-1)} \\ X'_{(k-1)} \end{bmatrix} + \begin{bmatrix} t^2/2 \\ t \end{bmatrix} (a_{(k)} + \lambda_{(k)}) \tag{4}$$

$$X_{c(k)} = \begin{bmatrix} 1 & 0 \\ 0 & t \end{bmatrix} \begin{bmatrix} X_{(k)} \\ X'_{(k)} \end{bmatrix} + \gamma_{(k)} \tag{5}$$

式中：t 为连续 2 帧之间的间隔时间；$X_{(k)}$、$X'_{(k)}$ 为目标在图像中的位置和速度；$\lambda_{(k)}$、$\gamma_{(k)}$ 为正态分布噪音[4-5]。

2.4 遮挡目标跟踪

$\rho(Y)$ 反映了当前帧搜索窗口与原始目标的相似程度，因此可以通过设定阈值 T 来判断目标是否被遮挡。当 $\rho(Y) > T$ 时，认为目标跟踪正常，由 Mean shift 算法得到目标的精确位置；当 $\rho(Y) < T$ 时，认为目标被遮挡，此时 Mean shift 迭代运算不收敛，需要通过 Kalman 滤波器对目标运动状态进行参数估计，得到目标在当前帧的估计位置 $\hat{Y}$，并进行下一帧的处理，直至 $\rho(Y) > T$，目标脱离遮挡，恢复正常跟踪。

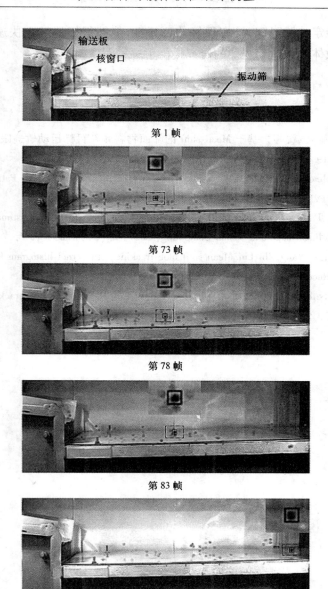

第 1 帧

第 73 帧

第 78 帧

第 83 帧

第 140 帧

图 1　序列图像跟踪结果

3　意义

农业物料的散体颗粒跟踪模型表明,该方法在复杂背景和光照变化条件下,实现了对快速运动目标的稳定持续跟踪,具有很好的鲁棒性,能够很好地解决快速运动小目标的轨迹跟踪问题。为散体颗粒运动规律的研究提供了一种图像检测方法。

参考文献

[1] 李耀明,赵湛,张文斌,等. 基于 Mean shift 的筛面物料颗粒目标运动轨迹跟踪. 农业工程学报,2009,25(5):119 – 122.

[2] Cheng Yizong. Mean shift, mode seeking, and clustering. IEEE Transactions on Pattern Analysis and Machine Intelligence,1995, 17(8):790 – 799.

[3] Venkatesh Babu,Patrick Pérez,Patrick Bouthemy. Robust tracking with motion estimation and local Kernel-based color modeling. Image and Vision Computing, 2007, 25(8):1205 – 1216.

[4] Ning Song Peng,Jie Yang,Zhi Liu. Mean shift blob tracking with kernel histogram filtering and hypothesis testing. Pattern Recognition Letters, 2005, 26(5):605 – 614.

[5] Kevin Nickels, Seth Hutchinson. Estimating uncertainty in SSD-based feature tracking. Image and Vision Computing,2002, 20(1):47 – 58.

大豆病斑的诊断模型

1 背景

为了实现大豆叶斑病病斑（图1）区域的提取与特征计算，祁广云等[1]运用遗传算法进行大豆病斑提取研究。采用遗传算法完成了对病斑区域的提取；运用数字图像处理技术完成了对病斑区域相关特征值的计算。

图1 大豆病叶图像

2 公式

遗传算法[2]是模拟生物遗传和长期进化过程建立起来的搜索优化算法，从 20 世纪 80 年代以来，得到了广泛的应用。用该方法优化神经网络可以在一定程度上克服传统神经网络难以收敛的问题，但该算法本身还存在一些问题。为此实验提出一种改进的遗传算法用以优化传统 BP 神经网络。

2.1 传统分类模型

采集样本的 R、G、B 分量值如表 1 所示，其中样本点 1—10 代表病斑区域的颜色，样本点 11—20 代表背景区域的颜色。

表 1　大豆叶病斑样本点 R、G、B 分量值

样本	1	2	3	4	5	6	7	8	9	10
R	119	98	96	136	109	105	101	83	85	82
G	92	77	75	109	99	80	86	102	138	124
B	42	38	40	37	44	36	36	36	37	36

样本	11	12	13	14	15	16	17	18	19	20
R	66	38	35	35	69	33	35	37	62	37
G	84	47	35	29	55	44	35	24	84	44
B	34	25	31	30	27	32	31	22	32	23

传统样本 x_j 为样本集 $\{X\}$ 中的样本,和 T 个分类 $\{S_j, j = 1, \cdots t\}$,以每一个样本到分类中心的距离之和达到最小为标准,数学模型为:

$$\min \sum_{j=1}^{t} \sum_{X \in S_i} \| X - m_j \|$$

式中:t 为分类数目;m_j 为 j 类样本的均值向量。如样本 i 被分到第 j 分类中心处,则令输出量 $y_{ij} = 1$,否则 $y_{ij} = 0$。

2.2　改进遗传算法适应函数

应用改进遗传算法生成网络的第二步是确定适应度值,以此评价由一个特定染色体串解决问题的能力。

(1)可区分函数:若两样本不在同一类内,则是可区分的,定义为:

$$s(x_j, x_t) = \begin{cases} 0, x_j, x_t \in s_i \\ 1, x_j \notin c_i, x_t \in s_i \end{cases} \tag{1}$$

个体区分程度定义为:

$$\varepsilon(x_j, x_t) = \frac{1}{\lambda} \sum_{1}^{|\lambda|} s(x_j, x_i) \tag{2}$$

类内的可区分程度定义为:

$$\theta = \frac{1}{n_1^2} \sum_{1}^{n_1^2} \varepsilon(x_j, x_t) \tag{3}$$

式中:n_1 为类内个体的数目。

类间的可区分度定义为:

$$\varepsilon(x_j, x_t) = \frac{1}{\lambda} \sum_{1}^{|\lambda|} s(x_j, x_t) \tag{4}$$

其中,λ 为样本间距个数,即:$\lambda = n_1 - 1$

(2)合并的原则:当一类内的可区分程度大,而类与类之间的区分度相对较小时,可以合并,依据此原则,适应度函数定义为:$F = \dfrac{\theta}{\eta}$,并加入一个适应量 α,得到改进公式:

$$F' = F - \alpha F_{min} \tag{5}$$

其中,$\alpha = 0.85 - \dfrac{F_{max} - F_{min}}{F_{max}}$

3 意义

大豆病斑的诊断模型表明,通过运用遗传算法,识别病斑区域的准确率可达90%,克服了彩色直方图熵法分割病斑图像不清晰的弊端。并计算出相关特征值,为将来病种的识别和诊断奠定先期基础。此方法不仅可以识别大豆病斑,而且也适合于其他的大田作物。

参考文献

[1] 祁广云,马晓丹,关海鸥. 采用改进遗传算法提取大豆叶片病斑图像. 农业工程学报,2009,25(5):142 – 145.

[2] 陈占良,张长利. 基于图像处理的叶斑病分级方法的研究. 农机化研究,2008(11):779 – 783.

变电站的规划模型

1 背景

针对基本粒子群算法在农村变电站选址问题中得到全局最优解的收敛速度慢和易陷入局部最优解的缺点,于佳等[1]运用惯性权重动态调整策略,有效地平衡了算法的全局和局部搜索能力,从而改善了基本粒子群算法的性能,并且充分考虑地理信息系统对规划站址的影响,将改进的粒子群算法和图形问题相结合。

变电站规划系统开发以空间数据对象－关系数据库管理为基础,数据库管理软件选用Microsoft SQLServer 2000,以北京超图公司的 Supermap Deskpro 作为地图数据处理工具,借助 Visual Basic 6.0 面向对象的开发工具和北京超图公司的 Supermap Objects 全组件式 GIS开发平台进行优化规划系统的开发,系统的体系结构如图 1 所示。

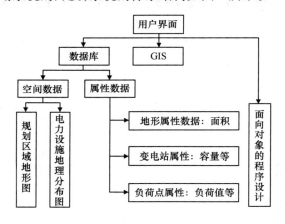

图 1　变电站规划的系统结构

2　公式

2.1　变电站优化规划的数学模型

实验中的变电站优化选址模型采用的是经济性指标模型,以规划年费用最小为目标函数。综合考虑变电站选址规划的初始投资固定成本以及运行费用、变电站低压侧线路综合

50

投资年费用、网损费用,以上述费用之和最小为目标函数,确定变电站的地理位置。

$$C_{\min} = \sum_{i=1}^{N_1} \left(T(i) \frac{\varepsilon(1+\varepsilon)^m}{(1+\varepsilon)^m - 1} + Y(i) \right) + \gamma \sum_{i=1}^{N} \sum_{j \in J_i} W_j l_{ij}$$

$$S.t \quad \sum_{j \in J_i} W_j \leq S_i e(S_i) \cos\Phi$$

$$l_{ij} \leq R_i \tag{1}$$

式中:C 为变电站规划年费用;N_1 为新建变电站个数;N 为总变电站个数;W_j 为负荷 j 点的负荷值大小;$\cos\Phi$ 为功率因数;l_{ij} 为变电站与负荷之间的线路长度;ε 为资金贴现率;$T(i)$ 为第 i 个新建变电站的投资费用,包括变电站建设所需的设备成本、征地费用、施工以及环境保护费用等;m 为资金回收年限;$Y(i)$ 为第 i 个新建变电站的年运行费用;J_i 为第 i 个变电站所供负荷的集合;S_i 为第 i 个变电站的容量;$e(S_i)$ 为第 i 个变电站的负载率;R_i 为第 i 个变电站供电半径;γ 为单位长度线路的费用系数。

设 α 为线路网损系数,β 为单位长度线路投资费用。则

$$\gamma = \frac{\beta}{\overline{W}} \left[\frac{\varepsilon(1+\varepsilon)^m}{(1+\varepsilon)^m - 1} \right] + \alpha \overline{W} \tag{2}$$

式中:$\overline{W} = \dfrac{\sum\limits_{j=1}^{M} W_j}{M}$,$M$ 为变电站所供负荷点总数。

设线路曲折系数为 t,则变电站(x_i, y_i)与负荷(x_j, y_j)之间的线路长度的近似计算方法如下:

$$l_{ij} = t \sqrt{(x_i - x_j)^2 - (y_i - y_j)^2} \tag{3}$$

2.2 粒子群算法的优化过程公式

2.2.1 基本概念

在一个 d 维的目标搜索空间中,由 n 个粒子构成一个群体,PSO 算法首先给出粒子进行随机初始化的值,即随机给定各个粒子一定的位置和速度。其中第 i 个粒子$(i = 1, 2, \cdots, n)$的位置可表示为 d 维的矢量 $z_i = (z_{i1}, z_{i2}, \cdots, z_{id})$。粒子的飞行速度,表示为 $v_i = (v_{i1}, v_{i2}, \cdots, v_{id})$ 粒子迄今为止搜索到的最优位置为 $P_i^b = (P_{i1}^b, P_{i2}^b, \cdots, P_{id}^b)$,整个粒子群迄今为止搜索到的最优位置为 $g^b = (g_1^b, g_2^b, \cdots, g_d^b)$。每次迭代中,粒子根据式(4)和式(5)更新速度和位置:

$$V_{id}^{k+1} = w \times V_{id}^k + C_1 \times rand_1 \times (P_i^b - Z_{id}^k) + C_2 \times rand_2 \times (g^b - Z_{id}^k) \tag{4}$$

$$Z_{id}^{k+1} = Z_{id}^k + V_{id}^{k+1} \tag{5}$$

式中:w 为惯性权值,取值通常为 $0.4 \sim 0.9$;C_1,C_2 为学习因子,分别调节向个体极值点和全局极值点方向飞行的最大步长,通常令 $C_1 = C_2 = 2$;$rand_1$,$rand_2$ 为$[0,1]$之间的随机数;Z_{id}^k 为粒子 i 在第 k 次迭代中当前位置的 d 维分量;V_{id}^k 为粒子 i 在第 k 次迭代中速度的 d 维分量;P_i^b 为粒子 i 的个体极值点位置的 d 维分量;g^b 为群体的全局极值点位置的 d 维分量。

2.2.2 基于 GIS 的粒子群算法优化过程公式

(1)根据规划区变电站可选容量及总的负荷预测值 P 和容载比 r,按式(6)计算新建变电站数量[2],并初始化算法参数(变量维数 d,最大迭代次数等);新建变电站的总容量 S 为

$$S = \left[\frac{P \cdot r - S_o - \sum_{i=1}^{N2} S'_i}{S_N} \right] \tag{6}$$

式中:S_o 为已有变电站容量;$N2$ 为已有变电站个数;S'_i 为第 i 个已有变电站在规划水平年所增容量;r 为变电站容载比;S_N 为标准变电站容量;P 为规划区水平年预测总负荷;$[\ ]$ 为取整计算。

(2)初始化粒子群,即在允许的范围内随机设定 n 个粒子的初始位置 Z_i^0 和初始速度 V_i^0($i = 1, 2, \cdots, n$);采用惩罚策略[3],将式(1)的约束条件通过惩罚不可行解将其转化为无约束条件的函数,如式(7)所示:

$$F(x) = C + \lambda \times \left[\theta\left(\sum_{j \in J_i} W_j - S_i e(S_i) \cos \Phi \right) + \theta(l_{ij} - R_i) \right] \tag{7}$$

其中,λ 是很大的正整数,作为惩罚因子,θ 函数定义如下:

$$\theta(x) = \begin{cases} 1, & x > 0 \\ 0, & x \leqslant 0 \end{cases} \tag{8}$$

2.3 粒子群算法的改进策略公式

研究发现,对于惯性权重而言,较大的值有利于全局搜索,较小的值则有利于局部搜索,算法成功与否的关键取决于粒子全局搜索能力与局部搜索能力的平衡关系[4]。改进算法思路如下:设粒子总数为 n,将每次循环结束后粒子的适应度函数值按从大到小的顺序排列,所得的序号存于数组 $B[\ ]$ 中,$B[i]$ 表示第 i 个粒子所对应的排序号,$1 \leqslant B[i] \leqslant n$。若令 $\eta = \dfrac{0.5n - B[i] + 1}{2n}$,则惯性权重按下式进行动态调整:

$$w = 0.65 + \eta \tag{9}$$

式中:若适应度函数值比较大,则 $r[k]$ 值比较小,那么 η 就为正值,局部更新时惯性权重值就会相应的增加,有利于全局搜索;若适应度函数值比较小,则 $r[k]$ 值比较大,那么 η 就为负值,局部更新时惯性权重值就会相应的减少,有利于局部搜索。

在算法中设 w 初始值为 0.65,由于 $-0.25 < \eta < 0.25$,w 将在 $0.4 \sim 0.9$ 动态调整,对本研究改进算法与原 PSO 模型进行比较,结果见表1。

表1 优化结果

方法	最优解/万元	迭代次数
PSO	1 139.87	48
本研究改进算法	1 137.74	26

3 意义

变电站优化规划的数学规划模型改进粒子群算法有效平衡了全局寻优与局部寻优的关系,加快了收敛速度,大大节省搜索时间。采用粒子群算法的优化过程公式,最优解的迭代次数为 48 次,改进后算法的迭代次数减少到 26 次,得到最优解的速度提高了近 1 倍,并以 GIS 为平台实现了规划的可视化,大大提高了选的质量。

参考文献

[1] 于佳,朴在林,孙荣国,等. GIS 与粒子群算法在农村变电站选址规划中的应用. 农业工程学报,2009,25(5):146-149.

[2] 林敏. 配电网优化规划中变电站站址及站间连接的选择. 江苏电机工程,2001,20(3):6-9.

[3] Eberhart R C,Shi Y H. Tracking and optimizing dynamic systems with particle swarms. Proceedings of the Congress on Evolutionary Computation,2001,32(5):94-97.

[4] 金义雄,程浩忠,严健勇,等. 改进粒子群算法及其在输电网规划中的应用. 中国电机工程学报,2005,25(4):46-50.

整地机的机具配置公式

1 背景

为了适应大马力拖拉机对配套农机具的需求,张欣悦等[1]在分析研究中小型单一和组合作业模式整地机的基础上,设计研制出一种集灭茬、旋耕和深松于一体的宽幅联合整地机,并进行了单一和联合作业的分析试验。整地机具主要结构见图1。

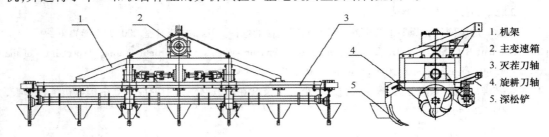

图1 联合整地机总体设计简图

1. 机架
2. 主变速箱
3. 灭茬刀轴
4. 旋耕刀轴
5. 深松铲

2 公式

2.1 灭茬部件的设计公式

首先了解灭茬刀轴和旋耕刀轴相对位置如图2所示。动力传递采用机具主副变速箱和中心齿轮传动结构;传递路线由拖拉机动力输出轴→ 万向节→ 主变速箱→ 联轴器→ 副变速箱→ 旋耕轴→ 灭茬轴,动力传递见图3。将深松铲柄做成曲线形,以便从下向上掀动土壤并减少阻力;考虑到入土部分弧形半径的问题,为了达到较好的减阻和抬土碎土效果,铲柄和铲刀头连接处采用与水平面成23°夹角(图4)。

2.1.1 灭茬刀刀片的运动方程

本机设计的灭茬刀及刀盘安装如图5所示。

在水平面内假设灭茬刀的端点为$F(x,y)$,以刀盘中心为原点,拖拉机前进方向为x轴,水平向右为y轴,则其运动方程可表示为:

$$\begin{cases} x = v_m t + R\cos \omega t \\ y = R\sin \omega t \end{cases} \tag{1}$$

54

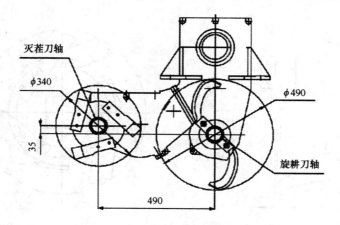

图2 灭茬刀轴和旋耕刀轴相对位置

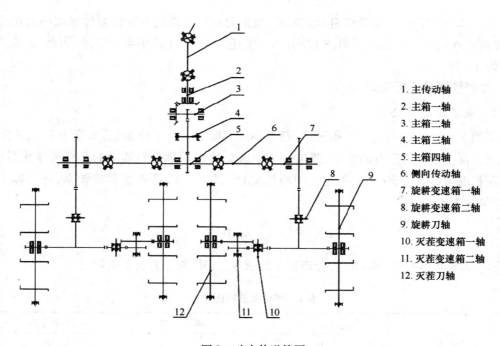

1. 主传动轴
2. 主箱一轴
3. 主箱二轴
4. 主箱三轴
5. 主箱四轴
6. 侧向传动轴
7. 旋耕变速箱一轴
8. 旋耕变速箱二轴
9. 旋耕刀轴
10. 灭茬变速箱一轴
11. 灭茬变速箱二轴
12. 灭茬刀轴

图3 动力传递简图

式中:ω 为刀片角速度,rad/s;v_m 为机组前进速度,m/s;R 为刀片回转半径,m。

2.1.2 灭茬刀的进距

根据经验可以依据下列公式来计算灭茬刀的进距:

$$S = 60v_m/nz \tag{2}$$

式中:S 为灭茬刀进距,m;z 为同一刀盘上刀片数;n 为刀辊转速,r/min。

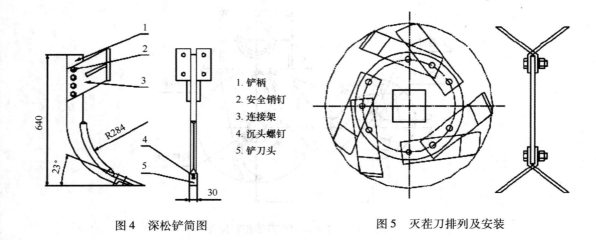

图4　深松铲简图　　　　　　　　　　　图5　灭茬刀排列及安装

1. 铲柄
2. 安全销钉
3. 连接架
4. 沉头螺钉
5. 铲刀头

由式(2)分析可知,降低机组前进速度、增加刀片数及提高刀辊转速都能减小灭茬刀进距,提高灭茬效果。经试验证明,S 过小,动力消耗增大,作业效率明显下降,因此,S 的适应范围为 5 ~ 10 cm。

2.2　生产性试验分析公式

2.2.1　破茬率测定公式

采用 5 点取样法确定 5 个小区后,每个小区宽度为一个工作幅宽,长度为 1 m,测定地表和灭茬深度范围内所有的根茬,测定每个小区总的根茬质量和其中的合格根茬质量(合格根茬长度为不大于 50 mm,不包括须根长度)[2],按式(3)计算根茬破茬率,并计算平均值,结果如表 1 所示。

$$F_g = \frac{M_h}{M_s} \times 100\% \tag{3}$$

式中:F_g 为根茬破茬率,% ;M_h 为合格根茬的质量,g;M_s 为总的根茬质量,g。

表1　作业质量对比数据

耕作方法	油耗/(kg·hm^{-2})	碎土率/%	破茬率/%
联合耕作	18	97	95
多次耕作	21	94	90

2.2.2　碎土率测定

采用 5 点取样法确定检测点后,以该点为中心取面积为 0.5 m × 0.5 m,在其全耕层内,以最长边小于 5 cm 的土块质量占总质量的百分比为该点的碎土率,求 5 点平均值。碎土率按式(4)计算,结果如表1所示。

$$E = \frac{M_a}{M_b} \times 100\% \tag{4}$$

式中：E 为碎土率，%；M_a 为最长边不大于 5 cm 的土块质量，g；M_b 为 0.5 m×0.5 m 面积内的全耕层土块的质量，g。

2.2.3 油耗测量

试验区分为准备区和稳定区，试验时机组以其作业速度匀速驶入稳定测区，当机组前端接触油耗装置开始控制线时，油耗测量装置开始测量，当机组前端接触结束控制线时，测量结束。在试验过程中，同时测量时间、幅宽、田间作业工况条件、机组的作业速度等参数值，并做记录。机组耗油量按式（5）和式（6）计算[3]，试验数据如表 1 所示：

$$\theta_T = \frac{G_T}{W_T} \tag{5}$$

$$W_T = 0.1 B V_T \tag{6}$$

式中：θ_T 为耗油量，kg/hm²；G_T 为机组纯作业小时耗油量，kg/h；W_T 为机组纯作业生产率，hm²/h；B 为作业幅宽，m；V_T 为机组的作业速度，km/h。

3 意义

整地机的机具配置公式表明，该联合整地机在作业时能够充分发挥大马力拖拉机的作业效率，减少拖拉机的功率消耗，节能约 14.3%；机具配置的灭茬刀、深松铲和旋耕刀排列合理，碎土率和灭茬率高达 95%。属于高效节能型机具，为研究大型农机具提供了参考。

参考文献

[1] 张欣悦,李连豪,汪春,等.1GSZ–350 型灭茬旋耕联合整地机的设计与试验.农业工程学报,2009,25(5):73–77.

[2] 贾洪雷,陈忠亮,郭红,等.旋耕碎茬工作机理研究和通用刀辊的设计.农业机械学报,2000,31(4):29–32.

[3] 方在华,周志立,杨铁皂.犁耕和旋耕作业发动机载荷的统计特性.农业工程学报,2000,16(4):85–87.

移钵机的幼苗检测公式

1 背景

鉴于移钵机器人的开发应用可以减轻劳动强度,提高作业效率。蒋焕煜等[1]提出了一套在自动幼苗移钵作业中用于幼苗生长状况检测的机器视觉系统,识别出适合进行移钵的单元,用于自动幼苗移钵机的移钵作业。在研究中以番茄幼苗作为试验样本,使用基于形态学的分水岭算法处理来完成叶片边缘分割,提取每个穴孔中幼苗的叶片面积和叶片周长来确定适合进行移钵的单元。

2 公式

在自动幼苗移钵作业中,用于幼苗生长状况检测的机器视觉系统,采用图像分割与特征提取。其处理流程见图1,穴盘中幼苗的图像被采集(图2)和处理(图3和图4)。

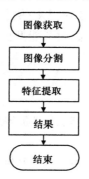

图1 图像处理流程

番茄幼苗和基质及穴盘的颜色存在着较大的差异,利用目标和背景之间的颜色差异,采用常用的阈值法,就可以把幼苗从背景中分离出来。

在彩色图像中,R(红),G(绿),B(蓝)为 RGB 颜色空间中像素的 3 个分量。为了增强背景和目标的反差,即突出图像中的绿色分量而削弱其他颜色分量,计算图像中每一个像素的色差,表示为 T:

$$T = (3 \times G - R - B)/3 \tag{1}$$

58

式中：T 为色差；R,G,B 为原始图像中 RGB 颜色空间中像素的 3 个分量。

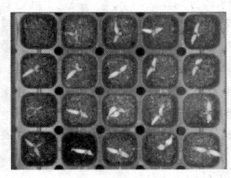

a. 育苗 10 d 的番茄幼苗

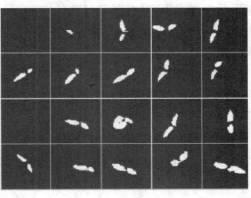

a. 育苗 10 d 的番茄幼苗

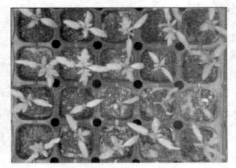

b. 育苗 15 d 的番茄幼苗

图 2　番茄幼苗图像

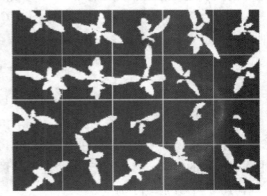

b. 育苗 15 d 的番茄幼苗

图 3　阈值分割后的图像

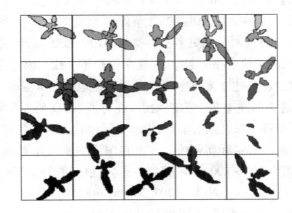

图 4　分水岭算法分割后的图像

59

但当育苗期较短时,叶片未超出边界,可以通过设定小矩形对幼苗进行分割,计算单元矩形的白像素点个数,获得每株幼苗的面积和周长数据。但当育苗期较长时,幼苗叶片变大,越界的叶片面积增大,并且由于重叠,图像二值化后,几个穴孔的幼苗形成了一个单连通区域,误判的概率就会增大。在实验中使用了分水岭分割算法[2-3],来解决这个问题。

分水岭算法的原理是基于可视化的三维空间图像,梯度幅值对应于海拔高度,图像中不同梯度值的区域就对应于山峰和山谷间盆地,梯度小的区域看做盆地,梯度大的看做包围着盆地的山峰,其主要目标是要找到适合的分水岭线,原理表述如下:

$$T[n] = \{(s,t) \mid g(s,t) < n\} \tag{2}$$

式中:$T[n]$为(s,t)坐标系;$g(s,t)$为图像的灰度水平值。

设定$C(M_i)$代表一组与全局极小值点M_i相关联的汇水盆地的坐标点。$C_n(M_i)$代表一组与浸入水位n的局部极小值点M_i相关联的汇水盆地的坐标点。

$$C_n(M_i) = C(M_i) \cap T[n] \tag{3}$$

再设定$C[n]$为汇水盆地中浸入水位n的部分的集合,

$$C[n] = \bigcup_{i=1}^{R} C_n(M_i) \tag{4}$$

$$C[\max + 1] = \bigcup_{i=1}^{R} C(M_i) \tag{5}$$

寻找分水岭线的算法通过$C[\min + 1] = T[\min + 1]$初始化后,假设在步长$n$时$C[n-1]$已经建立,依次进行递归。根据$C[n-1]$求得$C[n]$的过程如下:令$Q$代表$T[n]$中连通分量的集合。然后,对于每个连通分量$q \in [n]$,有下列3种可能性:

(1)$q \cap C[n-1]$为空。

(2)$q \cap C[n-1]$包含$C[n-1]$中的一个连通分量。

(3)$q \cap C[n-1]$包含$C[n-1]$多于一个的连通分量。

当遇到一个新的最小值时,若符合条件(1),则将q并入$C[n-1]$构成$C[n]$。当q位于某些局部最小值构成的汇水盆地中时,符合条件(2),此时将q合并入$C[n-1]$构成$C[n]$。当遇到全部或部分分离两个或更多汇水盆地的山脊线的时候,符合条件3)。进一步的注水会导致不同盆地的水聚合在一起,从而使水位趋于一致。因此,必须在q内建立一座水坝(如果涉及多个盆地就要建立多座水坝),以阻止盆地内的水溢出。

以各重建的汇水盆地的左上角点为起始点,逐行搜索,直至各个重建的汇水盆地的右下角像素点终止,计算非背景像素点的个数,设非背景像素点个数总和为N。要计算叶片面积,需要知道每个像素所占的实际面积值。穴盘在图像中所占像素点个数为640×480,测量得到穴盘的实际面积为$267 \times 200 \ mm^2$,可得一个穴孔中幼苗的实际面积A,根据式(6):

$$N/A = 307\ 200/53\ 400 \tag{6}$$

而周长的计算和面积有所不同,假设区域的边界链码为$a_1 a_2 \cdots a_n$,每个码段a_i所表示的线段长度为Δl_i,计算该区域边界的周长,表示为P:

$$P = \sum_{i=1}^{k} \Delta l_i = k_e + (k - k_e)\sqrt{2} \tag{7}$$

式中:k_e 为链码序列中偶数码个数;k 为链码序列中码的总个数。

3　意义

移钵机的幼苗检测公式表明,图像处理中的分水岭算法用于获取苗期形状,识别的准确率得到了改进。在自动幼苗移钵作业中,用于幼苗生长状况检测的机器视觉系统,该机器视觉系统识别准确率达到了98%,应用于自动幼苗移钵机器人中可以很好地判断不同生长状况的秧苗生长质量。

参考文献

[1]　蒋焕煜,施经挥,任烨,等. 机器视觉在幼苗自动移钵作业中的应用. 农业工程学报,2009,25(5): 127 – 131.

[2]　Soille P. Morphological image analysis applied to crop field mapping. Image and Vision Computing,2000, 18:1025 – 1032.

[3]　Gonzalez R C,Woods R E. Digital Image Processing. Second ed. New Jersey, USA:Prentice-Hall Inc, NJ. 2002.

太阳能热泵的参数计算

1 背景

如何更有效地利用太阳能和大规模利用太阳能是世界各国都十分重视的热门课题,兰青等[1]设计了一种圆台形为太阳能热泵的蒸发/集热器(图1),实际制作了一台样机(图2),建立了各部件的数学模型,并计算出各部件配置。

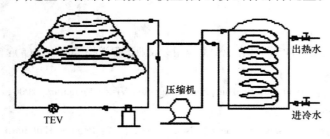

图1 圆台形太阳能热泵示意图

图2 圆台型太阳能
热泵试验装置外景

2 公式

计算试验装置各部件参数,为了满足系统全年向用户提供热水,取昆明太阳辐照度最低的冬季为计算依据,其平均太阳辐照强度为 510 W/m^2,平均气温为 9℃,平均风速为 2.3 m/s[2]。

2.1 集热/蒸发器模型

蒸发集热器的温度高于环境温度 0～10℃有利于综合太阳能集热器的效率和热泵的效率[3],故蒸发温度取为 10℃,冷凝温度为 50℃,过热度取 5℃,过冷度取 3℃。

从节流阀装置出来的低温低压气液混合物在太阳能蒸发/集热器中吸收太阳辐射能及周围空气中的热量,单位时间和单位面积蒸发集热器所吸收的能量 q_e(W/m^2)可由下式确定[4]:

$$q_e = I\alpha - q_L \tag{1}$$

q_L 可由下式确定[4]:

$$q_L = \varepsilon q_o + U(T_p - T_a) \tag{2}$$

62

式中:I 为太阳的辐照度,W/m^2;T_p 为蒸发/集热器的蒸发温度,$℃$;T_a 为环境温度,$℃$;α 为蒸发/集热器的吸收率;q_L 为蒸发/集热器的热损失,W/m^2;ε 为发射率,取值为 0.9[4];q_0 为与周围环境温度具有相同温度的黑体的冷却能力,W/m^2,它是具有周围温度的单位面积黑体的辐射力与空气辐射力 q_∞ 之差[4],即

$$q_0 = \sigma T_a^4 - q_\infty \qquad (3)$$

而空气辐射力可表示为[4]:

$$q_\infty = \sigma T_{sky}^4 \qquad (4)$$

式中:σ 为斯蒂芬 - 玻尔兹曼常数,其值为 5.67×10^{-8} $W/(m^2 K^4)$;T_{sky} 为等效天空辐射温度,K,可由下面的经验公式估算[5]:

$$T_{sky} = 0.055\,2 T_a^{1.5} \qquad (5)$$

U 表示蒸发器向周围环境散热效率,可由下式确定:

$$U = h_w + 4\varepsilon\sigma T_a^3 \qquad (6)$$

式中:h_w 为风力传热效率,W/m^2,由下式确定:

$$h_w = 5.7 + 3.8V \qquad (7)$$

式中:V 为风速,m/s。

总的蒸发集热器所吸收的有用能 $Q_e(W)$ 可由以下计算:

$$Q_e = AF'q_e \qquad (8)$$

式中:A 为集热器的吸热面积,m;F' 为集热器的效率因子,假设忽略蒸发集热板与集热管之间的热阻,则 F' 可由下式确定:

$$F' = F + (1 - F)(D/W) \qquad (9)$$

式中:F 为肋片因子,一般为 0.97;D 为管道外径,mm;W 为管间距,mm。

在稳定状态下,太阳集热器所吸收的热量 Q_e 等于热泵系统的制冷量 Q_0,即

$$Q_e = Q_0 = m_f(h_1 - h_4) \qquad (10)$$

式中:$(h_1 - h_4)$ 为蒸发器进出口工质的焓差,kJ/kg;m_f 为工质流量,取值为 $6.8 \times 10^{-3} kg/s$[6]。

从压缩机出来的高温高压制冷剂蒸汽流经冷凝水箱变为高温高压的液体,其所放出的热量被水箱中的水所吸收,即在热平衡状态下:

$$Q_K = m_f(h_2 - h_3) = c_水 G_水(T_终 - T_初) \qquad (11)$$

式中:Q_K 为冷凝水箱中的水所吸收的热量,kJ;$(h_2 - h_3)$ 为冷凝器进出口工质的焓差,kJ/kg;$c_水$ 为水的比热 4.18 $kJ/(kg \cdot ℃)$;$G_水$ 为单位时间被加热的水量,kg/s;$T_初$、$T_终$ 为被加热水的初、终温,$℃$。

根据所确定的计算参数绘出 R417a 的压焓图,并查出各状态点参数。

联立式(1)至式(11)并将各参数代入可计算蒸发集热器的面积为:

$$A_C = \frac{Q_e}{F' \times q_e} = 2.75 \text{ m}^2 \tag{12}$$

2.2 压缩机模型

对于全封闭压缩机,电动机与压缩机共用一根轴,不必考虑传动效率问题,因此实际所需功率 p_{el} 就是轴功率。由于电动机的热力、气动损失及机械损失,实际所须功率比理论功率大得多,其间的比值可用绝热效率 η_k 表示,即 $\eta_k = p_0 / p_{el}$,p_0 为压缩机消耗的理论功率。η_k 值通常在 $0.6 \sim 0.7$ 之间,取 0.65,则 $p_{el} = \dfrac{210.8}{0.65} = 324(\text{W})$,压缩机配用的电机功率为 $1.1 p_{el}$,即 356.7 W。

2.3 冷凝器模型

在冷凝器中,水温由 $25℃$ 升至 $45℃$,制冷剂在 $50℃$ 定温冷凝,最后有 $3℃$ 的过冷度。在冷凝器制冷剂放出的热量由式(11)可得

$$Q_k = m_f(h_2 - h_3) \tag{13}$$

其中凝结段的潜热为:

$$Q_1 = r m_f \tag{14}$$

式中:r 为工质气化潜热,R417a 的气化潜热值为 146.53 kJ/kg。

则过冷段所放出的显热为:

$$Q_2 = Q_k - Q_1 \tag{15}$$

制冷剂凝结完毕时水温 t_c 为:

$$t_c = T'_2 + \frac{Q_2}{c_水 \, m_水} \tag{16}$$

式中:T'_2 为水的初温,$℃$;Δt_{max} 为制冷剂定温冷凝温度减去制冷剂凝结完毕时的温度 t_c;Δt_{min} 为制冷剂定温冷凝温度减去最终加热的水温;$m_水$ 为水箱内水的质量,kg。

因此冷凝器凝结段的对数平均传热温差为:

$$\Delta t_m = \frac{\Delta t_{max} - \Delta t_{min}}{\ln(\Delta t_{max} / \Delta t_{min})} \tag{17}$$

冷凝器的凝结段的换热面积(m^2)为:

$$A_1 = \frac{Q_1}{k \Delta t_m} \tag{18}$$

式中:k 为表面传热系数,$W/(m^2 \cdot ℃)$。

冷凝管的长度(m)为:

$$L_1 = \frac{A_1}{\pi d} \tag{19}$$

过冷段的平均温差为:

$$\Delta t_{m2} = \frac{\Delta t_{\max} + \Delta t_{\min}}{2} \tag{20}$$

过冷段的换热面积(m²)为:

$$A_2 = \frac{Q_2}{h_l \Delta t_{m2}} \tag{21}$$

式中:h_l 为液体单独在管内流动的表面传热系数。式(18)和式(21)中的 k 及 h_l 由平均表面传热系数的关联式有[7]:

$$k = (0.55 + 2.09 P_r^{-0.38}) h_l \tag{22}$$

式中:P_r 为实际压力与临界压力的比值,在 50℃时 R417a 的饱和蒸汽的压力为 1.3 MPa,临界压力为 4 464 kPa,h_l 可由下式计算得:

$$h_l = 0.023 \frac{\lambda}{d_i} Re_f^{0.8} Pr_f^{0.4} \tag{23}$$

式中:根据 R417a 的热物性参数,λ 为流体的热导率,为 0.071 32 W/(m·K);d_i 为管内径取值 15 mm;液体密度 ρ = 1 108 kg/m³;运动黏度 v = 0.145 56 × 10⁻⁶ m²/s;计算 R_e 时,取 u 为流体的平均速度 m/s。所以管内液体流动 R_e 为:

$$R_e = \frac{\rho u d}{\mu} = \frac{m_f d}{\rho \pi r^2 v} \frac{2 m_f}{\rho \pi r v} \tag{24}$$

过冷段管道的长度(m)为:

$$L_2 = \frac{A_2}{\pi d} \tag{25}$$

所以冷凝器的长度为

$$L = L_1 + L_2 \tag{26}$$

联立式(13)至式(26)并将相关数值代入可得冷凝器的长度为:

$$L = 3.82 \text{ m}$$

考虑一定温度,设计时冷凝器的长度为 5 m。

根据以上模型算法,经测试并计算综合结果见表1。可见该样机的制热性能较高。

表1 圆台形太阳能热泵热效率测试结果

日期	$\Delta \tau$	S	T_a	ΔT_W	W_C	COP
2008 - 12 - 05 阴有小雨	5	0.56	8.6	31.2	3.4	2.66
2008 - 12 - 07 阴有小雨	4.5	0.78	11.6	34.9	3.15	2.9
2008 - 12 - 09 晴	3.5	14.8	16.3	33	2.78	3.5

续表

日期	$\Delta\tau$	S	T_a	ΔT_W	W_C	COP
2008－12－10 晴转多云	3.3	10.4	11.8	37	3.25	3.3
2008－12－11 阴	4.3	1.02	11.2	29.7	3.26	2.7
2008－12－12 晴	3.5	15.6	15.4	35.8	2.76	3.8
平均值	4.02	7.2	12.5	33.6	3.1	3.1

注:$\Delta\tau$ 为系统运行及测试时间,h;S 为测试期间投射到蒸发集热器表面上的太阳辐射总量,MJ;T_a 为测试期间的平均环境温度,℃;ΔT_W 为热水箱中的热水的温升,℃;W_C 为压缩机总的耗电量,kWh;COP 为系统制热性能系数.

3 意义

通过太阳能热泵各部件的参数计算,得到该样机的制热性能较高,在平均吸收太阳能辐度为 7.2 MJ 时,平均 COP 可达 3.1。可以满足用户生活用热水的要求,当冬季没有太阳能时,由于系统可吸收空气中的能量,装置的 COP 仍有 2.66,可充分地节约能源。

参考文献

[1] 兰青,夏朝凤,李明,等. 圆台形太阳能热泵设计及其制热性能. 农业工程学报,2009,25(5):162 － 166.

[2] 陈宗瑜. 云南气候总论. 北京:气象出版社,2001.

[3] Chaturvedi S K,Chen D T,Kheireddine A. Thermal performance of a variable capacity direct expansion solar-assisted heat pump. Energy Conversion and Management,1998,39(3/4):181 － 191.

[4] Ito S,Miura N,Wang K. Performance of a heat pump using direct expansion solar collectors. Solar Energy,1999,65(3):189 － 196.

[5] Hawlader M N A,Chou S K,Ullah M Z. The performance of a solar assisted heat pump water heating system. Applied Thermal Engineering,2001,21(10):1049 － 1065.

[6] 李晓燕,闫泽生. R417a 在热泵热水系统中替代 R22 的实验研究. 制冷学报,2003(4):1 － 4.

[7] 章熙民,任泽霈,梅飞鸣. 传热学. 北京:中国建筑工业出版社,2007.

居民点用地的生态价值公式

1 背景

姜广辉等[1]分析了现行土地分类下北京市平谷区(图1)农村居民点内部的农用土地存在及其结构,测算了其所具有的生态服务价值。为制定区域可持续发展的土地利用政策提供定量决策依据。

图1 2005年平谷区农村居民点分布

2 公式

在前人工作的基础上[2-4],基于Costanza的方法来计算农村居民点用地的生态服务价值(表1),为土地资源可持续利用提供决策支持,计算过程如下。

表1 平谷区各镇农村居民点不同类型的年生态服务功能价值

地点	气体调节	气候调节	水源涵养	土壤形成与保护	废物处理	生物多样性保护	食物生产	原材料	娱乐文化
平谷	11.3	18.9	56.5	21.5	59.6	18.8	10.0	5.3	12.5
马坊	31.1	43.7	145.1	42.4	130.9	45.7	9.1	19.4	36.1
马昌营	12.1	18.8	76.9	17.2	70.7	20.1	4.8	7.4	18.4
大兴庄	11.4	27.6	68.8	15.9	66.4	18.4	4.3	6.1	17.8
东高村	11.9	24.5	107.8	23.6	108.5	25.7	12.1	5.1	23.6
山东庄	29.9	29.2	41.2	41.1	33.2	32.0	5.5	18.6	12.4
峪口	35.5	39.5	114.8	52.1	104.0	48.0	11.5	21.3	28.2
南独乐河	29.9	33.5	57.3	45.9	54.0	35.2	9.0	16.5	14.9
夏各庄	13.4	19.0	29.9	24.6	35.4	17.3	10.1	6.5	6.9
王辛庄	51.7	50.5	96.1	74.9	83.9	60.2	13.2	31.1	25.5
黄松峪	21.2	17.8	35.4	27.7	25.9	23.0	1.8	13.6	10.1
金海湖	146.3	136.5	171.5	189.0	119.6	148.7	15.7	95.1	56.9
大华山	40.4	47.8	58.5	53.5	46.9	42.4	3.9	24.5	18.9
熊儿寨	24.0	25.8	30.9	31.6	23.5	24.7	2.3	14.9	10.2
镇罗营	45.3	38.3	65.1	60.9	47.4	48.7	4.1	28.3	19.0
刘家店	13.0	11.9	14.6	18.9	12.3	14.2	3.0	7.7	4.3
合　计	528.4	583.2	1 170.4	740.9	1 022.1	623.2	120.1	321.5	315.4

　　首先,在研究区域各粮食作物播种面积、粮食单产、各粮食作物的全国平均价格基础上,比照谢高地等[3]提出的"中国陆地生态系统服务价值当量因子表"计算不同生态系统的生态服务价值系数。单位面积农田生态系统提供食物生产服务功能的经济价值计算见公式(1)。

$$E_a = \frac{1}{7}\sum_{i=1}^{n}\frac{m_i p_i q_i}{M} \qquad (i=1,\cdots,n) \tag{1}$$

式中:E_a为单位面积农田生态系统提供食物生产服务功能的经济价值,元/hm²;i为作物种类;p_i为i种作物价格,元/kg;q_i为i种粮食作物单产,kg/hm²;m_i为i种粮食作物面积,hm²;M为n种粮食作物总面积,hm²;1/7为在没有人力投入的自然生态系统提供的经济价值与单位面积农田提供的食物生产服务经济价值的比例。

表 2　平谷不同土地利用类型年均单位面积生态价值

生态服务功能	耕地	园地	林地	草地	水域	湿地	未利用地
气体调节	1 083.9	4 636.2	7 553.5	1722.3	0	3 882.4	0
气候调节	1 929.3	3 881.4	5 827.0	1 937.5	996.7	36 882.4	0
水源涵养	1 300.7	4 312.7	6 906.1	1 722.3	44 155.7	33 431.4	63.9
土壤形成与保护	3 165.0	6 307.3	8 416.8	4 198.0	21.7	3 688.2	42.6
废物处理	3 555.2	2 824.8	2 827.2	2 820.2	39 389.1	39 211.8	21.3
生物多样性保护	1 539.1	4 690.1	7 035.6	2 346.6	5 394.9	5 392.2	723.7
食物生产	2 167.8	431.3	215.8	645.9	216.7	647.1	21.3
原材料	216.8	2 857.2	5 611.2	107.7	21.7	151.0	0
娱乐文化	21.7	1 423.2	2 762.6	86.1	9 403.1	11 970.6	21.3
总计	14 979.4	31 364.1	47 155.6	15 586.4	99 599.4	135 257.0	894.0

进而根据式(2)得到平谷区不同土地利用类型年均单位面积的生态价值表,计算结果见表2。

$$E_{rj} = e_{rj}E_a \qquad (r = 1,2,\cdots,9; j = 1,2,\cdots,6) \qquad (2)$$

式中:E_{rj}为j种生态系统r种生态服务功能的单价,元/hm^2;e_{rj}为j种生态系统r种生态服务功能相对于农田生态系统提供生态服务单价的当量因子;r为生态系统服务功能类型,包括气体调节、气候调节、水源涵养、土壤形成与保护、废物处理、生物多样性维持、食物生产、原材料生产、休闲娱乐;j为生态系统类型,包括林地、草地、耕地、园地、湿地、水域和未利用土地生态系统。

最后,由式(3)根据各类生态系统面积和各类生态系统服务功能的单价,计算出研究区域生态系统服务功能的经济价值。

$$V = \sum_{r=1}^{9} \sum_{j=1}^{6} A_j E_{rj} \qquad (i = 1,2,\cdots,9; j = 1,2,\cdots,6) \qquad (3)$$

式中:V为区域生态系统服务总价值;A_j为j类生态系统的面积。

3　意义

采用居民点用地的生态价值公式,根据各类生态系统面积和各类生态系统服务功能的单价,计算出研究区域生态系统服务功能的经济价值。结果发现农村居民点作为一种混合地类存在,具有一定的生态服务功能,对于当前"农村居民点用地减少与城镇用地增加的挂钩"工作的开展、建立区域环境—经济综合核算体系以及农村的可持续发展具有参考意义。

参考文献

［1］ 姜广辉,张凤荣,谭雪晶,等. 北京市平谷区农村居民点用地生态服务功能分析. 农业工程学报,
2009, 25(5)：210－216.

［2］ Costanza R,Arge R,Groot R,et al. The value of the world's ecosystem service and natural capital. Nature,
1997,387：253－260.

［3］ 谢高地,鲁春霞,冷允法,等. 青藏高原生态资产的价值评估. 自然资源学报,2003,18(2)：189－
195.

［4］ 白晓飞,陈焕伟. 土地利用的生态服务价值——以北京市平谷区为例. 北京农学院学报,2003, 18
(2)：109－111.

密闭舱内的氧气平衡公式

1 背景

陈敏等[1]通过分析"红萍－人"共存情况下密闭舱内 O_2－CO_2 浓度的变化规律,试图弄清红萍载人供氧气特征,为红萍生物部件进行系统总体地面模拟试验以及空间应用奠定基础。建立受控密闭试验舱和红萍湿养装置(图1),在"红萍－人"共存情况下,测定密闭舱内氧气、二氧化碳浓度的变化。

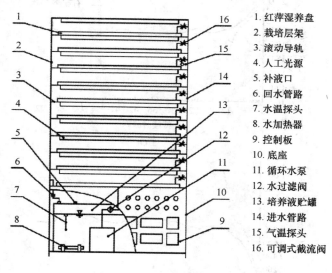

1. 红萍湿养盘
2. 栽培层架
3. 滚动导轨
4. 人工光源
5. 补液口
6. 回水管路
7. 水温探头
8. 水加热器
9. 控制板
10. 底座
11. 循环水泵
12. 水过滤阀
13. 培养液贮罐
14. 进水管路
15. 气温探头
16. 可调式截流阀

图1 红萍湿养装置结构简图

2 公式

密闭舱内红萍光合作用放氧气量和固定二氧化碳量的衡算公式:

密闭舱内红萍放氧气量:

$$G_{O_2} = \frac{nR_{O_2} \cdot T + \dfrac{V}{100}(C_{O_2}^t - C_{O_2}^0)}{S \cdot T} \times m_{O_2}, \mathrm{g/(m^2 \cdot h)}$$

密闭舱内红萍固定二氧化碳量:

$$G_{CO_2} = \frac{nR_{CO_2} \cdot T - \frac{V}{100}(C_{CO_2}^t - C_{CO_2}^0)}{S \cdot T} \times m_{CO_2}, g/(m^2 \cdot h)$$

式中:n 为试验员人数,人;R_{O_2}、R_{CO_2} 为试验志愿者呼吸消耗氧气量和排出二氧化碳量,L/h;T 为试验持续时间,h;V 为密闭舱容积,L,$V = 21.0$ m^3 = 21 000 L;$C_{O_2}^t$、$C_{O_2}^0$、$C_{CO_2}^t$、$C_{CO_2}^0$ 为试验前后密闭舱内氧气、二氧化碳浓度,%;S 为红萍有效湿养面积,m^2,$S = 18.9$ m^2;m_{O_2} 为标准压力和温度下氧气密度,$m_{O_2} = 1.429$ g/L;m_{CO_2} 为标准压力和温度下二氧化碳密度,$m_{CO_2} = 1.964$ g/L。

经测试并采用以上公式计算氧气、二氧化碳浓度,结果见图2。可见红萍光合放氧气能力很强,能有效促使密闭舱内氧气、二氧化碳浓度朝着有利于人生存环境方向平衡

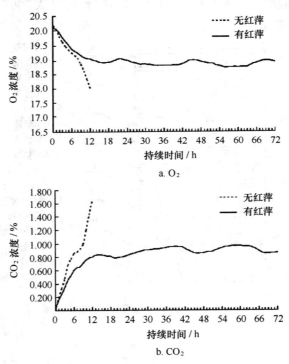

图2 密闭试验舱内氧气和二氧化碳浓度变化

3 意义

密闭舱内的氧气平衡公式显示,舱内氧气、二氧化碳浓度趋于平衡,密闭舱内二氧化碳

浓度升高对促进红萍净光合效率有明显效果。这说明红萍光合放氧气能力很强,能有效促使密闭舱内氧气、二氧化碳浓度朝着有利于人生存环境方向平衡,进而验证红萍空间应用前景。

参考文献

[1] 陈敏,邓素芳,杨有泉,等. 受控密闭舱内红萍载人供氧特性. 农业工程学报,2009,25(5):313 – 316.

流化床的气化指标计算

1 背景

畜禽养殖废弃物的减量化和资源化利用是畜禽养殖污染控制的主要途径,热化学处理技术为畜禽养殖废弃物的资源化利用提供了新的方式。涂德浴等[1]采用流化床气化技术,对猪粪的空气气化展开试验研究,旨在分析当量比 *ER* 对反应器内温度场分布,燃气热值、碳转化率和气化效率等指标的影响,为气化过程控制提供参考。

2 公式

试验要考察的气化指标主要包括反应器内温度变化;燃气发热量;碳转化率和气化效率。试验温度设定为500℃,采用0.2 mm 的粒径。气化工艺见图1。

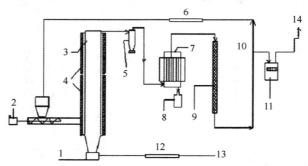

1. 气体预分布器;2. 螺旋进料器;3. 流化床反应器;4. 加热元件;
   5. 旋风分离器;6、12. 气体流量计;7. 冷凝器;8. 液体收集器;
   9. 棉绒过滤器;10. 电磁泵;11. 煤气表;13. 风机;14. 排气口

图1 气化工艺简图

每隔2~3 min 采集温度数据一次。气化1 kg 原料所得到的气体燃料在标准状态下的体积为气体产率。气体分析其得率、各成分含量和气体低位热值,由于空气中的氮气没有参与反应,因此最后计算产气结果时要扣除空气中的氮气总量。所产燃气为多种气体的混合气体,气体燃料的低位发热量 LHV_g(low heat value,kJ/m³)采用简化计算公式[2]:

$$LHV_g = 126.36CO\% + 107.98H_2\% + 358.18CH_4\% + 629.09C_nH_m\% \quad (1)$$

式中:CO%、H₂%等为混合气中各成分的体积含量。

碳转化率(η_C)是指生物质燃料中的碳转化为气体燃料中的碳的份额,即气体中含碳量与原料中含碳量之比,其计算公式为[3]:

$$\eta_C = \frac{12(CO_2\% + C_V\% + CH_4\% + 2.5C_nH_m\%)}{22.4 \times (298/273) \times C\%} G_V \tag{2}$$

式中:$C\%$为原料中碳元素含量;G_V为原料气化的产气率,m³/kg。

气化效率(η_g)是指气化后生成的气体燃料的总热量与气化原料的总热量之比。按照定义,其计算公式可用式(3)来表示。

$$\eta_g = \frac{LHV_g \times G_V}{LHV_S} \tag{3}$$

式中:LHV_S为固体原料的低位发热量,kJ/kg。

根据以上公式计算不同 ER 对燃气低位热值、碳转化率和气化效率的影响,结果见表1。

表1　ER 对燃气低位热值、碳转化率和气化效率的影响

当量比	燃气低位放热量/(kJ·m⁻³)	碳转化率/%	气化效率/%
0.15	4 777.76	58.28	36.31
0.25	4 064.57	72.01	40.10
0.35	4 085.93	66.23	39.93
0.5	3 946.85	96.77	49.47

3　意义

通过流化床的气化指标计算,得到燃气热值随 ER 值升高而降低,碳转化率随 ER 值升高而升高,ER 值对气化效率的影响呈波动特性(表1),猪粪气化的 ER 调节范围应该在0.25 左右。因此,不同 ER 对燃气低位热值、碳转化率和气化效率都有影响。

参考文献

[1] 涂德浴,董红敏,丁为民.当量比对猪粪空气气化效果的影响.农业工程学报,2009,25(5):167-171.

[2] Lia X T, Grace J R, Lima C J, et al. Biomass gasification in a circulating fluidized bed. Biomass and Bioenengy,2004,26(2):171-193.

[3] 吕鹏梅,熊祖鸿,王铁军,等.生物质流化床气化制取富氢燃气的研究.太阳能学报,2003,24(6):758-764.

非点源污染的负荷估算

1 背景

密云水库水质影响北京市地表饮用水源质量,非点源污染成为密云水库水质下降的主要原因。为了满足水资源管理规划,张燕等[1]在密云水库土门西沟小流域内根据不同的水土保持措施选择6个径流小区,于2007年对小区地表径流进行水质水量的监测。运用RU-SLE公式和SCS法估算流域内不同水土保持措施的非点源污染负荷,利用ArcGIS工具绘制了土壤侵蚀量空间分布图。

2 公式

模拟非点源污染的空间分布,把地形图、土地利用类型图(图1)、土壤图进行叠加分析,用Visual Foxpro 6.0建立降雨侵蚀因子、土壤可蚀性因子、水土保持因子、地表覆盖因子数据库。通过土壤流失方程RUSLE和SCS径流曲线法分别估算各地类的径流量、土壤侵蚀量、溶解态氮磷和吸附态氮磷,参数主要通过径流小区得到,通过ArcGIS软件建立空间与属性数据库。

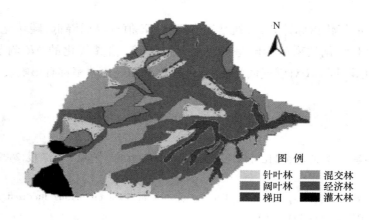

图1 土门西沟小流域不同水土保持措施

2.1 地表径流量

采用美国 SCS(soil conservation service curve number) 曲线法,计算地表径流量、峰值流量及网格单元的径流分配[2]。

$$Q = \begin{cases} Q = \dfrac{(P - 0.2S)^2}{(P + 0.8S)} & P \geq 0.2S \\ Q = 0 & P < 0.2S \end{cases} \tag{1}$$

式中:P 为年降雨量,mm;CN 为无量纲的综合反映流域下垫面特征的参数,范围 1～100 之间,由水文土壤类型、耕作方式、前期土壤湿度条件决定;S 为保持参数,无量纲值,它与流域的土壤、坡度、土地利用、管理措施以及土壤前期含水量等有关。

2.2 土壤流失量

通用土壤流失方程是由 Wischmeier 和 Smith 于 1958 年提出[3]。

$$A = R \cdot k \cdot LS \cdot C \cdot P_s \tag{2}$$

式中:A 为年土壤流失量,$t/(km^2 \cdot a)$;E 为降雨和径流因子;k 为土壤可蚀性因子;L,S 分别为坡长、坡度综合因子;C 为植被与经营管理因子;P_s 为水土保持措施因子。

2.2.1 降雨侵蚀因子

R 因子提取采用 Wischmeier 提出的直接利用多年各月平均降雨量推求 R 值的经验公式[5]。

$$R = \sum_{i=1}^{12} \left[1.735 \times 10^{\left(1.5 \times \lg \frac{P_i^2}{P} - 0.8188\right)} \right] \tag{3}$$

式中:P_i 为各月平均降雨量,mm。

2.2.2 土壤可侵蚀性因子

$$k = 7.594 \left\{ 0.0034 + 0.0405 \exp\left[-\frac{1}{2}\left(\frac{\lg(D_g) + 1.659}{0.7101}\right)^2 \right] \right\}$$

$$D_g = \exp(0.01 \sum f_i \ln m_i) \tag{4}$$

式中:D_g 为几何平均粒径,mm;f_i 为原土中粒径组成百分比;m_i 为小于该粒径的算术平均值,mm;k 为土壤被冲蚀的难易程度[6]。此公式受土壤粒径影响,不同土地类型粒径有所不同(图3)。

2.2.3 地形因子

LS 代表地形条件变化对土壤侵蚀影响变化的主要水力因素,也是一个无量纲的数值[7]。

$$LS = (0.045L)^a (65.41\sin\theta + 4.56\sin\theta + 0.065) \tag{5}$$

式中:θ 为坡面的角度;a 为随坡度的变化指数,当坡度大于 2.86° 时,$a=0.5$;坡度为 1.72°～2.86° 时,$a=0.4$;当坡度 0.57°～1.72° 时,$a=0.3$;坡度小于 0.57° 时,$a=0.2$。

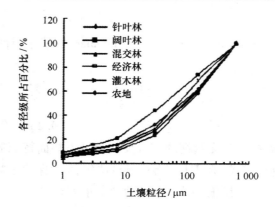

图3　坡面径流小区土壤粒径分布曲线

2.2.4　地表覆盖因子

$$C = 0.650\ 8 - 0.343\ 6\lg c \tag{6}$$

蔡崇法等通过坡面产沙量与植被覆盖度 c 相关关系的研究,建立了 C 因子值与植被覆盖度 c 之间的数学关系[8],当 $c = 0$ 时,C 取1,当 $c > 78.3\%$ 时,C 取0,当 $0 < c \leqslant 78.3\%$,C 值利用上式计算。

2.2.5　水土保持措施因子

水土保持措施因子也称实际侵蚀控制系数,不同的土地管理和水土保持措施对土壤侵蚀的影响是不同的。其大小一般在 $0 \sim 1$,无任何水土保持措施的土地 P_s 值取为1[9]。

2.3　氮磷污染负荷估算

$$G = \sum_{i=1}^{n}(C_{mi}W_i + C_{ni}Q_i) \tag{7}$$

式中:G 为地表径流中的溶解态和吸附态污染物负荷总量,g;C_{mi} 为第 i 类水土保持措施地表径流中吸附态污染物浓度,mg/kg;W_i 为第 i 类水土保持措施地表径流中土壤流失量,t;C_{ni} 为第 i 类水土保持措施地表径流中溶解态污染物浓度,g/L;Q_i 为第 i 类水土保持措施地表径流量,mm;S 为小区的面积,km^2。

经以上算法计算不同水土保持措施的因子值及多年平均土壤流失量,结果见表1。

表1　不同水土保持措施的因子值及多年平均土壤流失量

水保措施	R	K	C	LS	P_S	侵蚀模数 /(t·hm^{-2}·a^{-1})	土壤流失量/t
针叶林	378.29	0.047	0.026	13.92	1	5.39	130.75
阔叶林	378.29	0.047	0.080	10.46	1	12.01	186.63
混交林	378.29	0.047	0.021	13.65	1	4.85	71.27
灌木林	378.29	0.047	0.067	17.98	1	5.38	205.93

水保措施	R	K	C	LS	P_S	侵蚀模数 /$(t \cdot hm^{-2} \cdot a^{-1})$	土壤流失量/t
经济林	378.29	0.047	0.048	8.06	0.8	25.00	102.05
梯 田	378.29	0.047	0	3.44	0.6	0.29	2.30

3 意义

模拟非点源污染的空间分布,发现土门西沟小流域非点源污染物主要来源于土壤侵蚀,泥沙中的吸附态是非点源污染物存在的主要形式。根据非点源污染的负荷计算,结合土门西沟小流域地貌特征,认为减少经济林来增加混交林用地面积,提高水源林的覆盖率,梯田可以维持现有的用地状况,禁止陡坡栽种农作物,坡脚和沟道农地采取梯田的耕种方式,以此来达到控制非点源污染的目的。

参考文献

[1] 张燕,张志强,张俊卿,等. 密云水库土门西沟流域非点源污染负荷估算. 农业工程学报,2009, 25(5):183 - 191.

[2] Soil Conservation Service, U. S. Department of Agriculture. Hydrology, In SCS National Engineering Handbook, Section4. Washington, D. C. : U. S. Government. Print Office,1972.

[3] Wischmeier W H, Smith D D. A universal soil-loss equation toguide conservation farm planning. Trans Int Congr Soil Sci,1960,(7): 418 - 425.

[4] Renard K G, Foster G R, Weesies G A, et al. Predicting soil Erosion By Walter: A Guide to Conservation Planning with the Revised Universal Soil Loss Equation (RUSLE). USA: National Technical Information Service,1997.

[5] 孟庆华,杨林章. 三峡库区不同土地利用方式的养分流失研究. 生态学报,2000,20(6): 1028 - 1033.

[6] 刘宝元,谢云,张科利. 土壤侵蚀预报模型. 北京: 中国科学技术出版社,2001:76 - 77.

[7] Novotny V, Chesters G. Handbook of nonpoint pollution: sources and management. New York: Van Nostrand Reinhold, 1981.

[8] 于嵘,亢庆,张增祥. 基于 ASTER 影像的土壤流失方程植被覆盖因子估计. 河北师范大学学报(自然科学版),2006,30(1): 112 - 117.

[9] Wischmeier W H. Estimating the soil loss equation's cover and management factor for undisturbed areas. Proceedings of Sediment-Yield Workshop, Oxford, MS, USDA - ARS - S - 40, United States Department of Agriculture, Washington, DC, 1975.

温室黄瓜的辐热积模型

1 背景

为了提高预测温室黄瓜产量的能力,倪纪恒等[1]用综合光合有效辐射和温度的光温指标,量化温室黄瓜单果生长与温度和光照的关系,建立了以辐热积(TEP)为尺度的温室黄瓜果实模型,并用独立的试验数据进行了检验。为温室黄瓜栽培和环境优化提供理论依据。

2 公式

2.1 果实鲜质量计算

从第 6 节开花后第 1 d 开始,选取生长均匀一致的植株 10 株,分别测定温室黄瓜植株上各节位果实的果长、果径,具体测定方法参照参考文献[2],每天一次。同时记录各节位黄瓜果实开花与采收的时间。

选取不同大小的黄瓜果实,分别测定果实鲜质量、果长和果径,量化果长、果径与果实鲜质量的关系。其中果长、果径测定方法同上。果实鲜质量采用精度为 0.1 g 的电子天平测量。得到果实鲜质量与果长、果径的关系式。

$$FW = 0.697\,9 \times FL \times FD^2 \qquad R^2 = 0.984\,2 \quad n = 132 \tag{1}$$

式中:FW 为果实鲜质量,g;FL 为果实长度,cm;FD 为果径,cm。

2.2 模型描述

2.2.1 辐热积的计算

辐热积是指温度热效应与光合有效辐射的乘积,计算过程如下:首先计算出每小时的相对热效应 RTE,然后将每小时相对热效应乘以相应小时内的总光合有效辐射 PAR 即可得到每小时的辐热积 HTEP。将一天内各个小时的辐热积累加即为日总辐热积 DTEP。某生育阶段的累计辐热积 TEP 为该阶段日总辐热积之和。具体计算公式如下:

$$RTE(T) = \begin{cases} 0 & (T < T_b) \\ \dfrac{T - T_b}{T_{ob} - T_b} & (T_b < T < T_{ob}) \\ 1 & (T_{ob} < T < T_{ou}) \\ \dfrac{T_m - T}{T_m - T_{ou}} & (T_{ou} < T < T_m) \\ 0 & (T > T_m) \end{cases} \qquad (2)$$

$$PAR = Q \times 0.5 \qquad (3)$$

$$HTEP = \begin{cases} RTE \times PAR \times 10^{-6} & PAR > 0 \\ RTE & PAR = 0 \end{cases} \qquad (4)$$

$$DTEP = \sum_{i=1}^{24} HTEP \qquad (5)$$

$$TEP(i+1) = TEP(i) + DTEP(i+1) \qquad (6)$$

式中:T_b 为温室黄瓜生长下限温度,℃;T_m 为生长上限温度,℃;T_{ob} 为生长最适下限温度,℃;T_{ou} 为生长最适上限温度,℃;T 为每小时平均温度,℃;$RTE(T)$ 为每小时的相对热效应;温室黄瓜生长的下限温度为 10℃,上限温度为 40℃,最适温度上、下限在白天分别为 30℃、25℃,在夜间分别为 15℃、13℃[3]。Q 为 1 h 内太阳总辐射,J/(m²·h);0.5 为光合有效辐射在太阳总辐射中的比例;PAR 为 1 h 内总光合有效辐射,J/(m²·h);$HTEP$ 为 1 h 内的辐热积,MJ/(m²·h);$DTEP$ 为 1 d 内的辐热积,MJ/(m²·d);$TEP(i)$ 为到 i 天的累计辐热积,MJ/m²;$TEP(i+1)$ 为第 $i+1$ d 的累计辐热积,MJ/m²;$DTEP(i+1)$ 为第 $i+1$ d 的日总辐热积,MJ/(m²·d)。

2.2.2 基于辐热积的各节位果实鲜质量的模拟

(1)开花节位的计算

根据试验 1 的数据,得出开花节位与辐热积关系。

$$N = 5.42 + 0.16 \times TEP \qquad R^2 = 0.970\ 9$$

标准差

$$(SE) = 1.497\ 4 \qquad n = 34 \qquad (7)$$

式中:N 为温室黄瓜植株上果实节位;TEP 为温室黄瓜第 6 节位果实开花后的累计辐热积,MJ/m²(图 1)。

(2)基于辐热积的单果果长、果径的模拟

根据试验 1 的数据,得出开花后辐热积与单果果长、果径的关系。

$$FLi = \begin{cases} 1.75 + \dfrac{17.11}{1 + e^{\frac{45.86 - \Delta TEPij}{19.73}}} & FLi < 17 \\ FLi & 12 < FLi \leqslant 17 \end{cases}$$

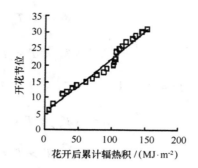

图1 温室黄瓜开花节位与累计辐热积的关系

$$R^2 = 0.961\ 1 \quad SE = 0.696\ 5 \quad n = 132 \tag{8}$$

$$FDi = \begin{cases} 0.23 + \dfrac{4.23}{1 + e^{\frac{45.86 - \Delta TEPij}{19.73}}} & FDi < 2.8 \\ FDi & 2.8 < FDi \leqslant 4 \end{cases}$$

$$R^2 = 0.957\ 2 \quad SE = 0.194\ 6 \quad n = 132 \tag{9}$$

$$\Delta TEPij = TEPj - TEPi \tag{10}$$

式中:FLi、FDi 为第 i 节位的果长、果径,cm;$\triangle TEPij$ 为第 i 节位的果实开始生长至第6节位果实开始生长 j 天后的累计辐热积;$TEPj$ 为第6节位果实开始生长后 j 天的累计辐热积,可依据温室内部的温度和辐射资料由式(1)至式(5)计算得到;$TEPi$ 为从第6节位果实开始生长至第 i 节位果实开始生长所需要的累积辐热积,将果实节位 i 代入式(6)求得(图2)。试验所采用的黄瓜品种戴多星在生产中的采收标准为果实长度 12 ~ 17 cm,果径(直径)2.8 ~ 4 cm。

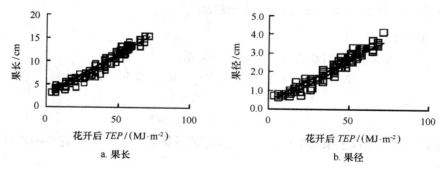

a. 果长   b. 果径

图2 果长、果径与开花后累计辐热积的关系

(3)基于有效积温(Growing degree days,GDD)的果实生长模型的构建
主要采用下面公式计算:

$$GDD = \mathrm{SUM}(T' - T_b) \tag{11}$$

$$N = 6.18 + 0.17 \times GDD \tag{12}$$

$$FLi = \begin{cases} 2.43 + \dfrac{17.11}{1 + e^{\frac{45.86 - \Delta GDDij}{19.73}}} & FLi < 17 \\ FLi & 12 < FLi \leq 17 \end{cases} \tag{13}$$

$$FDi = \begin{cases} 0.23 + \dfrac{4.23}{1 + e^{\frac{45.86 - \Delta GDDij}{19.73}}} & FDi < 2.8 \\ FDi & 2.8 < FDi \leq 4 \end{cases} \tag{14}$$

$$\Delta GDDij = GDDi - GDDj \tag{15}$$

式中：GDD 为温室黄瓜第 6 节位果实开花后的累计有效积温，℃；T' 为日平均温度，℃；$\Delta G\text{-}DDij$ 为第 i 节位的果实开始生长至第 6 节位果实开始生长 j 天后的累计有效积温，℃；$GDDj$ 为第 6 节位果实开始生长 j 天后的累计有效积温，可依据温室内部的温度资料由公式（11）计算得到；$GDDi$ 为从第 6 节位果实开始生长至第 i 节位果实开始生长所需要的累积有效积温。

（4）果实鲜质量的计算

$$FWi = 0.6979 \times FLi \times (FDi)^2 \tag{16}$$

式中：FWi 为预测的第 i 节果实鲜重质量；FLi 为预测的第 i 节果实的果长，在基于辐热积的果实生长模型中通过式（8）和式（10）计算得到，而在基于有效积温的果实生长模型中通过式（11）和式（13）得到；FDi 为预测的第 i 节果实的果径，在基于辐热积的果实生长模型中通过式（9）和式（10）计算得到；而在基于有效积温的果实生长模型中通过式（11）和式（14）得到。

2.3　模型验证

采用检验模型时常用的统计方法——回归估计标准误差（RMSE）对模拟值和实测值之间的符合度进行统计分析。$RMSE$ 值越小，表明模拟值与实测值的一致性越好，模拟值与实测值之间的偏差越小，即模型的模拟结果越准确、可靠。因此，$RMSE$ 能够很好地反映模型的预测精度。具体计算为：

$$RMSE = \sqrt{\dfrac{\sum\limits_{i=1}^{n}(OBSi - SIMi)^2}{n}} \tag{17}$$

式中：$OBSi$ 为实测值，本文中为实测温室黄瓜果实鲜质量；$SIMi$ 为模型模拟值，实验中为模拟的温室黄瓜果实鲜质量；n 为样本容量。

根据模型计算和实际试验对各节位温室黄瓜果实鲜重模拟值与实测值进行比较，结果见图 3。

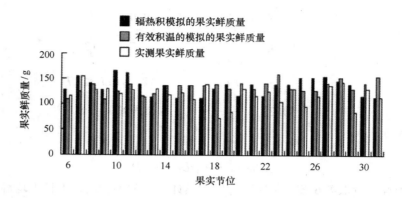

图3　各节位温室黄瓜果实鲜重模拟值与实测值的比较

3　意义

　　温室黄瓜的辐热积模型对温室黄瓜各节位果实果长、果径和鲜质量的模拟值与实测值的符合度较好,模拟精度提高了12.21%。实验建立的辐热积模型能较准确地预测温室黄瓜各节位的果实生长,模型的实用性较强,可以为温室黄瓜生产提供理论依据和决策支持。

参考文献

[1]　倪纪恒,陈学好,陈春宏,等.用辐热积法模拟温室黄瓜果实生长.农业工程学报,2009,25(5):192-196.

[2]　倪纪恒,罗卫红,李永秀,等.温室番茄干物质分配与产量的模拟分析.应用生态学报,2006,17(5):811-816.

[3]　李东梅,魏珉,张海森,等.氮磷钾不同用量及配比对日光温室黄瓜产量和品质的影响.中国农学通报,2005,21:262-265.

土地开发整理的潜力评价公式

1 背景

针对耕地整理、未利用土地开发、废弃土地复垦和农村居民点整理构建多层次区域土地开发整理潜力评价指标体系，倪九派等[1]将改进 AHP、熵权法与综合评价法结合起来对重庆市土地开发整理潜力进行了定量化评价。以期为重庆市土地开发整理规划与实施提供依据。

2 公式

经过综合分析，选取影响耕地整理、未利用土地开发、废弃土地复垦和农村居民点整理这 4 种类型潜力的内生变量和外生变量的主导因素构成重庆市土地开发整理潜力评价指标体系的层次结构模型如表 1 和图 1 所示。

表 1　重庆市土地开发整理潜力评价指标体系以及各评价指标的熵和熵权

类型	潜力评价指标	信息熵	熵权
耕地整理	新增耕地系数	0.9405	0.1687
	产出提高系数	0.9287	0.2022
	林地比重提高率	0.9111	0.2520
	投入产出率	0.8670	0.3771
未利用土地开发	空间规模指数	0.7407	0.6861
	新增耕地系数	0.9394	0.1604
	新增园林地系数	0.9420	0.1535
废弃土地复垦	空间规模指数	0.6001	0.3062
	新增耕地系数	0.7390	0.1999
	新增园林地系数	0.3550	0.4939
农村居民点整理	人均超标用地面积指数	0.8091	0.3065
	农村居民点闲置系数	0.6870	0.5025
	新增耕地系数	0.8810	0.1910

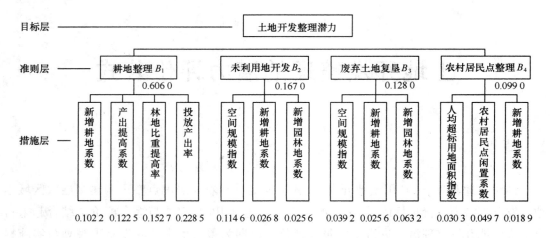

图 1　重庆市土地开发整理潜力评价层次结构模型和层次总排序

2.1　区域土地开发整理潜力评价指标体系的层次结构模型

　　根据现阶段所开展的土地开发整理,主要包括耕地整理、未利用土地开发、废弃土地复垦和农村居民点整理这 4 种类型,因此区域土地开发整理潜力评价指标体系应由这 4 种类型的影响因素构成[2]。区域土地开发整理潜力是土地内生变量和外生变量共同作用下的潜力,因此,土地开发整理潜力评价指标也应由影响潜力的内生变量和外生变量的诸多因素中筛选确定[3]。各指标的测算方法如下:

2.1.1　耕地整理

$$新增耕地系数 = \frac{整理后耕地面积 - 整理前耕地面积}{整理前耕地面积} \times 100\%$$

$$产出提高系数 = \frac{整理后耕地产出量 - 整理前耕地产出量}{整理前耕地产出量} \times 100\%$$

$$林地比重提高率 = \frac{整理后林地面积 - 整理前林地面积}{整理前林地面积} \times 100\%$$

$$投入产出率 = \frac{耕地整理年增净收益}{耕地整理投资总量} \times 100\%$$

2.1.2　未利用地开发

$$空间规模指数 = \frac{评价单元适宜开发土地面积}{区域适宜开发土地总面积} \times 100\%$$

$$新增耕地系数 = \frac{可增加耕地面积}{未利用地开发面积} \times 100\%$$

$$新增园林地系数 = \frac{可增加园林地面积}{未利用地开发面积} \times 100\%$$

2.1.3 废弃土地复垦

$$空间规模指数 = \frac{评价单元适宜复垦土地面积}{区域适宜复垦土地总面积} \times 100\%$$

$$新增耕地系数 = \frac{可增加耕地面积}{复垦土地面积} \times 100\%$$

$$新增园林地系数 = \frac{可增加园林地面积}{复垦土地面积} \times 100\%$$

2.1.4 农村居民点整理

$$人均超标用地面积指数 = \frac{农村人均现状用地面积 - 农村合理人均用地标准}{农村合理人均用地标准} \times 100\%$$

$$农村居民点闲置系数 = \frac{农村居民点闲置面积}{农村居民点总面积} \times 100\%$$

$$新增耕地系数 = \frac{可增加耕地面积}{农村居民点整理面积} \times 100\%$$

2.2 基于改进 AHP 法的权重确定方法

对于同一评价子目标层的 f 个考察指标来说,如果知道各个指标两两之间的重要性权重,可以依据重要程度的传递性法则进行指标的两两比较,依次可以得到判断矩阵的其他元素的值,即如果知道 $P_{1,2} = a_1$、$P_{2,3} = a_2$、$\cdots\cdots$、$P_{(f-1)f} = a_{(f-1)}$,则 $P_{kf} = \prod_{i=k}^{f-1} a_i$ ($k = 1$、2、$\cdots\cdots$、$f-1$),从而构造一个经过改进的判断矩阵[4]。该方法与传统的 AHP 法比较,主要是将原有的标度进行了扩展。

2.3 基于熵权法赋权的模糊评价因子权重确定方法

熵权法赋权是一种客观赋权方法,在土地资源评价中,通过对熵的计算确定权重,就是根据各项评价指标值的差异程度,确定各评价指标的权重。

设有 m 个评价指标,n 个评价对象,则形成原始数据矩阵 $X = (x_{ij})_{m \times n}$。对于某项指标 i,指标值 x_{ij} 的差异越大,则该指标在综合评价中所起的作用越大;如果某项指标的指标值全部相等,则该指标在综合评价中几乎不起作用。使用熵权法赋权主要包括以下 3 个步骤:

2.3.1 原始数据矩阵进行标准化

设 m 个评价指标,n 个评价对象得到的原始数据矩阵为:

$$X = \begin{pmatrix} x_{11} & \cdots & x_{1n} \\ \vdots & & \vdots \\ x_{m1} & \cdots & x_{mn} \end{pmatrix}$$

该矩阵标准化可得:

$$R = (r_{ij})_{m \times n}$$

式中:r_{ij} 为第 j 个评价对象在第 i 个评价指标上的标准值,$r_{ij} \in [0,1]$。对大者为优的收益性指标而言：

$$r_{ij} = \frac{x_{ij} - \min\limits_{j}\{x_{ij}\}}{\max\limits_{j}\{x_{ij}\} - \min\limits_{j}\{x_{ij}\}}$$

而对小者为优的成本性指标而言：

$$r_{ij} = \frac{\min\limits_{j}\{x_{ij}\} - x_{ij}}{\max\limits_{j}\{x_{ij}\} - \min\limits_{j}\{x_{ij}\}}$$

2.3.2 定义熵

在有 m 个评价指标, n 个评价对象的评估问题中, 第 i 个指标的熵定义为：

$$H_i = -k\sum_{j=1}^{n} f_{ij}\ln f_{ij}, \quad i = 1,2,3,\cdots,m$$

式中: $f_{ij} = r_{ij} / \sum\limits_{j=1}^{n} r_{ij}, k = 1/\ln n$, 当 $f_{ij} = 0$ 时, 令 $f_{ij}\ln f_{ij} = 0$。

3）定义熵权

定义了第 i 个指标的熵之后, 第 i 个指标的熵权定义为：

$$w_i = \frac{1 - H_i}{m - \sum\limits_{i=1}^{m} H_i}$$

式中: $0 \leqslant w_i \leqslant 1, \sum\limits_{i=1}^{m} w_i = 1$。

2.4 基于 AHP 和熵权法赋权的评价指标权重的确定

2.4.1 准则层对目标层权重分析

准则层对目标层权重分析整理类型对目标层的贡献而言, 耕地整理（B_1）比未利用地开发（B_2）略重要, 未利用地开发（B_2）比废弃土地复垦（B_3）略重要, 废弃土地复垦（B_3）比农村居民点整理（B_4）绝对重要, 采用期望标度得 $P_{12} = 1.3$, $P_{34} = 3.63$, 构造判断矩阵：

$$P = \begin{bmatrix} 1 & 1.3 & 1.69 & 6.135 \\ 1/1.3 & 1 & 1.3 & 4.179 \\ 1/1.69 & 1/1.3 & 1 & 3.63 \\ 1/6.135 & 1/4.179 & 1/3.63 & 1 \end{bmatrix}$$

计算得到该矩阵的特征向量为（6.135, 1.69, 1.3, 1）^{T}, 范数规范向量（0.6060, 0.1670, 0.1280, 0.0990）^{T} 分别对应耕地整理（B_1）、未利用地开发（B_2）、废弃土地复垦（B_3）和农村居民点整理（B_4）的权重。

2.4.2 重庆市土地开发整理潜力综合评价与潜力等级

在进行重庆市土地开发整理潜力评价结果计算时, 实验采用综合评价法。综合评价法是目前在环境污染和生态环境质量综合评价等领域得到广泛应用的一种比较成熟的评价

方法[5],该方法的评价模型为:

$$ESI = \sum_{i=1}^{m} W_i \times C_i$$

式中:ESI 为重庆市土地开发整理潜力评价综合指数;W_i 为第 i 个评价指标的熵权值;C_i 为第 i 个评价指标的标准化值。根据此模型得到的重庆市各区(县)土地开发整理潜力评价综合指数、排序以及潜力级别如表2和图2所示。

表2　重庆市土地开发整理潜力评价指标标准化值、综合指数、排序以及潜力等级

行政区域	耕地整理				未利用地开发			废弃土地复垦				农村居民点整理		综合指数	排序	潜力级别
	新增耕地系数	产出提高系数	林地比重提高率	投入产出率	空间规模指数	新增耕地系数	新增园林地系数	空间规模指数	新增耕地系数	新增园林地系数	人均超标用地面积指数	农村居民点闲置系数	新增耕地系数			
合川市	0.7309	1.0000	0.5405	0.8587	0.0710	0.9900	0.3800	0.0448	0.9700	0	0.2498	0.3994	0.6731	0.5871	1	I
万州区	0.4805	0.8262	0.2703	0.5160	1.0000	0.4900	0.8600	0.0809	0.9100	0	0.4565	0.3951	1.0000	0.5381	2	I
巫山县	0.7583	0.2308	0.4324	0.7395	0.2020	0.6400	0.7100	0.0147	0.9100	0	0.6352	0.0389	0.6997	0.4575	3	I
开县	0.5288	0.5060	0.2162	0.6092	0.3580	0.5300	0.8200	0	0	0	0.4708	0.3052	0.6731	0.4066	4	I
秀山县	0.3809	0.5915	0.2162	0.3377	0.1890	0.5800		0.6290	0.2200	0.8400	0.6353	0.1268	1.0000	0.4061	5	I
酉阳县	1.0000	0.2885	0.4324	0.3377	0.0860	0.5600		0.5958	0.9700	0	0.1035	0.1492	1.0000	0.4035	6	I
黔江区	0.3034	0.5908	0.2162	0.5591	0.4580	0.5300	0.8200	0.0216	0.2200	0	0.2271	0.1876	1.0000	0.3934	7	II
钢梁县	0.4083	0.5769	1.0000	0.0220	0.0080	0.6800	0.6700				0.9366	0.2796	0.6731	0.3614	8	II
彭水县	0.2959	0.3496	0.3243	0.2715	0.4580	0.4600	0.8800	1.0000	0.9100	0	0.1597	0.0333	1.0000	0.3599	9	II
忠县	0.3058	0.5915	0.2162	0.5782	0.1820	0.4900	0.8600				0.2773	0.2036	0.5451	0.3537	10	II
石柱县	0.4461	0.4808	0.2162	0.3377	0.0140	0.6000	0.7500	0.0045	0.1100	1.0000	0.2576	0.0795	1.0000	0.3484	11	II
滴陵区	0.4636	0.4808	0.2162	0.3126	0.0110	0.3900	0.9500	0.2190	0.3300	0.6700	0	0.4232	0.6731	0.3399	12	II
南川市	0.3384	0.5915	0.2162	0.1553	0.5610	0.5800	0.7600	0.2388	0.8700	0.0500	0.0514	0.3014	0.5451	0.3365	13	II
城口县	0.7327	0.4481	0.0541	0.2004	0.4640	0.7200	0.6300	0.0000	0.7200	0.1900	0.1590	0.1371	0.6731	0.3272	14	II
江津市	0.6995	0.2885	0.3243	0.1854	0.0630	0.9400	0.4200	0.0277	0.9700	0	0.9381	0.3614	0.6731	0.3269	15	II
永川市	0.7804	0.2885	0.1351	0.2555	0.0020	0.5300	0.8200	0.0067	0.9700	0	1.0000	0.4052	0.6731	0.3178	16	II
梁平县	0.4473	0.1923	0.1351	0.2385	0.3510	0.6000	0.7200	0.0682	0.7200	0.1900	0.8946	0.3072	0.6731	0.3081	17	II
璧山县	0.3716	0.8242	0.3243	0.0511	0.0020	0.6500	0.7000	0.0027	0.9700	0	0.5802	0.3245	0.6731	0.3071	18	II
泉江县	0.4869	0.5769	0.4865	0.0431	0.0500	0.3600	0.9700	0.0702	0.8900	0	0.2213	0.3242	0.6731	0.3058	19	II
北碚区	0.5725	0.6346	0.3514	0.1333	0.0080	0.6300	0.7200				0.1318	0.6721	0.5451	0.3043	20	II
云阳县	0.7187	0.5769	0.1892	0.2745	0.0140	0.6700	0.6800				0.2356	0.2091	0.6731	0.3030	21	II
长寿区	0.5154	0.3462	0.1622	0.3357	0.0320	0.6700	0.6800	0.0138	0.8600	0	0.1266	0.3187	0.5451	0.2881	22	III
万盛区	0.5376	0.6731	0.1622	0.2134	0.0090	0.5700	0.7800				0.1459	0.4236	0.6375	0.2847	23	III
丰都县	0.4024	0.2308	0.1081	0.0571	0.6980	0.3300		0.4889	0.9600			0.2901	0.6497	0.2838	24	III
荣昌县	0.4158	0.2977	0.4595	0.1673	0.0110	0.6300	0.7200	0.0361	0.9700	0	0.3098	0.2174	0.6731	02831	25	III
渝北区	0.4362	0.3212	0.3784	0.0822	0.0450	0.4900	0.8600				0.7500	0.5921	0.6731	0.2657	26	III
潼南县	0.4234	0.5462	0.1351	0.2074	0.0570	0.5700	0.7800				0.4765	0.2237	0.6731	02583	27	III

续表

行政区域	耕地整理				未利用地开发			废弃土地复垦			农村居民点整理			综合指数	排序	潜力级别
	新增耕地系数	产出提高系数	林地比重提高率	投入产出率	空间规模指数	新增耕地系数	新增园林地系数	空间规模指数	新增耕地系数	新增园林地系数	人均超标用地面积指数	农村居民点闲置系数	新增耕地系数			
奉节县	0.4712	0.4481	0.3243	0.0000	0.0050	0.4900	0.8600	0.2868	1.0000	0	0.3526	0.0620	1.0000	0.2578	28	III
巴南区	0.4985	0.2615	0.1622	0.2164	0.1030	0.6800	0.6700	0	0	0	0.5404	0.4850	0.5451	0.2552	29	III
大足县	0.3873	0.2885	0.2973	0.1202	0.0080	0.8100	0.5500	0.0473	0.9700	0	0.4773	0.2352	0.6731	0.2501	30	III
武隆县	0.2108	0.4808	0.1892	0.0180	0.5800	0.6000	0.7500	0	0	0	0	0.3122	0.6934	0.2438	31	III
垫江县	0.3698	0.1538	0.5135	0.0721	0.0150	1.0000	0.3700	0	0	0	0.5950	0.2149	0.6731	0.2310	32	III
双桥区	0.6471	0.1442	0.5676	0.0180	0	0	0	0	0	0	0	0.7194	0.5451	0.2206	33	III

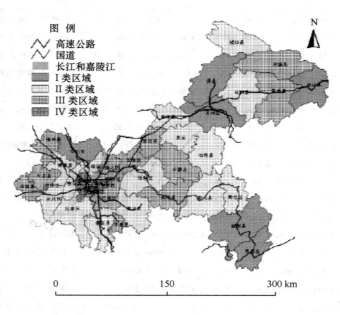

图2 重庆市土地开发整理潜力等级

3 意义

对于土地开发整理潜力进行了定量化评价。土地开发整理的潜力评价公式表明,土地开发整理潜力由大到小可划分为4个等级,耕地整理潜力是土地开发整理潜力的主要组成部分,耕地整理投入产出率和林地比重提高率是重庆市土地开发整理潜力的主导影响因素。

参考文献

[1] 倪九派,李萍,魏朝富,等．基于 AHP 和熵权法赋权的区域土地开发整理潜力评价．农业工程学报,2009,25(5):202 - 209.

[2] 鹿心社．论中国土地整理的总体方略．农业工程学报,2002,18(1):1 - 5.

[3] 李岩,赵庚星,王瑷玲,等．土地整理效益评价指标体系研究及其应用．农业工程学报,2006,22(10):98 - 101.

[4] 章海波,骆永明,赵其国,等．香港土壤研究Ⅵ基于改进层次分析法的土壤肥力质量综合评价．土壤学报,2006,43(4):577 - 583.

[5] 许丽忠,张江山,王菲凤,等．熵权多目的地 TCM 模型及其在游憩资源旅游价值评估中的应用．自然资源学报,2007,22(1):28 - 36.

试验片的湿度和强度公式

1 背景

玉米黄粉是湿法玉米淀粉加工的副产物。陈野等[1]为充分利用这种副产物生产可降解塑料,将其与增塑剂甘油混合后,经单螺杆挤压机制成母粒,母粒再被热压成型为试验片,探讨湿度环境对挤压成型试验片平衡含水率的影响和相对湿度对成型试验片拉伸强度的影响。

2 公式

2.1 数据分析

所得数据均为 5 次重复的平均值,用 SPSS 软件(10.1)进行邓肯氏新复极差分析。模型的拟合程度用平均相对误差(E)来衡量。

$$E = \frac{1}{n} \sum_{i=1}^{n} \left| \frac{y_i - y'_i}{y_i} \right| \times 100\%$$

式中:y_i 为测量值;y'_i 为预测值;n 为试验数据的个数。平均相对误差在研究中被广泛应用,E 值低于 10% 说明拟合度较好。

2.2 湿度环境对挤压成型试验片平衡含水率的影响公式

图 1 表示试验片在各种相对湿度环境中平衡含水率的变化。

在农产品的水分吸附研究中几个常用的方程有:Henderson、Chung-Pfost、Halsey、Oswin 和 Guggenheim-Anderson-deBoer(GAB)方程[2]。将玉米黄粉试验片的各种相对湿度值代入以上方程计算,发现上述方程并不完全适应于本试验。比较上述 5 种模型,发现 Halsey 方程较适合用来描述 20% 甘油含量玉米黄粉试验片的平衡含水率与环境相对湿度之间的相互关系,Halsey 模型为:

$$RH = \exp\left(- \frac{A}{C \times T} \times EMC^{-B} \right) \tag{1}$$

式中:RH 为相对湿度,%;EMC 为平衡含水率,%;T 为绝对温度,℃;C,A,B 为系数。

由于试验片一直贮藏在恒定的温度下(23℃ ±2℃),因此,排除温度的影响,可以将模型(1)简化为:

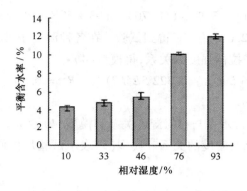

注:20%甘油

图1　各种相对湿度中试验片的平衡含水率

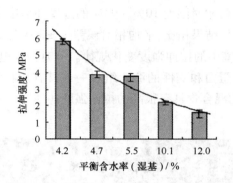

注:20%甘油

图2　各种平衡含水率的试验片的拉伸强度

$$RH = \exp(-A \times EMC^{-B}) \tag{2}$$

应用模型(2)预测玉米黄粉试验片在10%~93%相对湿度环境中的平衡含水率,当A、B值分别为1.07×10^{-3}和$2.240\,9$时能较好地反映试验片平衡含水率与环境相对湿度之间关系,平衡含水率的模型预测值与试验数据的平均相对误差为8.47%。模型由式(3)表示:

$$RH = \exp(-1.07 \times 10^{-3} \times EMC^{-2.240\,9}) \qquad R^2 = 0.95 \tag{3}$$

为验证模型(3),分别将成型试验片(含20%甘油)放入带有干燥剂干燥皿、相对湿度82%的环境中。一周后,放在相对湿度82%环境的试验片的平衡含水率均值为10.3%,应用模型(3)计算得到含水率预测值为9.7%,试验值与模型(3)的预测值的平均相对误差E值为5.83%,表现为良好的拟合性。

2.3　相对湿度对成型试验片拉伸强度的影响公式

试验片在不同相对湿度密封保存一周后测定其相应含水率时的拉伸强度,结果由图2表示。试验片的拉伸强度随其平衡含水率的增加而减小。

试验片在相对湿度10%、33%、46%、76%和93%环境中的平衡含水率分别为:4.2%、4.7%、5.5%、10.1%和12.0%。为了得到试验片在各种湿度条件下强度的变化规律,指数回归试验片平衡含水率与拉伸强度的关系,得模型(4):

$$TS = 8.2165\exp(-0.3225EMC) \qquad R^2 = 0.95 \quad R^2 = 0.95 \qquad (4)$$

式中:TS 为拉伸强度,MPa。

基于模型(3)试验片含水率与相对湿度关系和模型(4)含水率与拉伸强度关系,进一步导出试验片拉伸强度与相对湿度的关系。模型(5)表示试验片拉伸强度与环境相对湿度之间存在指数关系。

$$TS = 8.2165\exp\left\{-0.3225\left[\frac{-1.07\times10^{-3}}{\ln(RH)}\right]^{0.4462}\right\} \qquad (5)$$

由模型(5)可知,试验片的拉伸强度随环境相对湿度的增加而减小。验证试验的结果表明:将含有20%甘油的试验片放相对湿度10%~93%的湿度环境中1周后,它们的拉伸强度测量值,与经模型(5)计算所得结果相比,平均相对误差为±3.5%,因此,应用模型(5)能够预测出试验片在各种湿度环境中的拉伸强度变化规律。同时扫描电子显微镜分析(图3)也显示了含有20%甘油变性的蛋白和变性的淀粉组成一个具有片状结合,片片相叠的混合体,它们具有坚实的结构,因此混合物具有很高的拉伸强度。

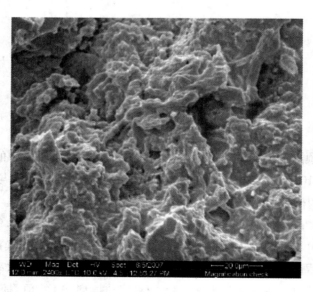

注:含有20%甘油

图3　试验片的扫描电镜图

3 意义

湿度环境对挤压成型试验片平衡含水率的影响和相对湿度对成型试验片拉伸强度的影响公式,得到含有 20% 甘油的试验片具有良好的机械性质;以 Halsey 方程为基础,建立的相对湿度与拉伸强度关系模型能够预测出试验片在各种湿度环境中的拉伸强度的变化规律,为今后应用该可降解塑料提供了依据。

参考文献

[1] 陈野,王冠禹,杜悦. 玉米黄粉可降解性塑料的制备和性质. 农业工程学报,2009,25(5): 284 – 287.

[2] ASAE Standards. Moisture relationship of plants-based agricultural products. In Agricultural Engineering Yearbook 43rd ed. St Joseph, Mich: ASAE,1996, D245(5):452 – 464.

灌木单根抗拉及抗剪强度计算

1 背景

朱海丽等[1]以西宁盆地为例(图1),对青藏高原东北部黄土区5种护坡灌木单根抗拉强度和抗剪强度进行了测定,研究分析了供试灌木种单根强度特性与其解剖结构的关系,对筛选优良护坡植物和评价植物种护坡能力提供了选择依据。

图1 试验区示意图

2 公式

根据电子万能试验机的工作原理和基本结构,研制了试验数据采集装置即室内单根拉伸与剪切试验仪,室内测定单根的拉伸力与剪切力。仪器主要由数据采集系统和工作系统两部分组成,工作原理如图2所示。

2.1 抗拉强度计算公式

根据试验中所得到的相关数据,如根系直径、抗拉力等,可计算根段的抗拉强度[1]。
根段的抗拉强度计算公式为:

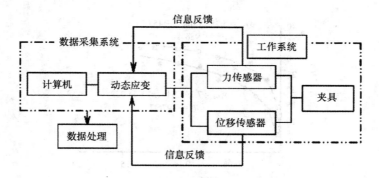

图2 单根拉伸与剪切试验工作原理

$$P = \frac{4F}{\pi D^2} \qquad (1)$$

式中：P 为根段的抗拉强度，MPa；F 为最大抗拉力，N；D 为根段直径，mm。

2.2 抗剪强度计算公式

根据试验中所得到的相关数据，如根系直径、抗剪力等，可计算根段的抗剪强度[1]。

根段的抗剪强度计算公式为：

$$\tau_b = \frac{P_b}{2A_0} = \frac{2P_b}{\pi D^2} \qquad (2)$$

式中：τ_b 为根段的抗剪强度，MPa；P_b 为根段剪断时的最大剪力，N；A_0 为根段的原始截面积，mm^2。

根据公式计算 5 种灌木单根平均抗拉强度和抗剪强度(表1)和不同柠条锦鸡儿植株单根拉伸应力－应变试验(图3)，可见根系拉伸延长率与根系韧皮纤维含量成正比，与木纤维含量成反比。

表1 5种灌木单根平均抗拉强度和抗剪强度

植物名称	平均抗拉强度/MPa	平均抗剪强度/MPa	平均根径/mm	样本数量
四翅滨藜	34.19 ± 6.22	27.88 ± 4.89	2.54 ± 0.45	25
柠条锦鸡儿	23.62 ± 3.97	28.92 ± 4.74	1.77 ± 0.30	24
霸　王	18.81 ± 3.87	20.08 ± 3.05	2.02 ± 0.38	22
白　刺	13.96 ± 2.69	19.39 ± 2.71	1.73 ± 0.22	29
北方枸杞	11.57 ± 2.61	15.37 ± 1.94	1.69 ± 0.21	21

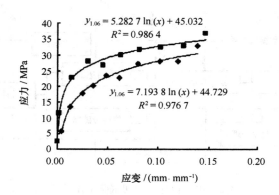

图3 不同柠条锦鸡儿植株单根拉伸应力－应变曲线

3 意义

根据抗拉强度计算公式和抗剪强度计算公式，计算5种灌木单根平均抗拉强度和抗剪强度，结果表明：根系拉伸延长率与根系韧皮纤维含量成正比，与木纤维含量成反比。根据5种供试灌木根系力学特性及其解剖结构特征，四翅滨藜和柠条锦鸡儿根系固土护坡作用较大。

参考文献

[1] 朱海丽,胡夏嵩,毛小青,等. 护坡植物根系力学特性与其解剖结构关系. 农业工程学报,2009, 25
(5)：40－46.

畦田灌水质量的评价模型

1 背景

畦田灌水质量是影响作物产量和水分利用效率的重要因素。针对现有评价灌水质量存在工作量较大的问题,郑和祥等[1]引入地面灌溉模拟模型 SIRMOD(the Surface Irrigation Simulation Model)评价灌水质量[2-5],并与 SRFR 模型和田间实测方法的计算结果进行对比分析,提出方便实用的方法。

2 公式

根据灌区实际,畦田入口流量大多相对较低,为获得较好的灌水效果,处理 7 ~ 12 的各畦田入畦流量均控制在 0.030 0 m³/s 左右,小麦全生育期 3 次灌水单宽流量的平均值见表 1。

表 1   畦灌各项参数

畦号	畦宽 D/m	单宽流量 q/L · (s · m)$^{-1}$	田面坡度 i/‰	平整精度 S_d/cm	入渗系数 K/(cm · min$^{-\alpha}$)	入渗指数 α	糙率 n
1	5.0	6.04	1.1	4.15	0.435	0.575	0.13
2	5.0	4.90	0.7	4.47	0.429	0.571	0.12
3	5.0	5.64	0.9	4.09	0.431	0.572	0.13
4	7.5	3.04	0.8	5.05	0.424	0.577	0.14
5	7.5	3.96	1.2	4.25	0.421	0.572	0.16
6	7.5	3.51	1.1	4.59	0.427	0.570	0.15
7	15.0	2.07	1.0	4.76	0.433	0.580	0.17
8	15.0	2.03	0.9	5.24	0.436	0.576	0.16
9	15.0	1.99	1.0	5.59	0.428	0.574	0.18
10	22.0	1.41	1.2	6.39	0.428	0.574	0.21
11	22.0	1.35	0.9	6.48	0432	0.581	0.19
12	22.0	1.40	1.5	6.91	0.431	0.576	0.19

2.1   灌水质量评价指标

畦田灌水质量评价指标通常包括:灌水效率和灌水均匀度。由于灌水效率没有考虑灌水对作物需水的满足程度,而灌水均匀度只给出了入渗水深的均匀程度,因此在灌水质量评价中应综合考虑灌水效率和灌水均匀度[6]。

灌水效率指灌溉后储存在土壤根系吸水层中的水量占总灌水量的百分比,采用如下公式计算:

$$E_a = \begin{cases} \dfrac{Z_{\text{reg}}}{Z_{\text{avg}}}, & Z_{\text{lq}} \geqslant Z_{\text{reg}} \\[3mm] \dfrac{Z_{\text{lq}}}{Z_{\text{avg}}}, & Z_{\text{lq}} < Z_{\text{reg}} \end{cases} \tag{1}$$

式中:E_a 为灌水效率,%;Z_{reg} 为净灌溉需水深度,mm;Z_{avg} 为进入田块的平均灌水深度,mm;Z_{lq} 为入渗量最小的 1/4 田块内的平均入渗水深,mm。

灌水均匀度是反映灌溉后入渗水分布均匀性的指标,计算公式为:

$$D_u = \frac{Z_{lq}}{Z_{avg}} \tag{2}$$

式中:D_u 为灌水均匀度,%。

2.2 灌水质量评价方法

实验通过田间畦灌试验资料,研究不同畦田规格和灌水技术要素对灌水效率及灌水均匀度的影响,分别采用 SIRMOD 模型、SRFR 模型和田间实测法对灌水质量进行评价。

2.2.1 SIRMOD 模型

SIRMOD 模型评价灌水质量是根据水动力守恒原理,采用的水流运动方程为:

$$\frac{1}{Ag}\frac{\partial Q}{\partial t} + \frac{2Q}{A^2 g}\frac{\partial Q}{\partial x} + \left(1 - \frac{Q^2 T}{A^3 g}\right)\frac{\partial y}{\partial x} = S_0 - S_f \tag{3}$$

式中:A 为过流断面的截面积,m^2;Q 为灌水流量,m^3/s;t 为灌水时间,s;x 为水流推进距离,m;g 为重力加速度,9.81 m/s;y 为畦首水深,m;S_0 为地面坡度,m/m;S_f 为阻力坡降,m/m;T 为畦首宽度,m。

SIRMOD 模型的输入参数分为 3 类:畦田长度 L、宽度 D、田面坡度 i、计划湿润层深度 H 等;土壤入渗系数 K、入渗指数 α、田面糙率系数 n 等;灌溉需水量 Q_w、入畦流量 Q、灌水时间 t 等。模型输出为深层渗漏量 H_L、灌水效率 E_a 和灌水均匀度 D_u 等。

2.2.2 SRFR 模型

SRFR 模型是一维地面灌溉模拟模型,实验采用零惯量模型的水流运动过程,基本方程表示为:

$$\frac{\partial q}{\partial x} + \frac{\partial h}{\partial t} + \frac{\partial Z}{\partial \tau} = 0 \tag{4}$$

$$\frac{\partial y}{\partial x} = S_0 - S_f \tag{5}$$

式中:Z 为累计入渗量,m;h 为水深,m;q 为单宽流量,$L/(s \cdot m)$;τ 为净入渗时间,s。

田面糙率系数 n 受畦面坡度、过水状态和作物覆盖程度的影响[5,7-8],计算公式为:

$$n = 60 s_w^{1/2} q^{-1} y^{5/3} \tag{6}$$

式中:n 为田面糙率;s_w 为畦田水面坡度,m/m,根据各测点的水深值与地面高程共同确定。

田面平整精度可以用畦田内观测点的地面高程标准偏差值计算[7]，即：

$$S_d = \sqrt{\sum_{j=1}^{m} (h_j - h_{tj})^2 / (m-1)} \qquad (7)$$

式中：h_j 为田块内第 j 个测点的高程，cm；h_{tj} 为第 j 个测点的期望高程，cm，为该点的设计坡度高程；m 为田块内所有测点的数量。$S_d = 0$ 是理论上可达到的最佳田面平整精度，较高的 S_d 值意味着较差的田面平整状况，这不仅指水流推进的纵向坡面上，还包括垂直水流方向横断面上的地形起伏状况。

SRFR 模型的输入参数为：畦田长度 L、宽度 D、田面坡度 i、田面平整精度 S_d、畦尾开闭状态等；土壤入渗参数、田面糙率系数 n 等；灌溉需水量 Q_w、入畦流量 Q、灌水时间 t 等。模型输出为水流推进、消退曲线、灌水效率 E_a 和灌水均匀度 D_u 等。

2.2.3　田间实测法

根据灌前和灌后在畦田中按照沿畦长分左、中、右（左、右），每隔 5 m 实测的土壤含水量计算各点土壤储水量的变化，与平均灌水量对比，推求田间灌水效率；根据各测点实测的入渗水深，采用经典算法估算灌水均匀度[8-10]，公式为：

$$C_u = \left(1 - \frac{|\Delta Z|}{Z_{avg}}\right) \times 100\% \qquad (8)$$

$$|\Delta Z| = \frac{1}{m} \sum_{j=1}^{m} |Z_j - Z_{avg}| \qquad (9)$$

式中：C_u 为灌水均匀系数，%；$|\Delta Z|$ 为各点实际入渗水深与平均灌水深度的平均离差；Z_j 为各点实际入渗水深，%。

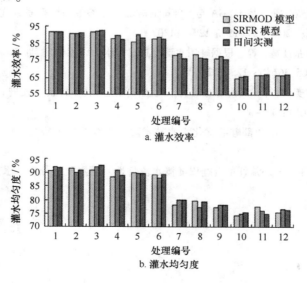

a. 灌水效率

b. 灌水均匀度

图 1　3 种方法计算灌水效率和灌水均匀度结果对比

综上所述,我们对 3 种模型进行灌水效率和灌水均匀度结果对比,结果见图 1。

3　意义

畦田灌水质量评价指标通常包括:灌水效率和灌水均匀度。研究不同畦田规格和灌水技术要素对灌水效率及灌水均匀度的影响,分别采用 SIRMOD 模型、SRFR 模型和田间实测法对灌水质量进行评价,得到灌水效率和灌水均匀度的很好结果。

参考文献

[1] 郑和祥,史海滨,程满金,等. 畦田灌水质量评价及水分利用效率分析. 农业工程学报,2009,25
(6):1 − 6.

[2] Hornbuckle J W,Christen E W,Faulkner R D. Use of SIRMOD as a quasi real time surface irrigation deci-
sion support system. Journal of Irrigation and Drainage Engineering,2006,15(2):217 − 223.

[3] Raine S R,Walker W R. A design and management tool to improve surface irrigation efficiency. Trans of the
ASAE,2004,10(3):19 − 23.

[4] Hornbuckle J W. Modeling furrow irrigation on tiled drained soils using SIRMOD in the Murrumbidgee irri-
gation area. Prentice Hall Inc,1999,25(4):25 − 31.

[5] Clemmens A J,El-Haddad Z,Strelkoff T S. Assessing the potential for modern surface irrigation in E-
gypt. Trans of the ASAE,1999,42(4):995 − 1008.

[6] 闫庆健,李久生. 地面灌溉水流特性及水分利用率的数学模拟. 灌溉排水,2005,24(2):62 − 64.

[7] 章少辉,许迪,李益农,等. 基于 SGA 与 SRFR 的畦灌入渗参数与糙率系数优化反演模型(Ⅰ)− 模
型建立. 水利学报,2006,37(11):1297 − 1302.

[8] 王全九,王文焰,张江辉,等. 根据畦田水流推进过程水力因素确定 Philip 入渗参数和田面平均糙
率. 水利学报,2005,36(1):125 − 128.

[9] 刘钰,蔡甲冰,白美健,等. 黄河下游簸箕李灌区田间灌水技术评价与改进. 中国水利水电科学研
究院学报,2005,3(1):32 − 39.

[10] 史学斌,马孝义. 关中西部畦灌优化灌水技术要素组合的初步研究. 灌溉排水学报,2005,24
(2):39 − 43.

[11] 吕雯,汪有科,许晓平. 秸秆覆盖畦田灌溉水流特性及灌水质量分析. 水土保持研究,2007,14
(2):236 − 238.

无作物生长的潜水蒸发公式

1 背景

潜水蒸发是指潜水在土壤吸力的作用下,向包气带土壤中输送水分,并通过土壤蒸发和植被蒸腾进入大气的过程。王振龙等[1]根据五道沟试验站地中蒸渗仪试验资料,分析了无作物生长条件下潜水蒸发规律,并对其计算方法进行了深入研究。

2 公式

2.1 常用计算公式

目前常用的主要潜水蒸发经验公式有:

阿维里扬诺夫的抛物线形[2]

$$E_g = E_0(1 - H/H_{\max})^n \tag{1}$$

叶水庭指数型公式[3]

$$E_g = E_0 e^{-aH} \tag{2}$$

沈立昌、张朝新等的双曲线公式[4-5]

$$E_g = k\mu E_0^a/(H + 1)^b \tag{3}$$

幂函数公式

$$E_g = aE_0 H^{-b} \tag{4}$$

雷志栋等[6]提出的既考虑土壤输水特性又考虑表土蒸发的清华大学公式

$$E_g = E_{\max}(1 - e^{-nE_0/E_{\max}}) \tag{5}$$

式中:E_g 为潜水蒸发强度,mm/d;E_0 为大气蒸发能力,mm/d;$E_{\max}$ 为潜水埋深为 H 时的潜水极限蒸发强度,mm/d;H 为潜水埋深,m;$H_{\max}$ 为潜水蒸发强度为 0 时的潜水埋深,m;k、μ 为土质有关的潜水蒸发经验系数;n、a、b 为经验常数,与土质及地下水埋深有关。

还有尚松浩、毛晓敏的反 logistic 公式[7]

$$C = \frac{K}{1 + Be^{rH}} \tag{6}$$

式中:C 为潜水蒸发系数,$C = E_g/E_0$;K、B、r 为拟合系数。

2.2 公式参数拟合

以往的经验表明:实测蒸发皿数据作为蒸发能力来拟和参数时往往相关系数不佳,

103

实验同时选用了能代表蒸发能力的彭曼公式计算值进行参数拟合[8]。本文根据不同的经验公式(Model Expression)需要设定参数(Parameters)及其初值,运用 Levenberg-Marquardt 法迭代计算来确定模型参数以及确定性系数 R^2。逐日和逐旬计算结果见表 1 和表 2。

表 1 五道沟潜水蒸发经验公式参数逐日拟合结果

蒸发能力来源		砂礓黑土		黄潮土	
		蒸发皿	彭曼公式	蒸发皿	彭曼公式
阿维里	H_{max}	1.54	0.60	17 694.6	2.01
杨诺夫	n	5.67	1.35	20 950.2	1.09
公式	R^2	0.64	0.75	0.42	0.55
叶水庭	a	4.20	3.40	1.184	0.65
公式	R^2	0.64	0.76	0.42	0.55
	k	0.39	0.98	1.50	1.12
沈立昌	u	3.31	1.16	0.98	1.16
公式	a	0.72	0.98	0.69	0.96
	b	4.36	4.40	0.69	1.34
	R^2	0.69	0.76	0.47	0.58
幂函数	a	0.04	0.05	0.40	0.53
公式	b	1.57	1.06	0.39	0.38
	R^2	0.54	0.67	0.34	0.54
	k	1.35	1.67	548 342.0	406 948.0
反 logistic	r	5.79	6.01	584 000.9	335 531.7
公式	b	0.63	0.54	1.06	1.03
	R^2	0.68	0.77	0.42	0.58
清华大学	E_{max}	2.18	5.17	4.6	16.15
公式	n	0.50	0.47	1.03	0.93
	R^2	0.12	0.15	0.34	0.44

表 2 五道沟潜水蒸发经验公式参数逐旬拟合表

蒸发能力来源		砂礓黑土		黄潮土	
		蒸发皿	彭曼公式	蒸发皿	彭曼公式
阿维里	H_{max}	1.22	0.73	6 539.91	2.253
杨诺夫	n	4.29	1.82	6 277.29	1.126
公式	R^2	0.86	0.84	0.72	0.71

蒸发能力来源		砂礓黑土		黄潮土	
		蒸发皿	彭曼公式	蒸发皿	彭曼公式
叶水庭 公式	a	0.93	0.97	1.10	1.16
	b	3.91	0.92	3.91	0.92
	R^2	0.85	0.72	0.86	0.74
沈立昌 公式	k	1.49	1.25	1.19	1.06
	u	0.61	0.83	1.14	1.06
	a	1.01	1.02	0.92	1.09
	b	4.07	4.71	1.40	1.41
	R^2	0.85	0.86	0.71	0.73
幂函数 公式	a	0.03	0.03	0.36	0.44
	b	1.76	1.78	0.54	0.54
	R^2	0.73	0.75	0.62	0.64
反 logistic 公式	k	1.65	1.90	212 415.1	405 176.2
	r	0.80	0.75	218 336.8	349 325.2
	b	5.80	5.91	0.92	0.92
	R^2	0.86	0.87	0.72	0.74
清华大学 公式	E_{max}	74.22	61.05	65.35	70.86
	n	0.25	0.30	0.68	0.80
	R^2	0.08	0.08	0.27	0.29

3　意义

利用无作物生长的潜水蒸发公式,在潜水蒸发的计算时,建议使用彭曼公式计算的蒸发能力代替蒸发皿实测值,可以提高拟合效果。推荐采用作物各生育期和埋深的多耗水量统计方法,计算有作物潜水蒸发量。该方法较简便且适用性强,精度较高。

参考文献

[1]　王振龙,刘淼,李瑞. 淮北平原有无作物生长条件下潜水蒸发规律试验. 农业工程学报,2009, 25 (6):26-32.

[2]　阿维里扬诺夫. 防治灌溉土地盐渍化的水平排水设施. 北京:中国工业出版社,1985:56-61.

[3]　叶水庭,施鑫源,苗晓芳. 用潜水蒸发经验公式计算给水度问题的分析. 水文地质工程地质,

1980, (4): 46 - 48.

[4] 金光炎, 张朝新. 潜水蒸发规律的分析研究. 北京:中国水利水电出版社, 1988: 169 - 181.

[5] 沈立昌. 关于潜水蒸发量经验公式探讨. 水利学报, 1985(7): 34 - 40.

[6] 雷志栋, 杨诗秀, 谢森传. 土壤水动力学. 北京: 清华大学出版社, 1988.

[7] 尚松浩, 毛晓敏. 计算潜水蒸发系数的反 Logistic 公式. 灌溉排水, 1999, 18(2):18 - 21.

[8] Shuttleworth W J, Wallace J S. Evaporation from sparse crops-an energy combination theory. Q J R Meteor Soc, 1985, 111: 83 - 85.

风沙流中沙粒的动力学特性计算

1　背景

李晓丽等[1]结合野外实测资料,采用 SC－I 型沙尘采集器收集跃移沙粒,对收集到的土壤风蚀物进行分析整理,得出了沙粒动力学计算的各重要参数,并从单颗粒土壤在气流中所受的作用力出发,紧密联系野外实验测得的数据,采用 4/5 阶 RKF 算法,对沙粒不同受力状况下的运动轨迹和运动特征进行分析。

2　公式

2.1　风沙流中沙粒的动力学特性

风沙流中沙粒的运动是大量土壤颗粒的一种群体运动,而对于单颗粒土壤的运动分析则是认识和了解群体运动的本质、揭示风沙动力学力学机制的出发点。

2.1.1　单颗粒沙的动力学分析

根据文献[2],对于沙粒的跃移运动影响最大的力有:有效重力 G,拖曳力 F_D,Magnus 力 F_M 和 Saffman 力 F_s,建立坐标系,则风沙流中沙粒的受力如图 1 所示,在二维的坐标系中,跃移沙粒的运动方程为:

$$I_s \dot{\omega} = M, \quad I_s = \frac{1}{10} D^2 m \tag{1}$$

$$m \frac{\mathrm{d}\omega}{\mathrm{d}t} = 10\pi\mu D \left(\omega - \frac{1}{2} \frac{\mathrm{d}V}{\mathrm{d}y} \right) \tag{2}$$

$$m \frac{\mathrm{d}^2 x}{\mathrm{d}t^2} = -\frac{1}{8} \rho_s \pi D^2 \left(\frac{24\mu}{D \sqrt{(\dot{x}-V)^2 + \dot{y}^2}} + \frac{6.0}{1 + \sqrt{D \sqrt{(\dot{x}-V)^2 + \dot{y}^2}/\mu}} + 0.4 \right)$$

$$\times (\dot{x}-V) \sqrt{(\dot{x}-V)^2 + \dot{y}^2} + \frac{1}{8} \rho_s \pi D^3 \dot{y} \left(\omega - \frac{1}{2} \frac{\mathrm{d}V}{\mathrm{d}y} \right) + 1.615 \mu D^2 \dot{y} \sqrt{\frac{\mathrm{d}V}{\mathrm{d}y}/v} \tag{3}$$

$$m \frac{\mathrm{d}^2 y}{\mathrm{d}t^2} = -\frac{1}{8} \rho_s \pi D^2 \left(\frac{24\mu}{D \sqrt{(\dot{x}-V)^2 + \dot{y}^2}} + \frac{6.0}{1 + \sqrt{D \sqrt{(\dot{x}-V)^2 + \dot{y}^2}/\mu}} + 0.4 \right)$$

$$\times \sqrt{(\dot{x}-V)^2 + \dot{y}^2} \times \dot{y} - \frac{1}{8} \rho_s \pi D^3 (\dot{x}-V) \left(\omega - \frac{1}{2} \frac{\mathrm{d}V}{\mathrm{d}y} \right) - 1.615 \mu D^2 (\dot{x}-V)$$

$$\sqrt{\frac{\mathrm{d}V}{\mathrm{d}y}\Big/v} - \frac{1}{6}\pi(\rho_s - \rho)D^3 g \tag{4}$$

式中：ω 为沙粒旋转角速度；I_s 为沙粒的转动惯量；M 为沙粒受到的旋转力矩；x、y 为沙粒的位置坐标值；$\dot{x}$、$\dot{y}$ 为沙粒在 x、y 方向的速度分量；D 为沙粒直径；t 为时间；ρ_s 为沙粒密度；m 为沙粒质量；g 为重力加速度；$\dot{\omega}$ 为角加速度；V 为风速；ρ 为空气密度；μ、ν 为空气动力黏性系数和运动黏性系数。

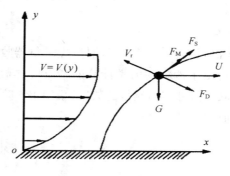

图1　单颗沙粒受力图

2.1.2　各运动参数的选择

（1）地表粗糙度的测定

粗糙度的大小表示着土壤气流接近地表降低的快慢程度，是指风速等于零的某一几何高度随地表粗糙程度变化的常数，和空气的层结情况有关。对于一个固定地点来说，如果地面的性质不变，粗糙度 y_0 通常可以假设是一个常数[3-5]。它可以直接通过对数公式计算得出，即已知两个高度的风速，可以根据：

$$\lg y_0 = \frac{\lg y_2 - \dfrac{u_2}{u_1}\lg y_1}{1 - \dfrac{u_2}{u_1}} \tag{5}$$

式中：u_1、u_2 为高度 y_1、y_2 处的风速。

（2）摩阻风速

风是沙子发生运动的动力因素，风沙运动是一种贴近地面的气流对沙粒搬运的现象，近地面风的运动遵循的对数规律分布[3,5]：

$$u = \frac{u^*}{k}\ln\frac{y}{y_0} \tag{6}$$

式中：u^* 为摩阻风速；k 为冯·卡门常数。

2.2　计算方法

对于式（1）至式（4）的微分方程可采用数值解法进行计算，采用德国学者 Felhberg 提出的 RKF 算法进行计算,在每一个计算步长内对$f_i(\cdot)$函数进行 6 次求值,以保证更高的精度和数值稳定性,得到 Rungc-Kutta-Felhberg 格式即 RKF 格式,该格式由一个 4 阶 Rungc-Kutta 格式和一个 5 阶 Rungc-Kutta 格式组合而成,故该算法又称为 4/5 阶 RKF 算法,计算方法如下:Rungc-Kutta 法的一般格式为

$$y_{i+1} = y_i + h\sum_{j=1}^{p}\omega_j K_j \qquad i \geq 0 \tag{7}$$

其中:

$$K_1 = f(x_i, y_i) \tag{8}$$

$$K_j = f(x + \alpha_j h, y_i + h\sum_{k=1}^{j-1}\beta_{jk}K_k) \qquad j = 2,3,\cdots,p \tag{9}$$

Felhberg 提出用 4 阶 RK 法与 5 阶 RK 法进行组合,即:

$$y_{i+1} = y_i + h\sum_{j=1}^{5}\omega_j K_j \tag{10}$$

$$\hat{y}_{i+1} = \hat{y}_i + h\sum_{j=1}^{6}\hat{\omega}_j K_j \tag{11}$$

其中式(7)至式(11)式中的参数 α_j、β_{jk} 及其他参数由表 1 给出。

表 1 4/5 阶 RKF 算法系数表

a_j		β_{jk}				$\hat{\omega}$	ω
0						$\dfrac{16}{135}$	$\dfrac{25}{216}$
$\dfrac{1}{4}$	$\dfrac{1}{4}$					0	0
$\dfrac{3}{8}$	$\dfrac{3}{32}$	$\dfrac{9}{32}$				$\dfrac{6\,656}{12\,825}$	$\dfrac{1\,408}{2\,565}$
$\dfrac{12}{13}$	$\dfrac{1\,932}{2\,197}$	$-\dfrac{7\,200}{2\,197}$	$\dfrac{7\,296}{2\,197}$			$\dfrac{28\,561}{56\,430}$	$\dfrac{2\,197}{4\,101}$
1	$\dfrac{439}{216}$	-8	$\dfrac{3\,680}{513}$	$-\dfrac{845}{4\,104}$		$-\dfrac{9}{50}$	$-\dfrac{1}{5}$
$\dfrac{1}{2}$	$-\dfrac{8}{27}$	2	$-\dfrac{3\,544}{2\,565}$	$\dfrac{1\,859}{4\,104}$	$-\dfrac{11}{40}$	$\dfrac{2}{55}$	0

用式(10)和式(11)联合给出的计算结果:$J_{i+1} \approx \dfrac{1}{h}(\hat{y}_{i+1} - y_{i+1})$ 去估计式(10)的局部截断误差。

实际计算中通常取 δ 来控制步长的变化:

$$\delta = \left(\frac{h\varepsilon}{2|\hat{y}_{i+1} - y_{i+1}|}\right)^{1/4} \approx 0.84\left(\frac{h\varepsilon}{|\hat{y}_{i+1} - y_{i+1}|}\right)^{1/4} \tag{12}$$

式中：ε 为精度要求即容许误差；h 为当前步长，若 $\delta < 0.75$，折半步长，若 $\delta > 1.5$，步长加倍。

2.3　结果与分析公式

采用 4/5 阶 RKF 算法进行计算，可以得到风沙流中部分沙粒典型的跃移轨迹，从风沙颗粒的跃移轨迹可以发现：把不容易发生漂移的大于 0.15 mm 的颗粒起跳的最大跃移高度 H_m 与垂直起跳初速度 v_0 的相关关系进行整理，发现其相关关系符合式(13)：

$$H_m = a v_0^b \qquad 且 \qquad R^2 > 0.98 \qquad (13)$$

当旋转角速度 $\omega = 100$ r/s，摩阻风速 $u^* = 0.465$ m/s 时，把这 a、b 进一步进行统计相关分析可以得出：

$$a = 0.000\,3D^{-1.321\,9} \qquad R^2 = 0.968\,1 \qquad (14)$$

$$b = 0.245\,2\ln D + 1.745\,7 \qquad R^2 = 0.973\,5 \qquad (15)$$

式中：a、b 为统计系数。

把式(14)和式(15)代入式(13)，即可以得到包括垂直起跳初速度 v_0 和风蚀物粒径 D 的沙粒最大跃移高度 H_m 的双因子预测模型：

$$H_m = (0.000\,3D^{-1.321\,9})v_0^{(0.245\,2\ln D + 1.745\,7)} \qquad (16)$$

采用相同方法对摩阻风速 $u^* = 0.60$ m/s 和 $u^* = 1.16$ m/s 进行相关性分析：

当旋转角速度 $\omega = 100$ r/s，$u^* = 0.60$ m/s 时：

$$H_m = (0.000\,4D^{-1.206})v_0^{(0.218\,3\ln D + 1.717\,7)}$$

当旋转角速度 $\omega = 100$ r/s，$u^* = 1.16$ m/s 时：

$$H_m = (0.000\,5D^{-1.051\,4})v_0^{(0.192\,1\ln D + 1.661\,5)}$$

当旋转角速度 $\omega = 800$ r/s，$u^* = 0.465$ m/s 时：

$$H_m = (0.000\,3D^{-1.157\,7})v_0^{(0.207\,3\ln D + 1.757\,4)}$$

当旋转角速度 $\omega = 800$ r/s，$u^* = 0.60$ m/s 时：

$$H_m = (0.000\,3D^{-1.204\,9})v_0^{(0.207\,0\ln D + 1.746\,6)}$$

当旋转角速度 $\omega = 800$ r/s，$u^* = 1.16$ m/s 时：

$$H_m = (0.000\,4D^{-1.179\,6})v_0^{(0.227\,0\ln D + 1.722\,2)}$$

把不同旋转角速度 ω，不同摩阻风速 u^* 得到的沙粒最大跃移高度的比较，各系数变化不大，再进一步进行相关性分析，可以得到沙粒最大跃移高度 H_m 关于风蚀物粒径 D 和垂直起跳初速度 v_0 的通用双因子预测模型，即：

$$H_m = (3.7 \times 10^{-4}D^{-1.186\,9})v_0^{(0.216\,2\ln D + 1.725\,0)} \qquad (17)$$

用本预测模型式(17)对沙粒起跳的最大跃移高度 H_m 进行预测，并与实际计算结果进行比较，发现预测值与实际计算结果的吻合效果较为理想(图 2)。

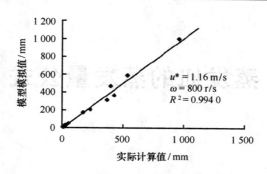

图2 沙粒最大跃移高度预测值与实际值的对比

3 意义

风沙流中沙粒的运动预测模型表明,沙粒粒径愈小发生漂浮所需要的条件愈低,随粒径的增大要求达到的旋转角速度 ω、垂直起跳初速度 v_0 越来越大,而小于 0.075 mm 的颗粒容易在脱离地面后,浮在空中从而成为悬移的主体;同时得到了沙粒最大跃移高度 H_m 关于风蚀物粒径 D 和垂直起跳初速度 v_0 的通用双因子预测模型,该预测模型为不同粒径沙粒最大跃移高度的预测提供了方便。该研究为今后风沙运动力学理论的深入研究及土地荒漠化的防治提供依据。

参考文献

[1] 李晓丽,申向东,解卫东. 土壤风蚀物中沙粒的动力学特性分析. 农业工程学报,2009, 25(6):71 – 75.

[2] 黄社华,李炜,程良骏. 任意流场中稀疏颗粒运动方程及其性质. 应用数学和力学,2000, 21(3): 265 – 276.

[3] Bagnold R A. 风沙荒漠沙丘物理学. 北京:科学出版社, 1954.

[4] 吴正. 风沙地貌与治沙工程学. 北京:科学出版社, 2003.

[5] 王洪涛,董治宝. 关于风沙流中风速廓线的进一步实验研究. 中国沙漠,2003, 23(6):721 – 724.

蒸发皿的蒸发量公式

1 背景

蒸发量是地表能量平衡和陆地水量平衡的重要组成部分,是决定天气与气候条件的重要因子,在全球水循环和气候演变中具有举足轻重的作用。由于实际蒸发量的测定非常困难,而蒸发皿观测资料累积序列长、可比性好,长期以来一直是水资源评价、水文研究、水利工程设计和气候区划的重要参考指标[1]。杨秀芹等[2]选择山东省济宁市作为研究区域,研究蒸发皿蒸发量物理意义。

2 公式

蒸发皿观测的蒸发量实质上是有限水面蒸发量,它表征本站地表可能的最大蒸发量,即表征本站地表蒸发潜力,也简称为蒸发潜力。蒸发潜力和陆面地表实际蒸发量是两个不同的概念[3]。蒸发量(E)可用梯度输送理论参数化:

$$E = -\rho C_D (U - U_S)(e_{\text{suf}} - e) \tag{1}$$

式中:ρ 为大气密度;U 和 U_S 为风速和下垫面移动速度,陆地表面移动速度为零,即 $U_S = 0$;e 为某一高度上的空气水汽压,e_{suf} 为地表面水汽压;C_D 为曳力系数,它是地表粗糙度、摩擦速度以及大气热力层结稳定度的函数[4]。利用公式(1)计算陆面蒸发量时,e_{suf} 为实际地表水汽压;但利用公式(1)计算蒸发皿蒸发量时,地表面设定为特殊的水面,即地表面水汽压等于饱和水汽压 $e_{\text{suf}} = e_s$,这时($e_s - e$)是大气中水汽距离饱和的程度,饱和水汽压是温度的函数。

$$e_s = e_0 \exp\left\{\frac{L_V}{R_V}\left(\frac{1}{T_0} - \frac{1}{T}\right)\right\} \tag{2}$$

式中:T 为绝对温度;$T_0 = 273.15 \text{ K}$;L_V 为水相变潜热;R_V 为水汽的气体常数;e_0 为 T_0 时的饱和水汽压。公式(2)表明饱和水汽压是一个温度的升函数。蒸发皿蒸发量(E_{pan})可用相对湿度表示为:

$$E_{\text{pan}} = -\rho C_D U e_s (1 - f) \tag{3}$$

式(2)和式(3)表明,蒸发皿蒸发量是空气相对湿度的降函数,是温度、风速、饱和水汽压和曳力系数的升函数;是空气相对湿度、温度、辐射和风速等气象要素的非线性复杂函数,是各气象要素之间相互作用的综合效应。

左洪超在文献[5]中又用能量守恒准确表示蒸发皿蒸发量:

$$E_{pan}T_{const} = R_{local} + H_{turb} + H_{adv} \qquad (4)$$

式中:T_{const}为蒸发皿蒸发量不同量纲之间的转化常数;R_{local}为地表净辐射;H_{turb}为蒸发皿依靠湍流过程从环境中得到的感热;H_{adv}为蒸发皿依靠平流过程从环境中得到的感热。式(1)和式(4)克服了以往讨论蒸发皿蒸发量时仅仅考虑单个环境因子对蒸发皿蒸发量的影响,而用能量的观点分析时又只考虑来自地面接收的太阳总辐射的缺点,它们能对环境因子影响蒸发皿蒸发量的物理过程给予合理的解释[5]。

经以上模型计算与实际灌溉面积变化关系(图1)。可见灌溉期相关程度高于全年和非灌溉期相关程度。

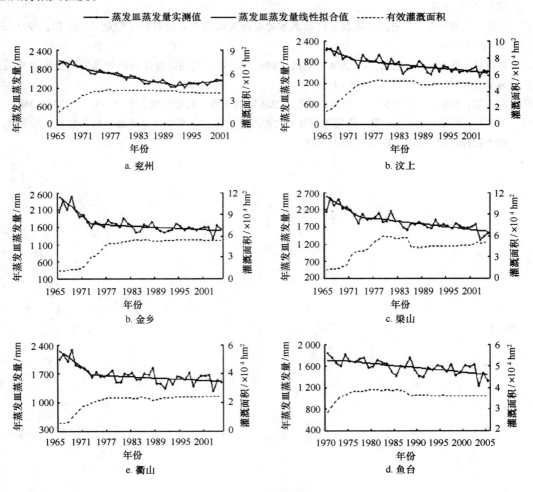

图1　蒸发皿蒸发量与有效灌溉面积变化过程

113

3 意义

蒸发皿的蒸发量公式表明，不同时段的蒸发皿蒸发量变化与灌溉面积发展呈现极显著的相关关系，且灌溉期相关程度高于全年和非灌溉期相关程度。大面积、高强度的农田灌溉引起近地表面的气象因子变化是导致所在区域蒸发皿蒸发量减少的重要原因。

参考文献

［1］ 邱新法,刘昌明,曾燕. 黄河流域近40年蒸发皿蒸发量的气候变化特征. 自然资源学报, 2003, 18 (4)：437 – 447.

［2］ 杨秀芹,钟平安. 大范围灌溉及不同灌溉水源对蒸发皿蒸发量的影响. 农业工程学报, 2009, 25 (6)：13 – 19.

［3］ 左洪超,李栋梁,胡隐樵,等. 近40a中国气候变化趋势及其同蒸发皿观测的蒸发量变化的关系. 科学通报,2005, 50(11)：1125 – 1130.

［4］ 左洪超,胡隐樵. 黑河试验区沙漠和戈壁的总体输送系数. 高原气象, 1992, 11(4)：371 – 380.

［5］ 左洪超,鲍艳,张存杰,等. 蒸发皿蒸发量的物理意义、近40年变化趋势的分析和数值试验研究. 地球物理学报, 2006, 49(3)：680 – 688.

双流道泵的湍流模型

1 背景

为研究双流道泵内由叶轮/蜗壳相互作用引起的非定常流动特性,赵斌娟等[1]基于滑移网格和 RNG 湍流模型计算双流道泵内的非定常流动(图 1)。以期为双流道泵的结构优化、设计及改型等提供理论依据。

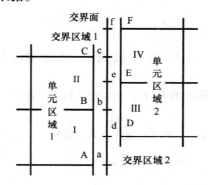

图 1　静止网格和滑移网格间数据传递示意图

2 公式

双流道泵内不可压缩流体的三维非定常湍流可以用雷诺平均动量方程描述[2]:

$$\frac{\partial}{\partial t}(\rho u_i) + \frac{\partial}{\partial x_j}(\rho u_i u_j) = -\frac{\partial p}{\partial x_i} + \frac{\partial}{\partial x_j}\left[\mu\left(\frac{\partial u_i}{\partial x_j} + \frac{\partial u_j}{\partial x_i} - \frac{2}{3}\delta_{ij}\frac{\partial u_l}{\partial x_l}\right)\right] + \frac{\partial}{\partial x_j}\left(-\rho\overline{u'_i u'_j}\right) \quad (1)$$

式中: ρ 为流体密度; p 为流体压强; $-\rho\overline{u'_i u'_j}$ 为雷诺应力。根据 Boussinesq 假设:

$$-\rho\overline{u'_i u'_j} = \mu_t\left(\frac{\partial u_i}{\partial x_j} + \frac{\partial u_j}{\partial x_i}\right) - \frac{2}{3}\delta_{i,j}\left(\rho k + \mu_t\frac{\partial u_l}{\partial x_l}\right) \quad (2)$$

式中: μ_t 为湍流黏性系数,它是湍动能 k 和湍流耗散率 ε 的函数。本次非定常湍流计算采用 RNGk - ε 湍流模型,因此湍动能 k 和湍能耗散率 ε 的约束方程如下:

$$\frac{\partial(\rho k)}{\partial t} + \frac{\partial(\rho u_j k)}{\partial x_j} = \frac{\partial}{\partial x_j}\left(\alpha_k\mu_{eff}\frac{\partial k}{\partial x_j}\right) + G_k - \rho\varepsilon \quad (3)$$

$$\frac{\partial(\rho\varepsilon)}{\partial t} + \frac{\partial(\rho u_j \varepsilon)}{\partial x_j} = \frac{\partial}{\partial x_j}\left(\alpha_\varepsilon \mu_{eff} \frac{\partial\varepsilon}{\partial x_j}\right) + \frac{\varepsilon}{k}(C_{1\varepsilon}G_k - C_{2\varepsilon}\rho\varepsilon) \tag{4}$$

式中:G_k 为梯度变化引起的湍动能;μ_{eff} 为等效黏性系数;α_k、α_ε、$C_{1\varepsilon}$、$C_{2\varepsilon}$ 为湍流模型系数,由经验值确定。在近壁处,RNGk - ε 湍流模型使用受到限制,采用标准壁面函数法[3]。

3　意义

双流道泵的湍流模型表明,与定常计算相比,基于滑移网格和 RNG 湍流模型的非定常计算能较好地揭示双流道泵内由蜗壳/叶轮干涉引起的非定常特性,大于实测扬程且相对偏差仅为 10%。并能更好地预测双流道泵的外特性。

参考文献

[1] 赵斌娟,袁寿其,陈汇龙. 基于滑移网格研究双流道泵内非定常流动特性. 农业工程学报, 2009, 25 (6): 115 – 119.

[2] 周莉,席光,蔡元虎. 进口导叶/叶轮/扩压器非定常相干的数值研究. 西北工业大学学报, 2007, 25(5): 625 – 629.

[3] 耿少娟,聂超群,黄伟光,等. 不同叶轮形式下离心泵整机非定常流场的数值研究. 机械工程学报, 2006, 42(5): 27 – 31.

秋菊外观的品质模型

1 背景

水分是影响菊花生长发育和外观品质的重要因子。周艳宝等[1]以中国栽培面积最大的切花菊——秋菊"神马"为试验材料,通过不同定植期和不同水分处理的栽培试验,定量分析了水分对日光温室栽培秋菊"神马"外观品质指标的影响,并建立了基质水势对日光温室独本菊外观品质指标影响的模拟模型,以期为日光温室独本菊生产中水分的精确管理提供理论依据和决策支持。

2 公式

2.1 基质水分特征曲线的测定公式

由于鲜切菊花的根系主要集中在最上面 20 cm 厚的试验用栽培基质层内,研究采用张力计在盆栽基质表面以下 10 cm 深处测定不同质量含水率下的水势,试验用基质水分特征曲线用公式(1)描述[2]。

$$WP = 0.48 + 172.45 \times \exp(-SMC/4.33)$$

$$R^2 = 0.98 \qquad SE = 4.10 \text{ kPa} \tag{1}$$

式中:WP 为基质水势绝对值,kPa;SMC 为基质质量相对含水率,%;SE 为标准差,kPa。

2.2 外观品质指标的动态模拟

2.2.1 水分对外观品质指标动态影响的模拟

根据试验的观测数据,各水分处理的株高(图 1a)、茎粗(图 1b)、单株叶片数(图 1c)、花头直径(图 1d)和花颈长(图 1e)随生育期(用累积生理辐热积表示)的变化可分别用式(2)至式(6)描述为:

$$H = (r_H/c_1) \times \ln\{1 + \exp[c_1 \times (PTEP - PTEP_a)]\} \tag{2}$$

$$DS = (r_{DS}/c_2) \times \ln\{1 + \exp[c_2 \times (PTEP - PTEP_a)]\} \tag{3}$$

$$N = (r_N/c_3) \times \ln\{1 + \exp[c_3 \times (PTEP - PTEP_a)]\} \tag{4}$$

$$DF = \begin{cases} 0 & (PTEP < PTEP_b) \\ r_{DF} \times (PTEP - PTEP_b) & (PTEP \geq PTEP_b) \end{cases} \tag{5}$$

$$LN = \begin{cases} 0 & (PTEP < PTEP_b) \\ r_{LN} \times (PTEP - PTEP_b) & (PTEP \geqslant PTEP_b) \end{cases} \tag{6}$$

式中:H 为独本菊株高,cm;r_H 为株高增长速率,即单位生理辐热积产生的株高增长量,cm/(MJ·m^{-2});c_1 为株高相对增长速率,即某时期的株高增长速率除以当时的株高,cm·cm^{-1}·(MJ·m^{-2})$^{-1}$,其数值各处理无明显差异,根据试验一确定为 0.014;$PTEP$ 为定植后累积的生理辐热积,MJ/m^2;$PTEP_a$ 为从定植到植株冠层封行所累积生理辐热积,MJ/m^2;DS 为茎粗,mm;r_{DS} 为茎粗增长速率,mm/(MJ·m^{-2});c_2 为茎粗相对增长速率(即某时期的茎粗增长速率除以当时的茎粗,mm·mm^{-1}·(MJ·m^{-2})$^{-1}$,其数值各处理无明显差异,根据试验一确定为 0.003 9;N 为单株叶片数;r_N 为单株出叶速率,MJ/m^2;c_3 为单株相对出叶速率(即某时期的单株出叶速率除以当时的单株叶片数,MJ/m^2,其数值各处理无明显差异,根据试验一确定为 0.012 5;DF 为花头直径,mm;r_{DF} 为花头直径增长速率,mm/(MJ·m^{-2});$PTEP_b$ 为从定植开始到现蕾的累积生理辐热积,MJ/m^2;LN 为花颈长,cm;r_{LN} 为花颈增长速率,cm/(MJ·m^{-2})。

从图1可以看出,基质水势低于 -20 kPa 处理的独本菊株高、茎粗、单株叶片数、花头直径和花颈长明显低于基质水势高于 -20 kPa 处理。

2.2.2 模型参数的确定

根据试验的观测资料,式(2)至式(6)中各参数,可用式(7)至式(13)描述(图2)。

$$r_H = \begin{cases} r_H(0) & (WP \leqslant WP_c) \\ r_H(0) \times [1 - 6.06 \times 10^{-3}(WP - WP_c)] & (WP > WP_c) \end{cases}$$
$$R^2 = 0.97 \quad SE = 0.009 \tag{7}$$

$$PTEP_a = \begin{cases} PTEP_a(0) & (WP \leqslant WP_c) \\ PTEP_a(0) \times [1 + 5.12 \times 10^{-3}(WP - WP_c)] & (WP > WP_c) \end{cases}$$
$$R^2 = 0.99 \quad SE = 0.34 \tag{8}$$

$$r_{DS} = \begin{cases} r_{DS}(0) & (WP \leqslant WP_c) \\ r_{DS}(0) \times [1 - 4.57 \times 10^{-3}(WP - WP_c)] & (WP > WP_c) \end{cases}$$
$$R^2 = 0.99 \quad SE = 0.000 2 \tag{9}$$

$$r_N = \begin{cases} r_N(0) & (WP \leqslant WP_c) \\ r_N(0) \times [1 - 1.59 \times 10^{-3}(WP - WP_c)] & (WP > WP_c) \end{cases}$$
$$R^2 = 0.95 \quad SE = 0.000 2 \tag{10}$$

$$r_{DF} = \begin{cases} r_{DF}(0) & (WP \leqslant WP_c) \\ r_{DF}(0) \times [1 - 7.5 \times 10^{-3}(WP - WP_c)] & (WP > WP_c) \end{cases}$$
$$R^2 = 0.90 \quad SE = 0.02 \tag{11}$$

$$PTEP_b = \begin{cases} PTEP_b(0) & (WP \leqslant WP_c) \\ PTEP_b(0) \times [1 + 5.1 \times 10^{-3}(WP - WP_c)] & (WP > WP_c) \end{cases}$$

$$R^2 = 0.90 \qquad SE = 5.74 \qquad\qquad (12)$$

$$r_{LN} = \begin{cases} r_{LN}(0) & (WP \leqslant WP_c) \\ r_{LN}(0) \times [1 - 1.9 \times 10^{-2}(WP - WP_c)] & (WP > WP_c) \end{cases}$$

$$R^2 = 0.92 \qquad SE = 0.005 \qquad\qquad (13)$$

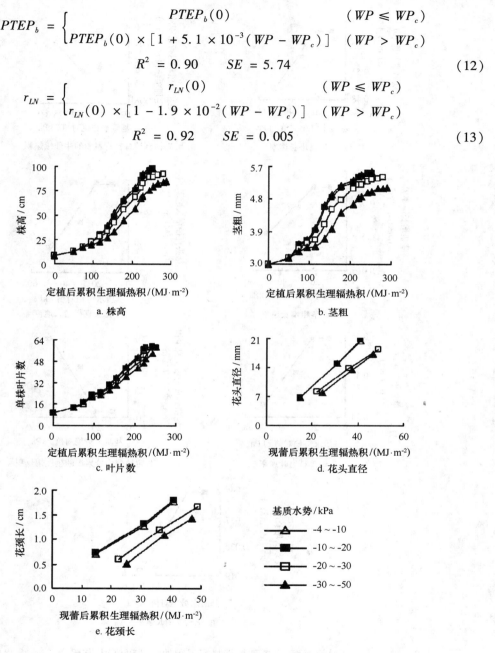

图1 不同水分条件下独本菊株高、茎粗、叶片数、花头直径和花颈长与
定植后(现蕾后)累积生理辐热积的关系

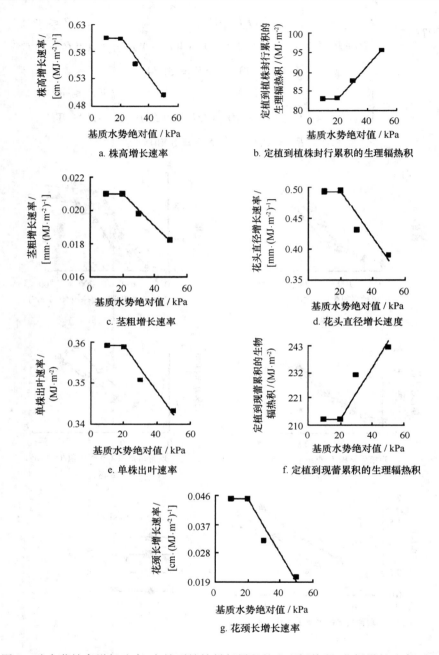

图2 独本菊株高增长速率、定植到植株封行累积的生理辐热积、茎粗增长速率、出叶速率、花头直径增长速率、定植到现蕾累积的生理辐热积和花颈长增长速率与基质水势绝对值(取各水分处理水势范围下限的绝对值)的关系

式中:$r_H(0)$为无水分胁迫时的株高增长速率,cm/(MJ·m^{-2}),根据试验一的观测数据确定为 0.606;$PTEP_a(0)$为无水分胁迫时的独本菊从定植到冠层封行时累积的生理辐热积,MJ/m^2,根据试验一的观测数据确定为 82.97;$r_{DS}(0)$为无水分胁迫时的茎粗的增长速率,mm/(MJ·m^{-2}),根据试验一的观测数据确定为 0.021;$r_N(0)$为无水分胁迫时的单株出叶速率,(MJ·m^{-2})$^{-1}$,根据试验一的观测数据确定为 0.359;$r_{DF}(0)$为无水分胁迫时的花头直径增长速率,mm/(MJ·m^{-2}),根据试验一的观测数据确定为 0.49;$PTEP_b(0)$为无水分胁迫的独本菊从定植到现蕾所累积的生理辐热积,MJ/m^2,根据试验一的观测数据确定为 212.2;$r_{LN}(0)$为无水分胁迫时的花颈长的增长速率,cm/(MJ·m^{-2}),根据试验一的观测数据确定为 0.045;WP 为基质水势绝对值(取各水分处理水势范围下限的绝对值),kPa;WP_c 为临界下限水势的绝对值,kPa,根据试验一的观测数据确定为 20 kPa(图 2)。

2.3 模型检验方法

采用相对预测误差(relative prediction error,RE)对模拟值和观测值之间的符合度进行分析,RE 可用下列公式计算:

$$RE = \frac{\text{回归估计标准误}}{\text{实测样本平均值}} \times 100\% \qquad (14)$$

公式(13)中,回归估计标准误(RMSE)的计算见参考文献[3]。

3 意义

秋菊外观的品质模型对日光温室独本菊各外观品质指标预测结果较好,株高、茎粗、单株叶片数、花头直径和花颈长的模拟值与实测值之间基于 1:1 线的决定系数分别为 0.98、0.93、0.98、0.93、0.86,相对预测误差(RSE)分别为 8.79%、5.66%、8.45%、12.2%、12.9%。本研究建立的模型具有预测精度较高、普适性和实用性强的特点,可以为日光温室独本切花菊的水分精确管理提供理论依据和决策支持。

参考文献

[1] 周艳宝,戴剑锋,林琭,等. 水分对日光温室独本菊外观品质影响的模拟. 农业工程学报,2009,25(6):204-209.

[2] 周艳宝,戴剑锋,林琭,等. 水分对日光温室独本菊生长动态影响的模拟研究. 农业工程学报,2008,24(11):176-182.

[3] 李永秀,罗卫红,倪纪恒,等. 基于辐射和温度热效应的温室水果黄瓜叶面积模型. 植物生态学报,2006,30(5):861-867.

畜禽粪便的氮污染评估公式

1 背景

畜禽养殖在保障肉食供应、改善居民生活、增加农民收入等方面发挥着重要作用,洞庭湖畜禽粪便中的氮素也给环境造成严重污染(表1)。为此,武深树等[1]研究以湖南洞庭湖区为对象,从耕地、水体、大气3个方面估算了该区域畜禽粪便的氮素污染及其环境成本。

表1 洞庭湖区畜禽粪便年排泄量及粪便中氮素养分含量

畜禽	粪		尿	
	年排泄量 /[kg·(头·a)$^{-1}$]	氮含量 /%	年排泄量 /[kg·(头·a)$^{-1}$]	氮含量 /%
生猪	398	0.60	656	0.50
牛	7 300	0.30	3 650	1.00
羊	468	0.60	未计	1.50
家禽	38.2	1.24	未计	

2 公式

2.1 畜禽粪便氮素耕地污染的环境成本

畜禽粪便中含有的氮素是作物生长必不可少的营养元素。但是,如果不加以限制地还田,反而起不到肥田效应,还会造成氮素利用率降低,作物减产,品质下降。

评估方法。氮素过量造成耕地污染的环境成本(EC_1)可能用市场价值法根据以下公式进行评估:

$$EC_1 = \alpha \cdot T \cdot P \tag{1}$$

式中:α 为氮素造成粮食减产的比例,%;T 为污染地区的粮食产量,t;P 为当年的粮食平均价格,元/t。

2.2 畜禽粪便氮素水体污染的环境成本

畜禽粪便氮素水体(包括地面水和地下水)污染的环境成本主要体现在3个方面,一是造成渔业损失;二是影响居民饮用水源安全;三是影响旅游功能发挥。

评估方法。本研究采用詹姆斯提出的"损失—浓度模型"来计算[2-3]，氮素污染物对洞庭湖的污染损失率(R)为：

$$R = \frac{1}{1 + a \cdot \exp^{(-b \cdot c)}} \tag{2}$$

式中：c 为洞庭湖氮素污染物浓度，mg/L；a、b 为氮素污染物的价值损失参数。a、b 参数，由氮素污染特征和水体使用功能确定，本文 a、b 的参考值见表2。求出氮素污染对洞庭湖的污染损失率后，再根据洞庭湖的水体价值、畜禽粪便氮素占洞庭湖氮素污染物总量的比例，用如下公式测算畜禽粪便氮素水体污染的环境成本(EC_2)：

$$EC_2 = \theta \cdot \sum R \cdot K \tag{3}$$

式中：θ 为畜禽粪便氮素占洞庭湖氮素污染物总量的比例，%；K 为洞庭湖水体某项功能的价值量，亿元。

表2　参数 a、b 的参考值

参数	渔业	饮用水源	旅游
a	160.60	368.00	799.40
b	0.48	52.52	4.18

2.3　畜禽粪便氮素大气污染的环境成本

畜禽粪便中氮素主要以 NH_3 等有害气体形式排入大气，成为氨气排放的主要来源。畜禽粪便产生的氨气等有害气体在未清除或清除后不及时处理时，其臭味将成倍增加，不仅危及居民的健康和场内畜禽生长，而且空气中氨浓度高时还会使酸雨的酸沉降增加 3~5 倍，造成农作物减产和林木损失[4]。

评估方法。由于氮素大气污染是酸雨危害的重要原因，直接造成农作物减产和林木损失。畜禽粪便中氮素大气污染的损失(EC_3)采用比例折算法根据以下公式进行评估：

$$EC_3 = \delta \cdot (M + N) \tag{4}$$

式中：δ 为畜禽粪便氮素对大气污染占酸雨危害的比例，%；M 为酸雨造成的农作物损失，亿元；N 为酸雨造成的林木损失，亿元。

3　意义

畜禽粪便氮素对耕地、水体、大气的污染的环境成本评估公式表明，对农田、水体、大气污染的环境成本分别为 2.32 亿元、4.81 亿元、1.64 亿元。畜禽粪便氮素养分所产生的环境污染问题已经不容忽视。该研究对于优化畜禽粪便中的养分资源管理，合理控制畜禽粪便污染，促进畜禽养殖业持续健康发展和保护生态环境具有十分重要的意义。

参考文献

[1] 武深树,谭美英,龙岳林,等.洞庭湖区畜禽粪便中氮素污染及其环境成本.农业工程学报,2009,25(6):229-234.

[2] 卜跃先,柴铭.洞庭湖水污染环境经济损害初步评价.人民长江,2001,32(4):27-29.

[3] 詹姆斯 L D. 水资源规划经济学.北京:水利电力出版社,1984:255-257.

[4] 张高强,高怀友.畜禽养殖业污染物处理与处置.北京:化学工业出版社,2004:22-23.

土地利用的绩效评价公式

1 背景

土地资源可持续利用是社会经济可持续发展的根本保障。陈士银等[1]以土地利用集约度、土地利用程度、土地利用效率和土地利用效益为变量构建了土地利用绩效评价四维模型,并选取 23 个指标建立了土地利用绩效评价指标体系,根据土地利用变更数据和社会经济统计资料,并依此对湛江市土地利用的可持续性进行了评价。该方法为区域土地资源的合理规划与管理提供决策参考。

2 公式

2.1 土地利用绩效评价

2.1.1 评价指标的选取

土地利用程度主要反映土地利用的广度和深度,它不仅反映了土地利用中土地本身的自然属性,同时也反映了人类因素与自然环境因素的综合效应[2]。根据土地利用程度的综合分析方法[1],将土地利用程度按照土地自然综合体在社会因素影响下的自然平衡状态分为若干级,并赋予分级指数(表 1),从而给出了土地利用程度综合指数及土地利用程度变化模型的定量化表达式。

土地利用程度综合指数的表达式为:

$$L_j = 100 \times \sum_{i=1}^{n} A_i \times C_i \tag{1}$$

式中:L_j 为某研究区域土地利用程度综合指数;A_i 为研究区域内第 i 级土地利用程度分级指数;C_i 为研究区域内第 i 级土地利用程度分级面积百分比;n 为土地利用程度分级数。

表 1 土地利用程度分级

类型	土地利用类型	分级指数
未利用土地级	未利用或难利用地	1
林、草、水用地级	林地、草地、水域	2
农业用地级	耕地、园地	3
城镇聚落用地级	居民点及工矿用地,交通运输用地	4

2.1.2 指标标准化

土地利用综合绩效的参评指标是在不同指标之间进行综合比较,须对选定的指标进行量化处理,实验将目前广泛应用的功效函数进行调整后对参评指标进行量化[3],使得评价结果更具有效性。功效函数公式如下:

$$U_{A(X_i)} = \begin{cases} \dfrac{X_i - b_i}{a_i - b_i} & \text{指标值越大越好时} \\[2mm] \dfrac{a_i - X_i}{a_i - b_i} & \text{指标值越小越好时} \end{cases} \tag{2}$$

式中:$U_{A(X_i)}$ 为功效函数值;X_i 为指标值;b_i 为指标下限;a_i 为指标上限,这里分别选取各对应指标的最小值和最大值作为下限和上限。

2.1.3 指标权重的确定

在选取的指标中,各项指标对土地利用绩效的贡献不同,因此,需要确定各指标的权重。在权重的确定中,以往的研究往往采取特尔菲法(Delphi)、层次分析法(AHP)等,这些方法都是主观性确权方法,受人为因素影响较大。本研究采用主观与客观相结合的方法,即 AHP 法和客观赋值的变异系数法,取二者的算术平均值作为指标的权重。AHP 法是很常见的方法,不再详述;变异系数法求权重的方法如下:

先计算各指标的变异系数:

$$\sigma = \frac{D_j}{\bar{X}_j} \tag{3}$$

再计算各指标的权重值:

$$w = \frac{\sigma}{\sum\limits_{j=1}^{n} \sigma} \tag{4}$$

式中:σ、D_j、$\bar{X}$ 和 w 为表示第 j 指标的变异系数、标准差、均值和权重值。

2.1.4 土地利用绩效评价模型

土地利用绩效是以土地资源的有效、合理配置为基础,其评价内容包括土地利用程度评价、土地利用效率评价、土地利用集约度评价和土地利用效益评价 4 个方面,且均与土地利用绩效呈正相关关系。考虑到构成土地利用绩效体系的 4 个二级指标对土地利用绩效的贡献大小并不相等,因此,在矢量评价模型的变量中引入变量权重,形成区域土地利用绩效评价模型,其表达式可为:

$$P = E \cdot \sqrt{\sum_{i=1}^{4} (F_i w_i)^2} = E \cdot \sqrt{(I w_{\mathrm{I}})^2 + (D w_{\mathrm{D}})^2 + (E w_{\mathrm{E}})^2 + (B w_{\mathrm{B}})^2} \tag{5}$$

式中:E 为区域的区位系数,即以区域 GDP、全年固定资产投入总额、全年从业人员总数和可利用土地面积分别代表产值及生产三要素(资金、劳动、土地)建立 CD 生产函数,求出三要素的弹性系数,则 E 即为三要素弹性系数之和;F 为区域土地利用绩效评价 4 个二级指标的分值;w 为指标的权重值。采用绩效模型计算得出湛江市 1996—2006 年土地利用绩效值后,以 1996 年为基准年计算各年的土地利用可持续性指数(表 2)。

表 2 湛江市 1996—2006 年土地利用绩效及可持续性

年份	土地利用集约度	土地利用程度	土地利用效率	土地利用效益	土地利用绩效	土地利用可持续性
1996	0.4544	0.9988	0.4239	0.3866	0.3172	0
1997	0.4724	0.9706	0.5082	0.5056	0.3820	0.2042
1998	0.4925	0.9736	0.3271	0.5194	0.3449	0.0872
1999	0.4973	0.9775	0.3456	0.5692	0.3689	0.1626
2000	0.5228	0.9729	0.4542	0.6384	0.4224	0.3313
2001	0.5381	0.9784	0.4230	0.6877	0.4369	0.3770
2002	0.5853	0.9781	0.4236	0.7088	0.4508	0.4210
2003	0.6276	0.9713	0.6284	0.6533	0.4841	0.5259
2004	0.7220	0.9334	0.7985	0.7930	0.5913	0.8636
2005	0.8513	0.9484	0.6573	0.9862	0.6417	1.0227
2006	0.9287	0.9532	1	0.9201	0.7163	1.2580

2.2 土地利用可持续性评价

采用土地利用绩效评价土地资源利用可持续性是将目标年与基准年的土地利用绩效值进行比较分析来评价土地资源利用的可持续性。评价时,选择一个基准年,以这一年的土地资源绩效值作为基准,用评价年的土地利用绩效值跟它进行比较得到土地利用可持续性指数 R,根据 R 的值来判断土地资源的可持续性。

$$R = \frac{P - P_0}{P_0} \tag{6}$$

式中:R、P、P_0 为土地利用可持续性指数、评价年绩效值和基准年绩效值。

根据 R 的取值将土地利用的可持续性分为 3 种情况:

$R > 0$ 时,表明区域土地利用是可持续的;

$R = 0$ 时,表明区域土地利用处于过渡阶段;

$R < 0$ 时,表明区域土地利用是不可持续的。

3 意义

根据土地利用的绩效评价公式,表明土地利用绩效总体水平较低但保持稳定增长趋势,指数由 1996 年的 0.317 2 增长到 2006 年的 0.716 3;以 1996 年为基准年,1997—2006 年的土地利用可持续性指数大于 0,土地利用处于可持续阶段,说明湛江市的土地利用正逐步优化;土地利用绩效和可持续性的区域分布具有一定的地带性特征。

参考文献

[1] 陈士银,周飞,吴雪彪. 基于绩效模型的区域土地利用可持续性评价. 农业工程学报,2009,25(6): 249 – 253.
[2] 王秀兰,包玉海. 土地利用动态变化研究方法探讨. 地理科学进展,1999,18(1):81 – 87.
[3] 李植斌. 一种城市土地利用效益综合评价方法. 城市规划,2000(8):62.

城镇的用地模型

1 背景

为了分析了城镇扩展过程中耕地占用的规律,曹银贵等[1]在参考相关测度指标的基础上,重点引用扩展强度、扩展极核、扩展类型、扩展紧凑度、分维数这些普试性高,数据易获取,研究结果可靠性高的指标,来分析城镇扩展的模式,为三峡库区城镇规划提供参考[2-6]。

2 公式

2.1 城镇用地扩展强度

城镇用地扩展强度是反映城镇用地扩展强弱和快慢的指标,其实质是各空间单元的土地面积对其年平均扩展速度进行标准化处理,使不同时期城市土地利用扩展的速度具有可比性[2]。

$$I = [(U_b - U_a)/n] \times 100/A_i \tag{1}$$

式中:I 为城镇扩展强度指数;U_a 为研究期初的城镇用地面积;U_b 为研究期末的城镇用地面积;n 为研究时段;A_i 为城镇土地总面积。经过式(1)计算,研究区内各单元在各研究期内城镇用地扩展强度指数见表1。

表1 城镇用地扩展强度指数

城 镇	1975—1987 年	1987—1995 年	1995—2000 年	2000—2005 年
重庆市区	0.062 3	0.062 5	0.047 9	0.284 3
渝北区	0.024 8	0.022 8	0.060 0	0.408 4
巴南区	0.000 8	0.011 0	0.002 9	0.062 1
涪陵区	0.004 8	0	0.010 7	0.005 5
长寿区	0.000 8	0.001 0	0.011 2	0
江津市	0	0.000 1	0	0.002 7

2.2 城镇用地扩展极核

由增长极理论与点轴理论可知,区域经济的发展是以大中城市为增长点,沿区域内经济发达、集聚效益明显的交通线、动力线等线状基础设施形成点轴体系,并通过"点 – 轴"扩散机制的不均衡推进来实现区域经济以大城市为中心由近及远的圈层式渐进开发格局[7]。区域城镇用地生长极核是指某一研究时段内城镇用地面积增长较快的区域[5]。

$$
\begin{cases}
\text{若 } A_a \geq \dfrac{1}{5}\sum_{i=1}^{m} E_i \text{ 成立,} & \text{则为一级城镇用地生长极核} \\
\text{若 } \dfrac{1}{5}\sum_{i=1}^{m} E_i > A_a \geq \dfrac{1}{15}\sum_{i=1}^{m} E_i \text{ 成立,} & \text{则为二级城镇用地生长极核}
\end{cases}
\tag{2}
$$

式中:A_a 为 a 城镇在研究时段内城镇面积增长量;E_i 为 i 城镇面积增长量;m 为研究区域内城镇总数。根据城镇土地生长模型,对不同时期城镇用地矢量图进行叠加分析,并通过式(2)的判定,得到研究区内的城镇土地生长极核分布(表2)。

表2　城镇土地生长极核分布

城　镇	1975—1987 年	1987—1995 年	1995—2000 年	2000—2005 年
重庆市区	一级	一级	一级	一级
渝北区	一级	一级	一级	一级
巴南区		一级		二级
涪陵区	二级		二级	
长寿区			二级	
江津市				

2.3　城镇用地扩展类型界定

城镇用地扩展类型由城镇用地综合扩展系数来确定。城镇用地综合扩展系数(B_0)是指各研究单元空间扩展综合强度,由增长率(B_1)、内部结构系数(B_2)、空间结构系数(B_3)来决算。增长率(B_1)反映的是各研究单元城镇用地扩展的绝对增长率,它能直观反映城镇用地的变化速度;内部结构系数(B_2)表示各研究单元城镇用地在研究区的比例变化,反映结构变化对研究单元空间扩展的影响;空间结构系数(B_3)表示各研究单元城镇用地的变化相对于整个区域城镇用地的变化的比例[8]。

$$
B_1 = (t \times \sqrt{U_b/U_a} - 1) \times 100 \tag{3}
$$

$$
B_2 = (P_t - P_0) \tag{4}
$$

$$
B_3 = (U_b - U_a)/(K_t - K_0) \tag{5}
$$

$$
B_0 = B_1 \times B_2 \times B_3 \tag{6}
$$

式中:U_a、U_b 为研究期初、期末城镇用地面积;P_0、P_t 为研究期初、期末城镇用地占各研究单元所有土地类型的比例;K_0、K_t 为所有研究单元期初、期末城镇用地面积的总和;t 为研究期。通过式(3)至式(6)的计算,三峡库区上游区 1975—2005 年间城镇用地综合扩展系数见表3。

表3 城镇用地综合扩展系数

城　镇	增长率	内部结构系数	空间结构系数	综合扩展系数
重庆市区	3334.41	0.0297	0.276	27.324
渝北区	5659.59	0.0285	0.558	89.963
巴南区	7292.60	0.0042	0.110	3.402
涪陵区	3929.46	0.0014	0.041	0.228
长寿区	3348.16	0.0007	0.011	0.026
江津市	3107.13	0.0001	0.005	0.002

2.4 城镇用地紧凑度

城市用地的扩展分为填充式与外延式。衡量一个城镇的发展水平,不仅要看其人口和面积,还要看其聚集程度[9],填充式扩展就是聚集的表现。由于城市内部空隙逐渐被填充,城市边缘的凹凸性将变小,这样城市的外围轮廓形态应该趋于紧凑,而如果城市用地扩展属于外延类型,常会导致城市形态趋于非紧凑性[6]。

$$D = 2\sqrt{\pi U/C} \tag{7}$$

式中:D 为城镇紧凑度;U 为城镇用地面积;C 为城镇用地轮廓周长,D 值在 0~1 之间。紧凑性值越大,其形状越具有紧凑性;反之形状的紧凑性越差。利用式(7)计算了 1975 年与 2005 年城镇用地的紧凑度(表4)。

表4 城镇用地紧凑度

城镇	重庆市区	渝北区	巴南区	涪陵区	长寿区	江津市
1975 年	0.075	0.099	0.175	0.166	0.292	0.248
2005 年	0.080	0.104	0.182	0.203	0.320	0.211
紧凑趋向	紧凑	紧凑	紧凑	紧凑	紧凑	非紧凑

2.5 城镇用地分形维数

前面分析了城镇用地扩展形式,但是没有反映城镇用地扩展的影响效果。而城镇用地分形维数是用来表示城市形态、分析不同时期城市的空间复杂度和稳定性的模型[10]。

$$\ln U = \frac{2}{E}\ln C + K \tag{8}$$

式中:U 为某一分研究区的城镇用地面积;E 为分形维数;C 为城镇用地轮廓的周长;K 为截距。计算各研究期整个研究区城镇用地的周长和面积的自然对数,建立了一元线性回归模型(图1),其线性回归的相关系数 R^2 为 0.8484,表明整个研究区城镇用地扩展形态具有分形特征。

3 意义

城镇的用地模型表明,耕地占用较多的是重庆市区、渝北区;受重庆市区和渝北区生长

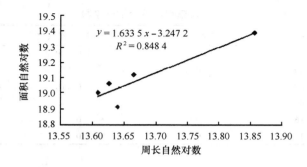

图 1　周长与面积的对数关系

极核的影响,邻近区县的扩展强度比较大;总的来看其扩展平稳有序,属紧凑填充式;缓冲区分析对城镇扩展的轨迹研究是有效的,在研究区的第二缓冲带内的城镇扩展的强度是较大的。研究有利于控制未来城镇化对耕地的占用,并能把握城市化进程所处的阶段及预测城市的未来发展趋势。

参考文献

［1］　曹银贵,袁春,周伟,等．三峡库区耕地城镇化及城镇扩展测度．农业工程学报,2009,25(6):254 - 260.

［2］　董雯,张小雷,王斌．乌鲁木齐城市用地扩展及其空间分异特征．中国科学 D 辑——地球科学,2006,36(增刊Ⅱ):148 - 156.

［3］　严志强,黄秋燕．基于 GIS 的喀斯特山区城镇建设用地空间扩展特征分析——以广西大化瑶族自治县为例．城市发展研究,2006,(6):65 - 69.

［4］　马荣华,顾朝林,蒲英霞,等．苏南沿江城镇扩展的空间模式及其测度．地理学报,2007,62(10):1011 - 1022.

［5］　李加林,许继琴,李伟芳,等．长江三角洲地区城市用地增长的时空特征分析．地理学报,2007,62(4):437 - 447.

［6］　刘纪远,王新生,庄大方,等．凸壳原理用于城市用地空间扩展类型识别．地理学报,2003,58(6):885 - 892.

［7］　陆大道．论区域的最佳结构与最佳发展:提出"点 - 轴系统"和"T"型结构以来的回顾与再分析．地理学报,2001,56(2):127 - 135.

［8］　曹小曙,田文祝,郭庆铭．穗港城市走廊城镇用地扩展类型分析．经济地理,2006,26(1):111 - 113.

［9］　于波,张永辉,林艳．城市空间的立体开发与利用．辽宁工程技术大学学报,2004,23(3):349 - 350.

［10］　朱莉芬,黄季焜．城镇化对耕地的影响研究．经济研究,2007(2):137 - 145.

鲜带鱼的货架期预测模型

1 背景

为了研究鲜带鱼在冷链流通中的品质变化与货架期,佟懿等[1]通过不同温度下的贮藏试验研究了鲜带鱼的货架期预测模型。在 Arrhenius 动力学方程基础之上,建立了菌落总数、总挥发性盐基氮和鲜度指标(K 值)与贮藏时间及贮藏温度之间的动力学模型。

2 公式

首先对不同贮藏温度下带鱼的感官质量进行评定,评定标准见表1。若综合评分在5分以下,则表明带鱼的剩余货架期为零。

表1 带鱼感官评定

描述	好(10分)	较好(8分)	一般(6分)	较差(4分)	差(2分)
色泽	色泽正常,肌肉切面富有光泽	色泽正常,肌肉切面有光泽	色泽稍暗淡,肌肉切面稍有光泽	色泽较暗淡,肌肉切面无光泽	色泽暗淡,肌肉切面无光泽
气味	固有香味浓郁	固有香味较浓郁	固有香味清淡,略带异味	固有香味消失,有腥臭味或氮臭味	有强烈腥臭味或氮味
组织形态	肌肉组织致密完整,纹理很清晰	肌肉组织紧密,纹理较清晰	肌肉组织不紧密,但不松散	肌肉组织不紧密,局部松散	肌肉组织不紧密,松散
组织弹性	坚实富有弹性,手指压后,凹陷;立即消失	坚实有弹性,手指压后凹陷较快消失	较有弹性,手指压后凹陷消失较慢	稍有弹性,手指压后凹陷消失很慢	无弹性,手指压后凹陷不消失

2.1 鲜度指标(K 值)

鲜度指标(K)值计算[2]:

$$K(\%) = \frac{HxR + Hx}{ATP + ADP + AMP + IMP + HxR + Hx} \times 100 \tag{1}$$

式中:ATP,ADP,AMP,IMP,HxR,Hx——腺苷三磷酸、腺苷二磷酸、腺苷酸、肌苷酸、肌苷(次黄嘌呤核苷）和次黄嘌呤的浓度，μmol/g。（ATP,ADP,AMP,IMP,HxR,Hx 标准品均由 sigma 公司生产，为分析纯试剂）。

2.2 带鱼货架期预测模型

2.2.1 一级动力学模型

化学反应动力学模型已经得到了广泛的应用。在食品加工和保存过程中，大多数与食品有关的品质变化都遵循零级或一级反应模式，其中一级反应动力学模型应用广泛[3]。

$$B = B_0 e^{k_B t} \tag{2}$$

式中：t 为食品的贮藏时间，d；B_0 为食品的初始品质指标值；B 为食品贮藏第 t 天时的品质指标值；kB 为食品品质变化速率常数。

2.2.2 Arrhenius 方程

在绝对温度 268、273、278、283、293 K 贮藏条件下可分别得到带鱼的鲜度指标（K）值、$T-VBN$ 值、微生物菌落总数值。利用得到的数据作图，确定反应级数，计算反应常数，得到该反应的 Arrhenius 方程[4]。

$$k_B = k_0 \exp\left(-\frac{E_A}{RT}\right) \tag{3}$$

式中：k_0 为指前因子（又称频率因子）；E_A 为活化能，J/mol；T 为绝对温度，K；R 为气体常数，8.314 4 J/（mol·K）；k_0 和 E_A 都是与反应系统物质本性有关的经验常数。

对式（3）取对数：

$$\ln k_B = \ln k_0 - \frac{E_A}{RT} \tag{4}$$

在求得不同温度下的速率常数后，用 lnkB 对热力学温度的倒数（$1/T$）作图可得到一条斜率为 $-E_A/R$ 的直线。Arrhenius 关系式的主要价值在于：可以在高温（$1/T$）下借助货架期加速试验获得数据，然后用外推法求得在较低温度下的货架寿命。

2.2.3 带鱼货架期预测模型的建立

带鱼在不同贮藏温度条件下不同鲜度指标的货架期（Shelf-life，SL，d），可根据不同品质的动力学模型参数即可获得。

$$SL = \frac{\ln(B/B_0)}{k_0 \cdot \exp(-E_A/RT)} \tag{5}$$

式（5）是在式（2）的基础上推导出来，以计算不同品质的货架期。

2.3 带鱼品质动力学模型

一级化学反应动力学模型可以描述鲜带鱼在贮藏过程中品质的变化[5]，而反应速率常数 k_B 是温度的函数，因此运用 Arrhenius 方程可以预测带鱼在不同贮藏条件下的货架寿命[6]。回归得到的反映带鱼贮藏过程中新鲜度变化的指标（菌落总数、$T-VBN$ 值、K 值）的一级反应动力学模型中的反应速率常数 k_B。

由式(3)得到贮藏于不同温度条件下带鱼的菌落总数、$T-VBN$ 及 K 值变化的活化能（EA）分别为：71.26 kJ/mol，68.86 kJ/mol，41.26 kJ/mol。由此根据式(5)得到带鱼的菌落总数，$T-VBN$ 及 K 值的货架期预测模型。

菌落总数货架期预测模型：

$$SL_{(TVC)} = \frac{\ln(B_{TVC}/B_{TVC0})}{3.987 \times 10^{13} \cdot \exp\left(-\dfrac{71.26 \times 10^3}{RT}\right)}$$

总挥发性盐基氮货架期预测模型：

$$SL_{(T-VBN)} = \frac{\ln(B_{T-VBN}B_{T-VBN0})}{2.159 \times 10^{12} \cdot \exp\left(-\dfrac{68.86 \times 10^3}{RT}\right)}$$

K 值货架期预测模型：

$$SL_{(K-value)} = \frac{\ln(B_K/B_{K0})}{2.539 \times 10^7 \cdot \exp\left(-\dfrac{41.26 \times 10^3}{RT}\right)}$$

式中：B_{TVC}，B_{T-VBN}，B_K 为贮藏一定时间后，带鱼的菌落总数，总挥发性盐基氮，K 值的测定值；B_{TVC0}，B_{T-VBN0}，B_{K0} 为带鱼的菌落总数，总挥发性盐基氮，K 值的初始测定值。

根据一级化学反应动力学模型和 Arrhenius 方程对总菌落数、总挥发性盐基氮（$T-VBN$）（图1）及鲜度指标（K 值）（图2）的变化具有较高的拟合精度。

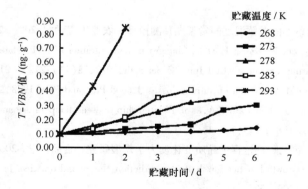

图1　不同贮藏温度下带鱼的 $T-VBN$ 含量变化

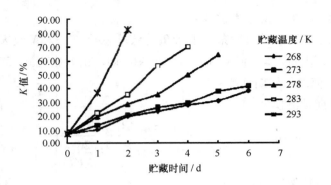

图 2　不同贮藏温度下带鱼鲜度指标 K 值变化

3　意义

一级化学反应动力学模型和 Arrhenius 方程对总菌落数、总挥发性盐基氮($T - VBN$)及鲜度指标(K值)的变化具有较高的拟合精度。鲜带鱼的总菌落数、总挥发性盐基氮($T - VBN$)、鲜度指标(K值)随着贮藏时间的延长而增加,且随着贮藏温度的升高而增加迅速,其感官品质指标随着贮藏时间的延长而下降,且随着贮藏温度的升高而下降迅速。

参考文献

[1] 佟懿,谢晶. 鲜带鱼不同贮藏温度的货架期预测模型. 农业工程学报,2009, 25(6):301 − 305.

[2] Yokoyama Y,Sakaguchi M,Kawai F,et al. Changes in concentration of ATP-related compounds in various tissues of oyster during ice storage. Bull Jpn Soc Sci Fish,1992,58(11):2125 − 2136.

[3] Labuza T P,Shapero M. Prediction of nutrient losses. J Food Proc and Pres,1978,2(2):91 − 99.

[4] Ratkowsky D A,Olley J,McMeekin T A,et al. Relationship between temperature and growth rate of bacterial cultures. J Bacteriol, 1982, 149(1): 1 − 5.

[5] 赵思明,李红霞. 鱼丸贮藏过程中品质变化动力学模型研究. 食品科学, 2002, 23(8): 80 − 82.

[6] Labuza T P, Fu B. Growth kinetics for shelf-life prediction:theory and practice. Journal of Industrial Microbiology, 1993(12): 309 − 323.

组培苗的二氧化碳控制公式

1 背景

为了实现开放空间组培苗无糖培养,马明建等[1]建立了一种集成环境控制装置的无糖培养系统。以二氧化碳气体为碳源,用珍珠岩做支撑基质和定时人工光照、定时供应营养液培养组培苗;培养箱中二氧化碳浓度采用模糊—积分方法控制。

2 公式

为了提高二氧化碳浓度值的控制精度,培养箱采用模糊—积分控制器进行控制[2],二氧化碳浓度值模糊—积分控制器结构如图1所示。控制器以培养箱内的二氧化碳检测值与设定值的偏差及偏差变化率为输入变量,输出量为二氧化碳电磁阀的控制开关量。

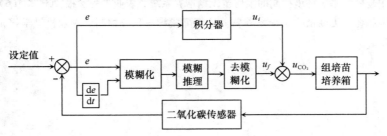

注:e 为检测值与设定值的偏差;$\mathrm{d}e/\mathrm{d}t$ 为偏差变化率;u_i 为积分控制器输出量;u_f
为模糊控制器输出量;u_{CO_2} 为模糊积分控制器输出量

图1 二氧化碳浓度值模糊—积分控制器结构

在图1中,二氧化碳模糊控制器为二维模糊 PD 控制器,其与一个积分控制器并联,积分控制器的输出为

$$u_i = K_i[e(t-2) + e(t-1) + e(t)] \qquad (1)$$

式中:u_i 为积分控制器输出量,$\mu mol/mol$;K_i 为积分常数;$e(t-2) + e(t-1) + e(t)$ 为递推误差和,其中 e 为二氧化碳检测值与设定值的偏差,t 为采样时刻。二氧化碳模糊控制器的输出为

$$u_f = \frac{\sum\limits_{k=1}^{m} \alpha_k u_k}{\sum\limits_{k=1}^{m} \alpha_k} \qquad\qquad (2)$$

式中:k 为下标偏号,$k=1,2,3,\cdots m$;m 为编号上限;u_f 为模糊控制器输出数字量;α_k 为第 k 条模糊规则的匹配度,u_k 为第 k 条模糊规则的输出。二氧化碳模糊—积分控制器的输出为

$$u_{CO_2} = u_f + u_i \qquad\qquad (3)$$

式中:u_{CO_2} 为二氧化碳模糊—积分控制器输出量,$\mu mol/mol$。

3 意义

对开放空间组培苗进行无糖培养,以二氧化碳气体为碳源,建立[1]了一种集成环境控制装置的无糖培养系统二氧化碳。根据组培苗的二氧化碳控制公式,表明浓度控制无超调量,上升时间为 30 min,稳态误差为 43 $\mu mol/mol$,该系统培养的菊花组培苗优于试管培养。

参考文献

[1] 马明建,宋越冬. 基于环境控制的组培苗无糖培养系统. 农业工程学报,2009,25(6):192 – 197.
[2] 马明建,宋越冬. 无糖植物组织培养营养液调配模糊—积分控制. 农业机械学报,2007,38(11):192 – 195.

遥控机滚船的控制系统公式

1 背景

为降低劳动强度,实现水田耕作无人驾驶。遥控机滚船在控制过程中,方向盘的控制决定了作业过程的可靠性,方向盘转动超过或者小于预期角度,将使机滚船无法按预定路径耕作。蒋蘋等[1]以南方使用较广的机滚船为研究对象,在不改变现有结构的基础上,设计了一种遥控驾驶系统。对遥控机滚船控制系统进行了控制算法研究。

2 公式

设计一种遥控驾驶系统,该转向系统采用气缸作为助力机构,利用直流电机配合模糊控制算法精确控制转向角度,从而达到很好的转向控制效果。

方向盘在控制过程中动作较频繁,所以采用三因子调整方式进行控制。其控制规则表达式如下:

$$u = \begin{cases} \alpha_1 x + (1 - \alpha_1)y & x = 0, \pm 1 \\ \alpha_2 x + (1 - \alpha_2)y & x = \pm 2 \\ \alpha_3 x + (1 - \alpha_3)y & x = \pm 3 \end{cases} \tag{1}$$

式中:α 为修正因子,在方向盘模糊控制策略内 $\alpha_1 = 0.1$,$\alpha_2 = 0.5$,$\alpha_3 = 0.8$;x 为角度偏差模糊量;y 为角度偏差变化率模糊量;u 为模糊控制量。

角度偏差变化率 Y 通过式(2)取得。

$$Y = (X_{t+1} - X_t)/\Delta t \tag{2}$$

式中:X 为传感器测量的角度偏差;Δt 取值为 0.1 s。方向盘在目标转向角度偏差 $\pm 3°$ 范围外时得到最大的控制输出电压,在 $\pm 3°$ 内时,对角度模糊化处理,可以得到角度偏差模糊量 x 查询表(表1)和角度偏差变化率模糊量 y 查询表(表2)。

表1 模糊量 x 查询表

X	$(-3, -2)$	$[-2, -1)$	$[-1, -0.5)$	$[-0.5, 0.5)$	$[0.5, 1)$	$[1, 2)$	$[2, 3)$
x	-3	-2	-1	0	1	2	3

表 2 模糊量 y 查询表

Y	$(-3,-2)$	$[-2,-1)$	$[-1,-0.5)$	$[-0.5,0.5)$	$[0.5,1)$	$[1,2)$	$[2,3)$
y	-3	-2	-1	0	1	2	3

根据上述控制规则,可以得到表 3 的模糊输出表。

表 3 模糊控制量 u 查询表

x	y						
	-3	-2	-1	0	1	2	3
-3	-3	-2.8	-2.6	-2.4	-2.2	-2	-1.8
-2	-2.5	-2	-1.5	-1	-0.5	0	0.5
-1	-2.6	-1.8	-1	-0.2	0.6	1.4	2
0	-2.4	-1.6	-0.8	0	0.8	1.6	2.4
1	-2.2	-1.4	-0.6	0.2	1	1.8	2.6
2	-0.5	0	0.5	1.5	2	2.5	3
3	1.8	2	2.2	2.4	2.6	2.8	3

通过量化因子 K 对 u 进行处理从而得到 V_o。

$$K = V_{max}/u_{max} \tag{3}$$

$$V_o = K \times u \tag{4}$$

式中:V_{max} 为输出的最大电压;u_{max} 为模糊控制表中最大控制量;V_o 为控制系统输出电压。

3 意义

设计了一种遥控驾驶系统[1],对遥控机滚船控制系统进行了控制算法研究。通过遥控机滚船的控制系统公式,计算得到该控制系统遥控距离大于 70 m,转向半径小于 2.3 m,直线行驶横向偏差小于 25 cm,工作可靠,环境适应性强。该系统制造成本低,能为大多数农机户所接受,具有很好的应用前景。

参考文献

[1] 蒋巅,胡文武,罗亚辉,等. 机滚船遥控驾驶系统设计. 农业工程学报,2009,25(6):120 – 124.

土壤肥力的评价公式

1 背景

在 GIS 技术的基础上绘制土壤肥力空间分布图,以期为土壤肥力综合评价提供新的方法和途径。王子龙等[1]运用基于熵权的属性识别模型,对三江平原试验区 100 个土壤样品的全氮、有机质、pH 值等 7 项土壤物理和化学指标进行综合评价。根据土壤样本评价指标,来了解土壤的肥力,定量地测定在土壤中的状态值。利用各土壤样本的属性测度,就可以计算土壤肥力的综合分值及划分等级。

2 公式

2.1 各土壤样本评价指标属性测度值

土壤样本评价指标属性测度值是其在土壤中的状态值,根据属性识别模型的理论和方法,首先构造分类标准矩阵,设 F 为研究对象空间 X 上某类属性空间,$(C_1, C_2, \cdots, C_K)$ 为属性空间 F 的有序分割类(即等级),且满足 $C_1 > C_2 > \cdots > C_K$,K 为划分的等级数($K = 5$),利用表 1 中的土壤肥力评价标准构造分类标准矩阵如下:

	C_1	C_2	C_3	C_4	C_5
全氮	0.2	0.15	0.1	0.075	0.05
全磷	0.2	0.15	0.1	0.07	0.04
有机质	4	3	2	1	0.6
碱解氮	150	120	90	60	30
速效磷	40	20	10	4	3
速效钾	200	150	100	50	30
pH 值	6	5.5	5	4.5	4

计算每个土壤样本各评价指标的属性测度,在 X 上取 n 个样本 $x_1, x_2, \cdots, x_n$,对每个样本要测量 m 个指标 $I_1, I_2, \cdots, I_m$,第 i 个样本 x_i 的第 j 个指标 I_j 的测量值为 x_{ij},因此,第 i 个样本 x_i 可以表示为一个向量 $x_i = (x_{i1}, \cdots, x_{im})$,$1 \leqslant i \leqslant n$,其中 $n = 100$,$m = 7$,则计算第 i 个样本第 j 个指标值 xi_j 具有属性 C_k 的属性测度 $\mu_{ijk} = \mu(x_{ij} \in C_k)$ 的公式为:

当 $x_{ij} \geq a_{j1}$ 时,取 $\mu_{ij1} = 1, \mu_{ij2} = \cdots = \mu_{ijK} = 0$。

当 $x_{ij} \leq a_{jK}$ 时,取 $\mu_{ijK} = 1, \mu_{ij1} = \cdots = \mu_{ijK-1} = 0$。

当 $a_{jl} \geq x_{ij} \geq a_{jl+1}$ 时,取 $\mu_{ijl} = \dfrac{|x_{ij} - a_{jl+1}|}{|a_{jl} - a_{jl+1}|}$,

$\mu_{ijl+1} = \dfrac{|x_{ij} - a_{jl}|}{|a_{jl} - a_{jl+1}|}, \mu_{ijk} = 0, k < l$ 或 $k > l+1$,

其中 $a_{jl}(l = 1,2,3,4,5)$ 为第 j 个评价指标第 l 级的评价标准,即分类标准矩阵第 j 行第 l 列的元素;k 为属性 C_k 的序数。将土壤肥力评价指标实测值代入以上公式,得到土壤样本各评价指标的属性测度值。

2.2 土壤肥力评价指标权重值

评价指标权重是指各指标对土壤肥力的影响程度或贡献率,表示各指标在土壤肥力中的作用和地位的不同。可用信息熵评价所获系统信息的有序度及其效用[2]。在信息论中,熵值反映了信息的无序化程度,可以用来度量信息量的大小。实验采用熵值法确定权重,即熵权,它是在客观条件下由评价指标值构成的判断矩阵来计算指标信息的效用值。其计算步骤如下:

(1)构建 n 个样本 m 个评价指标的判断矩阵 $R = (x_{ij})_{nm}(i = 1,2,\cdots,n; j = 1,2,\cdots,m)$

(2)将判断矩阵归一化处理,得到归一化判断矩阵 B:

$$b_{ij} = \frac{x_{ij} - x_{\min}}{x_{\max} - x_{\min}} \tag{1}$$

式中:b_{ij} 为矩阵 B 第 i 行第 j 列的元素;$x_{\max}$、$x_{\min}$ 为同一指标下不同样本中的最大值和最小值。

(3)根据熵的定义,n 个样本 m 个评价指标,可以确定评价指标的熵为:

$$H_j = -\frac{1}{\ln n}\left(\sum_{i=1}^{n} f_{ij}\ln f_{ij}\right) \qquad i = 1,2,\cdots,n; j = 1,2,\cdots,m \tag{2}$$

式中:$f_{ij} = \dfrac{b_{ij}}{\sum\limits_{i=1}^{n} b_{ij}}$。为使 $\ln f_{ij}$ 有意义,一般需要假定 $f_{ij} = 0$ 时,$f_{ij}\ln f_{ij} = 0$。但当 $f_{ij} = 1$ 时,$f_{ij}\ln f_{ij}$ 也等于零,显然与实际不符,与熵的含义相悖,故需对 f_{ij} 加以修正,将其定义为:

$$f_{ij} = \frac{1 + b_{ij}}{\sum\limits_{i=1}^{n}(1 + b_{ij})} \tag{3}$$

(4)计算评价指标的熵权 W:

$$\omega_j = \frac{1 - H_j}{m - \sum\limits_{j=1}^{m} H_j}, \quad W = (\omega_j)_{1\times m}, \quad \sum_{j=1}^{m} \omega_j = 1 \tag{4}$$

式中:ω_j 为第 j 个评价指标的权重。

2.3 土壤肥力综合分值及等级划分

在计算出第 i 个土壤样本各评价指标的属性测度值 μ_{ijk} 和第 j 个评价指标的权重 ω_j 后,可计算第 i 个样本 x_i 的属性测度 $\mu_{ik} = \mu(x_i \in C_k)$,计算公式如下,结果见表1。

$$\mu_{ik} = \mu(x_i \in C_k) = \sum_{j=1}^{m} \omega_j \mu_{ijk}, \quad 1 \leqslant i \leqslant n, \quad 1 \leqslant k \leqslant K \tag{5}$$

表1 各样本属性测度值的描述性统计

肥力等级	肥沃 C_1	较肥沃 C_2	中等 C_3	贫瘠 C_4	极贫瘠 C_5
均值	0.61	0.15	0.12	0.10	0.02
标准差	0.13	0.10	0.07	0.06	0.03
变异系数	0.22	0.67	0.63	0.62	1.87

利用各土壤样本的属性测度,就可以计算土壤肥力的综合分值及划分等级。

按照评分准则,计算土壤肥力综合分值:

$$q_{x_l} = \sum_{l=1}^{K} n_l \mu_{x_i}(C_l) \tag{6}$$

根据土壤肥力综合分值 q_{x_i} 的大小对 x_i 进行比较和排序,其中 n_l 为属性集 C_l 的分数,$n_l = K + 1 - l$,1 为等级。

按照置信度准则,对置信度 λ,计算

$$k_i = \min\left\{ k : \sum_{l=1}^{k} \mu_{x_i}(C_l) \geqslant \lambda, 1 \leqslant k \leqslant K \right\} \tag{7}$$

则认为 x_i 属于 C_{k_i} 类,本文置信度 λ 取 0.65,结果见表2。

表2 土壤肥力等级划分

肥力等级	肥沃 C_1	较肥沃 C_2	中等 C_3	贫瘠 C_4	极贫瘠 C_5
样本个数	27	69	4	0	0

3 意义

利用土壤肥力的评价公式,对土壤物理和化学指标进行综合评价。结果表明:试验区土壤肥力普遍较高;评价方法能综合影响肥力的各评价因子,降低评价过程中的人为干扰,计算量小适于推广;评价结果更加直观形象且实用,能够为改良土壤、调节农业产业结构提供直接的科学依据。

参考文献

[1]　王子龙,付强,姜秋香.基于 GIS 与属性识别模型的土壤肥力综合评价.农业工程学报,2009,25 (6):76–80.

[2]　王彬.熵与信息.西安:西北工业大学出版社,1994.

花生收获机的工作效率公式

1　背景

　　花生在中国的种植面积广,产量高。对中国花生的种植特点,借鉴已有的设计经验,尚书旗等[1]研制成功了一种适于中国花生主产区收获作业的4HQL‒2型全喂入花生联合收获机,其主要部件包括了扶禾与拨禾装置、夹持输送装置、拍土装置。对这些主要部件工作原理进行了公式化计算。

2　公式

2.1　扶禾与拨禾装置

　　扶禾与拨禾装置是由扶禾器和拨禾链组成,布置在夹持装置前端,由夹持前端的张紧轮驱动拨禾链。

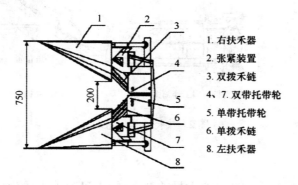

1. 右扶禾器
2. 张紧装置
3. 双拨禾链
4、7. 双带托带轮
5. 单带托带轮
6. 单拨禾链
8. 左扶禾器

图1　扶禾拨禾装置结构

　　扶禾器左、右前端距离750 mm,喂入端距离200 mm。扶禾与拨禾装置如图1所示,左、右对称配置,拨禾链与夹持输送带同向转动。为了避免花生在喂入口堵塞,拨禾链的线速度V_b应满足:

$$V_b \geq V_s > \frac{V_j}{\cos \frac{\theta}{2} \cos\alpha} \tag{1}$$

式中：V_b 为拨禾链线速度；V_s 为输送带线速度；V_j 为机组作业前进速度；α 为夹持机构倾角；θ 为夹持口张角。

2.2 夹持输送装置

夹持输送装置的作用是保证在花生主根被挖掘铲铲断的同时将花生拔起，并迅速将其输送到摘果清选系统。本机采用了一种三带式夹持输送机构（普通的"V"形三角带，更换维修方便）。该夹持机构的三带布置如图 2a 所示，在双带 2、5 之间设有单带 3，单带 3 上有弹簧张紧装置 4 托带轮调节张紧力。

田间作业时，该夹持机构与地面倾斜一定角度，为了使挖拔和夹持可靠，其倾角 α 可由式(2)确定，参数关系见图 2b。

$$\alpha = \arcsin \frac{2H\lambda\tan\dfrac{\theta}{2}}{L} \tag{2}$$

式中：α 为夹持机构倾角；H 为地面上花生植株高度；λ 为夹持相对位置，$\lambda = K/H$；θ 为夹持口张角；L 为张紧装置最大张开长度。

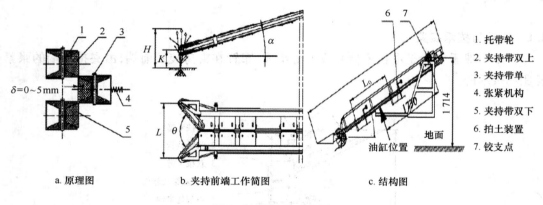

a. 原理图　　　　b. 夹持前端工作简图　　　　c. 结构图

图2　夹持机构示意图

2.3 拍土装置

花生植株被挖掘后根系往往带有大量的泥土，能否迅速去土成为后续摘果作业正常运行的前提。为避免漏拍现象，在夹持段设置两个拍土装置，相距 $L_0 = 1\,200$ mm，由式(3)确定：

$$L_0 = nTv - \mu B \tag{3}$$

式中：L_0 为两拍土机构相距距离，见图 2c；n 为整数 1，2，3…；T 为拍土周期；v 为夹持输送速度；μ 为重复拍土率；B 为有效拍土长度。

3 意义

花生联合收获机包括了扶禾与拨禾装置、夹持输送装置、拍土装置,根据尚书旗等[1]设计的花生联合收获机在田间实验表明,可一次完成花生的挖掘、去土、夹持输送、摘果清选、集果等作业。利用花生收获机的工作效率公式,计算得到还摘果率为99.6%,总损失率3.3%,破损率2.0%,含杂率2.2%,达到了设计和相关标准要求,并已通过农业部鉴定。

参考文献

[1] 尚书旗,李国莹,杨然兵,等.4HQL - 2型全喂入花生联合收获机的研制.农业工程学报,2009,25(6):125 - 130.

排种器的砂带层厚度计算

1 背景

排种器试验台(图1)是检测排种器性能的关键测试设备。针对现有黄油皮带法工作原理存在的不足,向阳等[1]研究采用铺砂原理研制了一套由排砂、排种、输送以及控制等工作部分组成的排种器试验台。并对砂带层厚度进行了精确地分析计算。

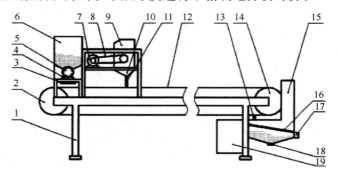

1. 机架;2. 从动滚筒;3. 排砂挡板;4. 排砂器电机;5. 排砂轮;6. 砂箱;7. 排种器电机;8. 同步皮带;9. 排种器;10. 接种杯;11. 排种管;12. 输送带;13. 清扫刷;14. 驱动滚筒;15. 集砂箱;16. 振动筛网;17. 集种杯;18. 出砂挡板;19. 电气控制箱

图1 试验台结构简图

2 公式

砂带层需要保证一定厚度,一方面产生足够的缓冲作用,防止种子弹跳;另一方面保证砂带层形成均匀的底色,便于观测排种情况,实际使用中可根据种子的质量、形状等特点,通过调试确定。

影响砂层厚度的主要因素为排砂器单位时间排砂量 Q 及输送带速度 V,其相互关系为:

$$\sigma = \frac{1\ 000Q}{VL\rho} \tag{1}$$

式中:σ 为砂层厚度,mm;Q 为单位时间排砂量,g/s;V 为输送带速度,m/s;L 为砂层宽度,

mm;ρ 为砂子密度,kg/m³。在使用过程中,为保证在不同输送带速度下保持一定厚度的砂层,必须分析排砂量 Q 的影响因素并确定控制函数。

影响排砂量 Q 的主要因素有出砂口开口大小 $d \times L$、排砂器转速 ω、砂斗内砂料的高度 H[2]。其中出砂口开口大小为常量,故不进行讨论。

通过试验方法拟合的 ω 和 Q 的关系曲线接近于线性关系,建立一阶线性回归方程得:

$$Q = 9.933\,0 + 0.803\,4\omega (相关指数\ R^2 = 0.998\,1)$$

代入式(1)中得砂层厚度与排砂轮转速的关系式:

$$\sigma = \frac{9\,933 + 803.4\omega}{VL\rho} \tag{2}$$

3 意义

排种器试验台是由排砂、排种、输送以及控制等工作部分组成的,是检测排种器性能的关键测试设备。根据种子的质量、形状等特点,砂带层需要保证一定厚度,防止种子的弹跳,同时,便于观测排种情况。通过排种器的砂带层厚度计算,表明在保证砂斗中一定料位高度的前提下,形成的砂带层厚度与排砂器转速近似呈线性关系。

参考文献

[1] 向阳,谢方平,汤楚宙,等. 输送带铺砂型排种器试验台的研制. 农业工程学报,2009,25(6):136 – 140.

[2] 李春亮,朱星贤,余泳昌. 施肥机料斗结构参数对排肥质量的影响. 农业装备技术,2008,34(2):14 – 17.

土壤资源的质量评价公式

1 背景

在遥感和 GIS 技术支持下,可以准确获取土地利用的变化信息。根据杭州城市化的特征、研究目的以及所收集的数据(1984 年江干区 1/50000 土壤类型分布图;土壤改良利用分区图;土壤养分分布图和土壤普查的文本资料),以土壤资源的生产力和宜耕性为评价目的。邓劲松等[1]利用土壤资源质量指数(SQI)来评价和分析杭州市快速城市化过程中土壤资源质量损失状况。

2 公式

以杭州江干区的土壤类型(土种)为评价单元,选择了土壤全氮、速效磷、速效钾、有机质、pH 值和质地 6 个评价指标,采用常用的线性加权组合方法来评价土壤资源质量:

$$SQ = \sum_{i}^{n} W_i Q_i \tag{1}$$

$$\sum_{i}^{n} W_i = 100; 1 \leqslant Q_i \leqslant 4 \tag{2}$$

式中:SQ 为土壤资源质量指数;W_i 为第 i 个评价指标的权重;Q_i 为第 i 个评价指标取得的等级分值。指标等级分值和权重根据指标等级和权重对照表确定(表 1)。其中,指标等级按照土壤理化性状和土壤普查资料分成 4 级(Ⅰ ~ Ⅳ),依次赋值(4,3,2,1)得到各等级分值,即性状最优赋值越大;评价指标的权重则由参与土壤普查的专家进行打分得到。计算得到的土壤资源质量指数分值越高,表明该土地单元的生产潜力越大,宜耕性越好。

表1　土壤资源质量评价指标及权重

评价指标	分值				权重
	4	3	2	1	
质地	壤土	黏壤土/砂壤土	轻黏土/砂黏土	重黏土/砂土	25
全氮/%	>0.15	0.12 ~ 0.15	0.08 ~ 0.12	<0.08	15
速效磷/(mg·kg^{-1})	>40	30 ~ 40	15 ~ 30	<15	15

续表

评价指标	分值				权重
	4	3	2	1	
速效钾/(mg·kg⁻¹)	>100	80~100	50~80	<50	15
pH 值	6.5~7.5	5.5~6.5/7.5~7.8	<5.5	>7.8	10
有机质/%	>3.5	3.5~2.5	2.5~1.5	<1.5	20

3 意义

选择土壤的全氮、速效磷、速效钾、有机质、pH 值和质地作为 6 个评价指标,采用常用的线性加权组合方法,利用土壤资源的质量评价公式,表明 10 年间,杭州市快速城市化过程中土壤质量付出的代价是巨大的。土壤资源质量等级最高(I)的土壤资源的损失量占到了总量的 43%(表 2)。城市化过程中土壤资源有效利用与合理保护已成为亟待解决的问题。

参考文献

[1] 邓劲松,李君,张玲,等. 城市化过程中耕地土壤资源质量损失评价与分析. 农业工程学报,2009,25(6):261-265.

香蕉腐烂的测定公式

1 背景

为拓展茶树油的应用范围,开发新型天然保鲜剂,钟业俊等[1]试验由"Span80 + Tween80"乳化剂制备得到乳化茶树油,通过检测分析病情指数、可溶性固形物含量、硬度、呼吸强度等指标,探讨了自然条件下乳化茶树油在香蕉保鲜中的应用效果。

2 公式

2.1 香蕉病情指数分析

调查各处理果病级,计算镰刀菌引起香蕉腐烂的病情指数。果实病害共分为 5 级。0 级:无病;1 级:蕉梳切口表面初见菌丝体;2 级:果柄腐烂,长度小于柄长 1/2;3 级:果柄腐烂,长度为柄长 1/2 以上;4 级:果柄腐烂,果身发病[2]。

$$病情指数 = \sum \frac{各级病果树 \times 病级}{总调查果树 \times 最高病级数}$$

2.2 呼吸强度的测定(密闭法)

参照李鹏霞等的方法[3],将 2.5 ~ 3 kg 香蕉放进容积为 4 L 的塑料密封罐中,再将密封罐置于与贮藏温度相同的温度条件中(28 ± 2)℃,密闭 3 h 抽取密封罐中气体 1 mL,用气相色谱测定其浓度,计算香蕉的呼吸强度。计算公式如下:

$$R = \frac{(C_t - C_0)}{100} \times \frac{(V - V_v)}{W \cdot t} \times 1.977$$

式中:R 为二氧化碳释放速度,mg/(kg·h);C_0 为密闭前(空气中)二氧化碳浓度,%;C_t 为密闭后二氧化碳浓度,%;V 为密封罐内容积,mL;V_v 为香蕉的体积,mL;W 为香蕉的质量,kg;t 为密闭时间,h。根据该法测定对呼吸强度的影响(图1)。

3 意义

通过香蕉腐烂的测定公式,可以计算得到香蕉的病情指数和呼吸强度。结果表明:乳化茶树油可在不同程度上对香蕉起到保鲜作用,且浓度越大效果越好,但高于 1 000 mg/L

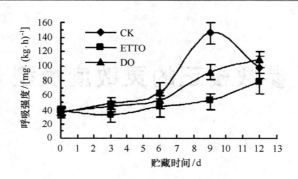

图1　ETTO 和"DO"对香蕉呼吸强度的影响

时随着浓度增大,保鲜效果增加不显著。1 000 mg/L 乳化茶树油可显著延长香蕉货架期,其抑制香蕉采后还原糖转化及可溶性固形物含量上升的效果稍逊于复合农药,延缓香蕉硬度下降的效果与复合农药相当,抑制香蕉呼吸的效果明显好于复合农药。

参考文献

[1] 钟业俊,刘伟,刘成梅,等.自然条件下乳化茶树油在香蕉保鲜中的应用.农业工程学报,2009,25(6):280－284.

[2] 段学武,蒋跃明,李月标,等.一氧化二氮处理提高香蕉保鲜效果.食品科学,2003,24(4):152－154.

[3] 李鹏霞,王贵禧,梁丽松,等.高氧处理对冬枣货架期呼吸强度及品质变化的影响.农业工程学报,2006,22(7):180－183.

参数校正的灵敏度模型

1 背景

生态模型是指对生态现象和生态过程进行模拟的计算机程序或数学方程,灵敏度分析也是模型参数校正过程中的一个非常有用的工具[1],其目的在于确定模型中哪些方面最容易在系统描述中引进不确定性,灵敏度分析具有很重要的生态学意义。通过灵敏度分析,可知模型对哪些参数的变化敏感,从而可以确定各影响因子对模型所模拟的生态过程的影响程度。徐崇刚等[2]详细论述了灵敏度分析的主要方法,希望能为国内生态模型的发展提供一个比较完善的灵敏度分析方法库。并结合灵敏度分析研究发展现状,指出目前生态模型灵敏度分析的模型。

2 公式

2.1 局部灵敏度分析模型

局部灵敏度分析也称一次变化法,其特点是只针对一个参数,对其他参数取其中心值,评价模型结果在该参数每次发生变化时的变化量。有两种变换法:第一种是因子变化法,;另一种方法是偏差变化法。通常会采用灵敏度系数作为衡量参数灵敏度的标准。最简单的灵敏度系数的形式是:

$$S_i = \frac{\mathrm{d}v}{\mathrm{d}p_i} \tag{1}$$

式中:S_i 为第 i 个参数的灵敏度;v 为所预测的模型的结果参数;p_i 为第 i 个参数。

2.2 定性全局灵敏度分析

此处主要介绍傅里叶幅度灵敏度检验法。傅里叶幅度灵敏度检验法(Fourier Amplitude Sensitivity Test)的核心是用一合适的搜索曲线在参数的多维空间内搜索,从而把多维的积分转化为一维的积分。

对于生态模型 $y = f(x_1, x_2, \cdots, x_k)$,其中,$k$ 是模型中的参数个数,FAST 定义单个参数的灵敏度为由该参数的微小变化所引起的在整个输入参数空间内的模型结果的平均变化:

$$\frac{\partial y}{\partial x_i} = \int_x \frac{\partial y(X)}{\partial x_i} P(X) \mathrm{d}(X) \tag{2}$$

其中 $P(X)$ 为 $X = (x_1, x_2, \cdots, x_k)$ 的联合分布概率。设:

$$x_i = g_i[\sin(w_i s)], i = 1,2,\cdots k \tag{3}$$

w_i 是一个人为设定的频率，s 是所有参数的独立参数，g_i 称为搜索函数。由式(3)，方程(2)可转化为：

$$\frac{\partial y}{\partial x_i} = \int_s \frac{\partial y(x_1(s),x_2(s),\cdots,x_k(s))}{\partial x_i(s)}P[x_1(s),x_2(s),\cdots x_k(s)]\mathrm{d}s \tag{4}$$

k 维积分转化为一维积分。为了保证当 s 变化时，由方程(3)获得的 x_i 与 x_i 的概率分布一致，必须满足如下方程组：

$$\pi \sqrt{1-u^2}f_i[g_i(u)]\frac{\mathrm{d}g_i(u)}{\mathrm{d}u} = 1, g_i(0) = 0 \tag{5}$$

如果 w_i 非线性相关，而函数 g_i 又满足条件(5)，那么式(4)和式(2)的结果相等。所谓非线性相关，需满足条件

$$\sum_{i=1}^{k} a_i w_i \neq 0 \tag{6}$$

其中，a_i 为整数。如果使用非线性相关的频率，那么方程(4)的积分计算需要 s 在无限的空间内取值，这在计算上是不可行的。如果采用整数的频率，那么方程(4)的积分计算只要求 s 在一个有限的区间($[-\pi,\pi]$)内取值。这样，模型就可以表达为：

$$f(s+2\pi) = f(s) \tag{7}$$

这是一个关于 s 的周期性函数，可展开为傅里叶级数

$$f(s) = \sum_{i=1}^{k} A_i \sin(w_i s) \tag{8}$$

其中，A_i 由如下方程获得

$$A_i = \frac{1}{\pi}\int_{\pi}^{-\pi} f(s)\sin(w_i s)\mathrm{d}s \tag{9}$$

用 A_i 表示第 i 个参数的灵敏度，对 s 在区间$[-\pi,\pi]$内等间隔取样，把取样获得的每一个参数输入模型，多次运行模型，由如下方程可近似获得 A_i。

$$A_i = \frac{\alpha}{N_s}\sum_{k=1}^{N_s} f(s_k)\sin(w_i s_k) \tag{10}$$

其中 N_s 为取样数。Cukier 等[3]建议：

$$N_s = 2Mw_{\max} + 1 \tag{11}$$

对于搜索函数 g_i，如果 x_i 服从$[0,1]$的均匀分布，Cukier 等[3]建议

$$x_i = \bar{x}_i e^{\bar{v}_i \sin(w_i s)} \tag{12}$$

其中，$\bar{x}_i$ 为中心值，$\bar{v}$ 为 x_i 区间的端点值，s 在$[-\pi/2,\pi/2]$内变化。Koda 等[4]建议

$$x_i = \bar{x}_i[1 + \bar{v}_i \sin(w_i s)] \tag{13}$$

Saltelli 等[5]指出，上述两个搜索函数并不能充分在参数空间内搜索，并提出新的搜索函数。

$$x_i = \frac{1}{2} + \frac{1}{\pi}\arcsin[\sin(w_i s)] \tag{14}$$

上述的搜索函数都只是针对参数是$[0,1]$均匀分布,对于分布函数为$F_i(x)$的参数,Lu等[6]指出,其搜索函数应为:

$$x_i = F_i^{-1}\left(c + \frac{1}{\pi}\arcsin[\sin(w_i s)]\right) \tag{15}$$

其中,$F_i^{-1}(x)$为参数i的分布函数的反函数,c为常数。

2.3 定量全局灵敏度分析

2.3.1 Sobol'法

Sobol'法的核心是把模型分解为单个参数及参数之间相互组合的函数。假设模型为$Y = f(x)$,$x = x_1, x_2, \cdots, x_k$,$x_i$服从$[0,1]$均匀分布,$f^2(x)$可积。模型可分解为:

$$f(x) = f_0 + \sum_{i=1}^{k} f_i(x_i) + \sum_{i<j} f_{ij}(x_i, x_j) + \cdots + f_{1,2,\cdots,x_k} \tag{16}$$

方程右边共有2^k项。但是这种分解并不是唯一的。但如果满足下列条件:

$$\int_0^1 f_i(x_i)\,\mathrm{d}x_i = 0, \forall x_i, i = 1, 2, \cdots, k$$

$$\int_0^1\int_0^1 f_{ij}(x_i, x_j)\,\mathrm{d}x_i\mathrm{d}x_j = 0, \forall x_i, x_j, i < j$$

$$\int_{\Omega 12\cdots k}(x_1, x_2, \cdots, x_k)\,\mathrm{d}x_1\mathrm{d}x_2\cdots\mathrm{d}x_k = 0 \tag{17}$$

则方程(16)具有唯一的分解形式。分解的各项满足:

$$\int_\Omega f_{i_1, \cdots, i_s} f_{i_1, \cdots, j_l}\,\mathrm{d}x = 0, (i_1, \cdots, i_s) \neq (j_1, \cdots, j_l), k = s + l \tag{18}$$

记

$$\int_\Omega f(x)\,\mathrm{d}x = f_0 \tag{19}$$

对除x_i外的所有参数积分可获得$f_i(x_i)$

$$\int f(x) \prod_{j\neq i}\mathrm{d}x_j = f_0 + f_i(x_i) \tag{20}$$

对除x_i, x_j外的所参数积分可获得$f_{ij}(x_i, x_j)$

$$\int f(x) \prod_{l\neq i,j}\mathrm{d}x_l = f_0 + f_i(x_i) + f_j(x_j) + f_{ij}(x_i, x_j) \tag{21}$$

依此类推,可获得$f_{1,2,\cdots,k}(x_1, x_2, \cdots, x_k)$。Sobol'用总的方差

$$V = \int f^2(x)\,\mathrm{d}x - f_0^2 \tag{22}$$

来表示所有参数对模型结果的影响程度,用偏方差

$$V_i = \int f_i^2 \mathrm{d}x_i \tag{23}$$

来表示单个参数对模型结果的影响程度,用偏方差

$$V_{i_1,i_2,\cdots,i_s} = \int f_{i_1,\cdots,i_s}^2 \mathrm{d}x_{i_1} \mathrm{d}x_{i_2} \cdots \mathrm{d}x_{i_s} \tag{24}$$

来表示参数之间的作用对模型结果的影响程度。对方程(17)两边平方再积分可得

$$V = \sum_{i=1}^k V_i + \sum_{i<j} V_{ij} + \cdots + V_{1,2,\cdots,k} \tag{25}$$

对上式各项归一化,并令

$$S_{i_1,\cdots,i_s} = \frac{V_{i_s,\cdots,i_s}}{V} \tag{26}$$

可获得模型单个参数及参数之间相互作用的灵敏度 S。于是,方程(25)可改写为

$$1 = \sum_{i=1}^k S_i + \sum_{i<j} S_{ij} + \sum_{i<<j1} S_{ijl} + \cdots + S_{1,2,\cdots,k} \tag{27}$$

对于 S_i,称之为一次灵敏度;S_{ij} 为二次灵敏度,依此类推,$S_{12\cdots k}$ 为 k 次灵敏度。引入参数 i 的总灵敏度 S_{Ti}

$$S_{Ti} = \sum S_{(i)} \tag{28}$$

$S_{(i)}$ 指所有包含参数 i 的灵敏度。因为方程右边一共有 $2k-1$ 项,如果 k 很大则很难实现。因此,考虑更一般的情况,如果我们需要检验模型对一组参数的灵敏度 S_{Ti},那么,可以先把所有参数分成两组,u 和 v。这样

$$x = (x_1,x_2,\cdots x_k) = (u,v)$$
$$f(x) = f_0 + f_1(u) + f_2(v) + f_{12}(u,v)$$
$$V = \int f^2(x) \mathrm{d}x - f_0^2 \tag{29}$$
$$V_1 = \int f_1^2(u) \mathrm{d}u$$
$$V_2 = \int f_2^2(v) \mathrm{d}v$$
$$V_{12} = V - V_1 - V_2$$

根据方程(20),$f_1(u) = \int f(u,v) \mathrm{d}v - f_0$,所以

$$V_1 = \left[\int f(u,v) \mathrm{d}v \right]^2 - f_0^2 = \int f(u,v) \mathrm{d}v \int f(u,v') \mathrm{d}v' - f_0^2 \tag{30}$$

采用蒙特卡罗法

$$V_1 + f_0^2 \approx \frac{1}{N} \sum_{j=1}^N f(u_j,v_j) f(u_j,v'_j)$$
$$f_0 \approx \frac{1}{N} \sum_{j=1}^N f(u_j,v_j) \tag{31}$$

$$V + f_0^2 \approx \frac{1}{N}\sum_{j=1}^{N} f^2(u_j, v_j)$$

$$V_2 + f_0^2 \approx \frac{1}{N}\sum_{j=1}^{N} f(u_j, v_j)f(u'_j, v'_j)$$

其中 u_j, v_j 和 u'_j, v'_j 分别为两次独立蒙特卡罗取样的一个样本,N 为每次蒙特卡罗取样的样本数量。假设 $k=4$,而要计算 $S_3 = V_3/V$,那么只需要把模型的参数分成两组 $u = (x_1, x_2, x_4), v = x_3$ 对模型的各参数分两次取样(每次取样的样本数量为 N),由方程(31)可知

$$V_3 + f_0^2 \approx \frac{1}{N}\sum_{j=1}^{N} f(x_{j1}, x_{j2}, x_{j3}, x_{j4})f(x'_{j1}, x'_{j2}, x'_{j3}, x'_{j4}) \tag{32}$$

其中,$(x_{j1}, x_{j2}, x_{j3}, x_{j4})$ 及 $(x'_{j1}, x'_{j2}, x'_{j3}, x'_{j4})$ 分别为第一和第二次取样时的样本。而 S_{T3} 可由如下方程组获得

$$S_{T3} = 1 - V_{-3}/V$$

$$V_{-3} + f_0^2 \approx \frac{1}{N}\sum_{j=1}^{N} f(x_{j1}, x_{j2}, x_{j3}, x_{j4})f(x'_{j1}, x'_{j2}, x'_{j3}, x'_{j4}) \tag{33}$$

2.3.2 傅里叶幅度灵敏度检验扩展法

Saltelli 等结合 Sobol' 法和傅里叶幅度灵敏度检验法的优点,提出了傅里叶幅度灵敏度检验扩展法[4]。该方法由傅里叶转换获得傅里叶级数的频谱,通过该频谱曲线分别得到由每一个参数及参数的相互作用所引起模型结果的方差。

根据合适的搜索函数,模型 $y = f(x_1, x_2, \cdots, x_k)$ 可转化为 $y = f(s)$。通过傅里叶变换

$$y = f(s) = \sum_{j=-\infty}^{+\infty} \{A_j\cos js + B_j\sin js\} \tag{34}$$

其中

$$A_j = \frac{1}{2\pi}\int_{-\pi}^{\pi} f(s)\cos js ds$$

$$B_j = \frac{1}{2\pi}\int_{-\pi}^{\pi} f(s)\sin js ds \tag{35}$$

$f \in Z = \{-\infty, \cdots, -1, 0, 1, \cdots, +\infty\}$。傅里叶级数的频谱曲线定义为 $\Lambda_j = A_j^2 + B_j^2$,其中,$j \in Z, A_{-j} = A_j, B_{-j} = B_j, \Lambda_{-j} = \Lambda_j$。由参数 x_i 不确定性所引起的模型结果的方差

$$V_i = \sum_{P \in Z^0} \Lambda pw_i = 2\sum_{p=1}^{+\infty} \Lambda pw_i \tag{36}$$

其中 $Z^0 = Z - \{0\}$。总的方差为

$$V = \sum_{j \in Z^0} \Lambda_j = 2\sum_{j=1}^{+\infty} \Lambda_j \tag{37}$$

对 s 在区间 $[-\pi, \pi]$ 内等间隔取样,把取样获得的每一个参数输入模型,多次运行模型,由如下方程可近似获得 A_j 和 B_j。

158

$$A_j = \frac{1}{N_s} \sum_{k=1}^{N_s} f(s_k) \cos(js_k)$$

$$B_j = \frac{1}{N_s} \sum_{k=1}^{N_s} f(s_k) \cos(js_k), f \in \bar{Z} \qquad (38)$$

其中,N_s 为取样数,$\bar{Z} = \left\{ -\frac{N_s-1}{2}, \cdots, -1, 0, 1, \cdots, \frac{N_s-1}{2} \right\} \subset Z$,$N_s$ 满足方程(11)。

由 A_i 和 B_j 及参数 x_i 所对应的频率 w_i,通过方程(36)、方程(37)可获得每一个参数所引起的方差 V_i 及模型结果的总方差 V。通过方程(26),可分别获得每一个参数的灵敏度。要计算参数 x_i 的总灵敏度[见方程(28)],可以先给 x_i 设定一个频率 w_i,而为剩余的所有其他参数设定一个不同的频率 w'_i。通过计算 w'_i 在 $p\, w'_i$ 上的所有频谱值,就可得到偏方差 V_{-i},它包含除 x_i 外的所有参数及其相互关系的影响。所以参数 x_i 的总灵敏度 $S_{T_i} = (V - V_{-i})/V$。对各参数的总灵敏度归一化,就可获得参数 x_i 的不确定性对模型结果总的不确定性的贡献率。

3   意义

灵敏度分析用于定性或定量地评价模型参数误差对模型结果产生的影响,是模型参数化过程和模型校正过程中的有用工具,具有重要的生态学意义。灵敏度分析包括局部灵敏度分析和全局灵敏度分析。局部灵敏度分析只检验单个参数的变化对模型结果的影响程度;全局灵敏度分析则检验多个参数的变化对模型运行结果总的影响,并分析每一个参数及其参数之间相互作用对模型结果的影响。徐崇刚等[2]详细论述了局部灵敏分析和全局灵敏度分析的主要方法,希望能为国内生态模型的发展提供一个比较完善的灵敏度分析方法库。结合国内外的灵敏度分析发展现状,指出联合灵敏度研究、灵敏度共性研究及空间直观景观模型的灵敏度分析将为生态模型灵敏度分析研究中的热点和难点。为以后的研究打下理论基础。

参考文献

[1] Carlson D H, Thruow T L. Comprehensive evaluation of improved SPUR model(SPUR – 91). Ecol Model, 1996,85: 229 – 240.

[2] 徐崇刚,胡远满,常禹,等. 生态模型的灵敏度分析. 应用生态学报, 2004,15(6):1056 – 1062.

[3] Cukier R I,Fortuin C M, Shuler K E, et al. Study of the sensitivity of coupled reaction systems to uncertainties in rate coefficients I. Theory J Chem Phys, 1973,59:3873 – 3878.

[4] Koda M, MeRae G J, Seinfelel J H. Awomatice sensitivity analysis of kinetic meehanisms. Intera: J Chen Kinet, 1979, 11: 427 – 444.

［5］ Saltelli A, Tarantola S, Chan KPS. A quantitative model-independent method for global sensitivity analysis of model output. Technometrics, 1999,41:39 – 56.

［6］ Lu Y C, Mohanty S. Sensitivity analysis of a complex, proposed geologic waste disposal system using the Fourier Amplitude sensitivity test method. Reliab Engin Syst Safety, 2001,72: 275 – 291.

时间序列的修订模型

1 背景

涡动相关法是陆地生态系统二氧化碳交换研究中通量测定最直接的方法,也是在理论与技术设备上发展最为迅速的一种微气象学方法。但在野外,特别是在具复杂观测条件的森林中实际应用时,我们所得到的实测数据并非完美。有必要对原始时间序列进行去倾与超声风速仪倾斜修订[1~2],这是关乎最终所得到的长期二氧化碳交换量可信度的重要环节[3~5]。基于此,吴家兵等[6]在对时间序列修订方法进行简述的基础上,结合实测资料定量分析了不同修订方法对森林二氧化碳通量计算值的影响,提出了时间序列修订模型。

2 公式

2.1 去倾修订

去倾修订,即去除时间序列中的线性或非线性趋势,通常采用最小二乘法对数据进行趋势拟合,以实测时间序列减去趋势值作为物理量脉动值,即:

$$X(t) = x(t) - Trend(t)$$

式中:$x(t)$为实测时间序列,$Trend(t)$为线性或非线性趋势函数,$X(t)$为趋势去除后的脉动值。

2.2 超声风速仪倾斜修订

一般采用坐标变换的方法进行超声风速仪倾斜修订,即将基于仪器坐标系的三维风速分量转换为目标坐标系下的风速分量,使垂直风速正交于平均气流方向。目前,应用较多[1]的是流线坐标变换(Streamline coordinate transforming,简称 ST)或平面拟合坐标变换(Planar fit coordinate transforming,简称 PF)。

2.2.1 流线坐标变换

流线坐标系有时也称作自然风坐标系[7],它假定在通量平均化时间内风从一狭小的角度沿地形吹,坐标系 x 轴平行于平均风方向,z 轴正交于 x 轴,并垂直于地形表面,y 轴方向按照右手坐标系统确定。因此,流线坐标系可以认为是基于地形的坐标系。由仪器坐标系变换为流线坐标系需对单元数据(即通量平均化时间内数据)进行 3 次坐标旋转。第一次旋转:在仪器坐标系中,将 $x - y$ 平面围绕 z 轴旋转,使侧向平均风 $\bar{v} = 0$,旋转角度为:

$$\theta = \tan^{-1}\left(\frac{\overline{v^m}}{\overline{u_m}}\right)$$

下标 m 表示为实测值,上横线表示单元数据平均。旋转后三维风速分量为:

$$u_1 = u_m\cos\theta + v_m\sin\theta$$

$$v_1 = -u_m\sin\theta + v_m\cos\theta$$

$$w_1 = w_m$$

第二次旋转:在第一次旋转后坐标系中,将 $x-z$ 平面围绕 y 轴旋转,使得 x 轴指向平均风方向。旋转角度为 φ:

$$\varphi = \tan^{-1}\left(\frac{\overline{w_1}}{\overline{u_1}}\right)$$

旋转后三维风速分量为:

$$u_2 = u_1\cos\varphi + w_1\sin\varphi$$

$$v_2 = v_1$$

$$w_2 = -u_1\sin\varphi + w_1\cos\varphi$$

第三次旋转:在第二次旋转后的坐标系中,将 $y-z$ 平面围绕 x 轴旋转,使得 $\overline{v'w'} = 0$,旋转角度为 ψ:

$$\psi = \tan^{-1}\left(\frac{2\,\overline{v_2 w_2}}{\overline{v_2^2} - \overline{w_2^2}}\right)$$

旋转后三维风速分量为:

$$u_3 = u_2$$

$$v_3 = v_2\cos\psi + w_2\sin\psi$$

$$w_3 = -v_2\sin\psi + w_2\cos\psi$$

至此,实测三维风速分量 u_m、v_m、w_m 转换为位于流线坐标系下的 u_3、v_3、w_3。

2.2.2　平面拟合坐标变换

Wilczak[1] 曾对平面拟合方法进行过详细论述。它假定仪器在较长观测时间内倾斜角不变,通过构建坐标变换矩阵,使得垂直风正交于平均气流方向。具体步骤如下:通过多元回归找出垂直风相对于水平风与侧向风的回归系数 b_0、b_1、b_2,即:

$$\overline{w_m} = b_0 + b_1\overline{u_m} + b_2\overline{v_m}$$

b_0、b_1、b_2 也可以通过如下矩阵方程求得:

$$\begin{pmatrix} b_0 \\ b_1 \\ b_2 \end{pmatrix} = \begin{pmatrix} 1 & \overline{\tilde{u}_m} & \overline{\tilde{v}}_m \\ \overline{\tilde{u}_m} & \overline{\tilde{u}_m^2} & \overline{\tilde{u}_m\tilde{v}_m} \\ \overline{\tilde{v}_m} & \overline{\tilde{u}_m\tilde{v}_m} & \overline{\tilde{v}_m^2} \end{pmatrix}^{-1} \cdot \begin{pmatrix} \overline{\tilde{w}_m} \\ \overline{\tilde{u}_m\overline{w}_m} \\ \overline{\tilde{v}_m\overline{w}_m} \end{pmatrix}$$

式中:'～'表示单元数据集平均。

构建坐标变换矩阵 P：

$$P = \begin{pmatrix} \cos\alpha & 0 & \sin\alpha \\ 0 & 1 & 0 \\ -\sin\alpha & 0 & \cos\alpha \end{pmatrix} \cdot \begin{pmatrix} 1 & 0 & 0 \\ 0 & \cos\beta & -\sin\beta \\ 0 & \sin\beta & \cos\beta \end{pmatrix}^{-1}$$

式中：$\alpha = \arctan(-b_1)$，$\beta = \arctan(b_2)$。

新坐标系下单元数据风速分量平均值为：

$$\begin{bmatrix} \bar{u}_p \\ \bar{v}_p \\ \bar{w}_p \end{bmatrix} = P \cdot \begin{bmatrix} \bar{u}_m \\ \bar{v}_m \\ \bar{w}_m \end{bmatrix}$$

将新坐标系 $x-y$ 平面围绕 z 轴旋转，方法同流线坐标变换，求出旋转后坐标系下的三维风速分量，即为位于平面拟合坐标系下的风速分量。

图 1 所示为修订前后的二氧化碳通量计算结果比较。从图 1 可以看出，去倾后二氧化碳通量计算值发生了改变，这证明原始时间序列中背景变化趋势是普遍存在的。

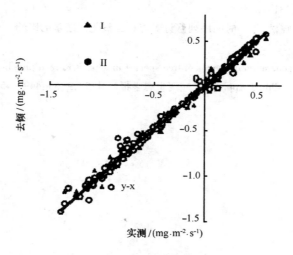

图 1　去倾修订与未修订通量比较

3　意义

吴家兵等[6]总结概括了时间序列模型，对长白山阔叶红松林 2003 年生长季的涡动相关实测时间序列进行了去倾修订与超声风速仪倾斜修订，并分析了不同修订方法对森林二氧化碳通量计算值的影响。结果表明，基于未修订时间序列计算得到的森林二氧化碳通量（F_{craw}）被高估。线性与非线性去倾对 F_{craw} 的修订量差异很小。平面拟合坐标变换与流线

坐标变换对 F_{craw} 的修订量差异较大。为时间序列进行线性去倾与平面拟合坐标变换综合修订提供理论依据。

参考文献

[1] Wilczak JM, Oncley SP, Stage SA. Sonic anemometer tilt correction algorithms. Bound Lay Meteorol, 2001,99:127 – 150.

[2] Gash JHC, Dolman AJ. Sonic anemometer (co)sine response and flux measurement I. The potential for (co)sine error to affect sonic anemometer-based flux measurements. Agric For Meteorol,2003,119(4): 195 – 207.

[3] Finnigan JJ, Clement R, Leuning R, et al. A re-evaluation of long-term flux measurement techniques Part I:Averaging and coordinate rotation. Bound Lay Meteorol, 2003,107(1):1 – 48.

[4] Fuehrer PL, Friehe C. Flux corrections revisited. Bound Lay Meteorol, 2002,102:415 – 457.

[5] McMillen RT. An eddy correlation technique with extended applicability to non-simple terrain. Bound Lay Meteorol, 1998,43:231 – 245.

[6] 吴家兵,关德新,赵晓松,等. 时间序列修订对森林二氧化碳通量的影响. 应用生态学报,2004,15 (10):1833 – 1836.

[7] Wu G(吴 刚). Regeneration dynamics of tree species in gaps of Korean pine broad-leaved mixed forest in Changbai Mountains. Chin J Appl Ecol(应用生态学报),1998,9(5):449 – 452.

森林的热量平衡模型

1　背景

森林是陆地生态系统的主体,它的能量平衡特征不仅是森林本身生态效应的重要体现,而且对区域甚至全球的气候有重要的影响,所以一直受到人们的重视[1]。我国一些研究者由于观测技术等因素的限制,以往的研究多为生长旺季短期的观测结果(数日至 1~2月),而生长季时间尺度的研究则很少[2],难以反映森林热量平衡的季节变化。关德新等[3]拟以我国温带典型的植被类型——长白山阔叶红松林为研究对象,利用生长季内的长期观测结果分析其热量平衡的基本特征,并提出了森林生长季热量平衡变化模型。

2　公式

2.1　潜热和显热通量

森林下垫面能量平衡方程可以表示为[4]:

$$R_n = \lambda E + H + S + P \tag{1}$$

式中:R_n 为净辐射通量($W \cdot m^{-2}$);λE 为潜热通量($W \cdot m^{-2}$);H 为显热通量($W \cdot m^{-2}$);S为辐射平衡观测高度下的气层和下垫面储热量变化($W \cdot m^{-2}$);P 是森林植被光合作用消耗的能量,一般只占太阳总辐射的1%左右,在下面的计算中忽略不计。

采用波文比 - 能量平衡法(BREB 法),波文比 β 表示为:

$$\beta = \frac{H}{\lambda E} = \gamma \frac{\Delta t}{\Delta e} \tag{2}$$

那么潜热通量 LE 和显热通量 H 分别表示为:

$$\lambda E = \frac{R_n - S}{1 + \beta} \tag{3}$$

$$H = \frac{\beta \cdot (R_n - S)}{1 + \beta} \tag{4}$$

式中:Δt 为两个高度的温度差(℃);Δe 为两个高度的水汽压差(kPa),γ 为干湿表常数($kPa \cdot ℃^{-1}$),e 和 γ 分别由下式计算:

$$e = e_w - \gamma P(t - t_w) \tag{5}$$

$$\gamma = \frac{C_P P}{L_v \varepsilon} \tag{6}$$

式中：e_w 为气温 $t℃$ 时的水面饱和水汽压，利用 Goff-Gratch 公式计算[5]，t、t_w 分别为干、湿球温度，P 为气压（kPa），均由观测系统直接测定并自动记录，C_P 为干空气的定压比热（1.013kJ·kg^{-1}·℃$^{-1}$）；$\varepsilon = 0.622$ 为常数；L_v 为水的汽化潜热（kJ·kg^{-1}），可由下列公式计算[3]：

$$L_v = 2\,500.78 - 2.360\,1t_a \tag{7}$$

式中：t_a 为空气温度（℃）。

2.2 储热量的计算

储热量变化 S 包括 3 个分量：

$$S = S_a + S_v + S_g \tag{8}$$

式中：S_a 为观测高度下的气层储热量变化，S_v 为植被体储热量变化，S_g 为土壤热通量，其中 S_g 由热通量板直接测定，S_a 根据空气温、湿度梯度资料计算：

$$S_a = \int_0^{Z_r} \rho C_P \frac{\partial T_a}{\partial t}\mathrm{d}z + \int_0^{Z_r} \lambda \frac{\partial e}{\partial t}\mathrm{d}z \tag{9}$$

式中：第一项为干空气内能变化，第二项为空气湿度变化引起的空气内能变化，Z_r 为净辐射的观测高度（32 m），ρ 为空气密度（kg·m^{-3}），由下式计算：

$$\rho = \frac{P}{R_d T_a (1 + 0.378e/P)} \tag{10}$$

式中：R_d 为干空气比气体常数（287 J·kg^{-1}·K^{-1}），T_a 为气温（$=273+t$），式(9)的积分用 2.5 m、22 m、32 m 高度的温度和湿度资料，采取差分方法近似计算。

植被体储热量变化 S_v 根据下式计算[6]

$$S_v = C_v \cdot \Delta T \sim \cdot h \tag{11}$$

式中：h 为植物体有效厚度，即一定面积上植物体积与林地面积之比，本研究样地的总蓄积量为 380 m^3/hm^2，植物体有效厚度为 $h = 3.8$ cm，C_v 为植物体的容积热容量，根据文献[6]取 2.926 MJ/m^3，ΔT_v 为有效植物体深度为 0.5 h 处的温度变化，由于植物体有效厚度是一个折算量，T_v 是一个虚拟温度，可以用 0.5 h 深度的树干温度代替[6]，但树干温度受树木径级、观测高度、树干阴阳面、树种等因素的影响，观测比较困难。我们用下面的方法间接计算 ΔT_v 的值。

将植被体假设为厚度为 h 的一层物质（有效植被层），它和林地土壤一样单面接收透过冠层的太阳辐射，二者具有相同形式的热传导方程，分别为：

$$\frac{\partial T_s}{\partial t} = K_s \frac{\partial^2 T_s}{\partial z^2} \tag{12}$$

$$\frac{\partial T_v}{\partial t} = K_v \frac{\partial^2 T_v}{\partial z^2} \tag{13}$$

166

式中:T_s、T_v 分别为林地土壤和有效植被层的温度,K_s、K_v 分别为二者的热扩散系数,t、z 分别为时间和深度。给定边界条件

$$T(0,t) = T_0 + A_0\sin\frac{2\pi}{\tau}t \tag{14}$$

式中:T_0 为表面温度的日平均值,A_0 为表面温度振幅,τ 为日周期长度,则方程(12)和方程(13)有相同形式的解(只列出一个表达式)。

$$T(z,t) = T_0 + A_0\exp\left(-z\sqrt{\frac{\pi}{K\tau}}\right)\sin\left[\frac{2\pi}{\tau}\left(t - \frac{z}{2}\sqrt{\frac{\tau}{K\pi}}\right)\right] \tag{15}$$

深度 z 处的温度振幅为:

$$A_z = A_0\exp\left(-z\sqrt{\pi/K\tau}\right) \tag{16}$$

假设土壤和有效植被层具有相同的表面温度振幅 A_0,土壤 z_s 深度与植被层 z_v 深度的温度振幅相等,则根据式(16)有

$$z_s/z_v = \sqrt{K_s/K_v} \tag{17}$$

根据式(17)和式(15)可知,土壤 z_s 深度与植被层 z_v 深度的位相也相同,即二者温度变化一致,因此,如果已知 K_s、K_v 和植被层代表厚度 z_v,可以用土壤深度的温度代替植被层的温度进行储热量变化 S_v 的计算。本研究的计算中,由于降水次数和降水量均很少,忽略了土壤的 K_s 随土壤湿度的变化,取平均值[7]1.0×10^{-6},植被体 K_v 取立木的平均值[8]2.0×10^{-7},$z_v = 0.5h = 1.9$ cm,得到 $z_s = 4.25$ cm。根据 0 cm 和 5 cm 深度的土壤温度资料进行线性内插,得到 $z_s = 4.25$ cm 深度的温度变化 ΔT_v,代入式(11)计算植被体储热量变化 S_v 的值。

$$z_s = z_v\sqrt{K_s/K_v} \tag{18}$$

辐射平衡各分量平均日总量的月季变化特点如图 1 所示,潜热通量、感热通量、储热变化随着净辐射增减而增减。

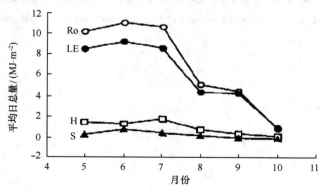

图1 热量平衡各分量平均日总量的月季变化

3 意义

关德新等[3]总结概括了森林生长季热量平衡变化模型,根据长白山阔叶红松林2001年5月下旬至10月上旬微气象梯度观测资料和辐射、土壤热通量资料,用波文比－能量平衡方法(BREB 方法)计算了森林的显热通量和感热通量,并计算了森林大气和植被体的储热量,分析了阔叶红松林热量平衡各项的日变化和季节变化,为森林热量平衡的观测研究提供理论基础。

参考文献

[1] Wang AZ(王安志),Pei TF(裴铁璠). Research progress on surveying calculation of forest evapotranspiration. Chin J Appl Ecol(应用生态学报),2001,12(6):933 – 937.

[2] Lindroth A, Iritz Z. Surface energy budget dynamics of short rotation willow forest. Theor Appl Climatol, 1993,47:175 – 185.

[3] 关德新,吴家兵,王安志,等. 长白山阔叶红松林生长季热量平衡变化特征. 应用生态学报,2004, 15 (10):1828 – 1832.

[4] Esmaiel M, Gail EB. Comparison of Bow enratio-energy balance and the water balance methods for the measurement of evapotranspiration. J Hydrol, 1993,146:209 – 220.

[5] China Meteorological Administration. Humidity Inquiring Table. Beijing:Meteorological Press,1980.

[6] He QT(贺庆棠),Liu ZC(刘祚昌). Heat balance of forest. Sci Silvae Sin(林业科学), 1980,16(1):24 – 33.

[7] Sharratt BS. Thermal conductivity and water retention of a black spruce forest floor. Soil Sci, 1997,162: 576 – 582.

[8] Spearpoint MJ, Quintiere JG. Predicting the piloted ignition of wood in the cone calorimeter using an integral model-effect of species, grain orientation and heat flux. Fire Safety J, 2001,36:391 – 415.

森林与大气的作用模型

1 背景

土壤－植被－大气连续体物质和能量交换的数值模式对区域气候和全球变化研究具有重要的科学意义和应用价值。刘树华等[1]将大气边界层和植被冠层内微气象模式相耦合，考虑了植被在辐射、动力、热力输送中的一些物理机理，建立一个土壤－植被－大气连续体物质和能量交换的数值模式，并应用该模式对森林下垫面大气边界层各物理量的垂直分布日变化、植被和植被冠层空气温度、叶面热通量等的变化规律，及其非均匀下垫面形成的湍流、温度和风场分布及其环流特征形成进行了数值模拟。

2 公式

2.1 大气动力学方程

大气边界层在 $x - z$ 二维坐标中的基本动力学方程如下：

$$\frac{\partial u}{\partial t} = - u \frac{\partial u}{\partial x} - w \frac{\partial u}{\partial z} - \theta \frac{\partial \pi}{\partial x} + F_u + S_P \tag{1}$$

$$\frac{\partial \theta}{\partial t} = - u \frac{\partial u}{\partial x} - w \frac{\partial \theta}{\partial z} + F_\theta + S_H \tag{2}$$

$$\frac{\partial \pi}{\partial z} = - \frac{g}{\theta} \tag{3}$$

$$\frac{\partial u}{\partial x} + \frac{\partial w}{\partial z} = 0 \tag{4}$$

$$\frac{\partial R}{\partial t} = - u \frac{\partial R}{\partial x} - w \frac{\partial R}{\partial z} + F_R + S_q \tag{5}$$

其中，

$$\theta = T \left(\frac{P_0}{P} \right)^{0.286} \tag{6}$$

$$\pi = C_P \left(\frac{P}{P_0} \right)^{0.286} \tag{7}$$

θ 和 π 分别表示位温和 Exner 函数；g 为重力加速度；u、w 分别为水平和垂直方向风速；R 为比湿（$kg \cdot kg^{-1}$）；$C_p = 1\ 005\ J \cdot K^{-1}$；$kg^{-1}$ 为空气的定压比热；大气压强 $p_0 = 1\ 000\ hPa$；

F_u,F_R,F_θ 代表动量、水汽与热量的湍流项,其形式如下:

$$F_\phi = \frac{\partial}{\partial z}\left(K_H \frac{\partial \phi}{\partial X}\right) + \frac{\partial}{\partial z}\left(K_V \frac{\partial \phi}{\partial z}\right) \tag{8}$$

S_p、S_H、S_q 分别表示动量、热量和水汽源。本文中为大气下部植被对大气的动量、热量和水汽输送(或吸收)。S_p、S_H、S_q 的表达式在下文讨论。

2.2 湍流交换系数

湍流交换系数的取法很多人提出了不同的模型,本模型采用 Blackadar 方法[2],计算混合长度 l,进而得到动量交换系数 K。风速切变量取为:

$$S_w = \left[\left(\frac{\partial u}{\partial z}\right)^2 + \left(\frac{\partial w}{\partial z}\right)^2\right]^{1/2} \tag{9}$$

植被高度取为 h_t,当 $z > h_t$ 时,混合长度

$$l = \frac{k_0(l + z_0)}{1 + \frac{k_0(l + z_0)}{\beta}} \tag{10}$$

其中,卡曼常数 $k_0 = 0.4$,z_0 为地表粗糙度,在植被内部,设植被覆盖率为 v_{eg},单位体积叶面积密度为 $\mu(z)$(本文令 μ 为常数),β 为地转参数,$\beta = (27 \times 10^{-5} V_g)/f$,$V_g$ 为地转风,f 为科里奥利参数,$f = 2\omega\cos\varphi$,$\bar{\omega}$ 是地球旋转角速度,ϕ 是地理纬度。则混合长度的形式为[3]:

$$l = \frac{0.03}{C_h \mu \cdot v_{eg}} \tag{11}$$

其中,C_h 为一无量纲参数。K 的一个表达式为[4]:

$$K = \begin{cases} l^2 S_w(1 + \alpha R_i) & (R_i < 0) \\ l^2 S_w(1 - \alpha R_i) & (R_i \geq 0) \end{cases} \tag{12}$$

其中,R_i 为理查德森数:

$$R_i = \frac{g}{\theta}\frac{\partial \theta/\partial z}{S_w^2} \tag{13}$$

常数 $\alpha = -3$。本模型中取:

$K_{mH} = K_{mV} = K$,$K_{qH} = K_{qV} = \alpha_p K$,$K_{\theta H} = K_{\theta V} = \alpha_p K$ 下标 m 表示动量交换系数,q 表示水汽交换系数,θ 表示热量交换系数,H 和 V 表示水平方向和垂直方向,αp 普朗德倒数,取 $\alpha_p = 1.35$。

2.3 辐射能量通量

2.3.1 短波辐射能量

设植被覆盖率为 v_{eg},叶面反射率为 α_h,忽略植被光合作用吸收,那么植被层顶吸收的直接太阳短波辐射通量 S_{down} 中作用于植被中的产生热效应的短波辐射 S_f 为:

$$S_f = v_{eg}(1 - \alpha_h)S_{\text{down}} \qquad (14)$$

地面反射率为 α_g 时，地面热效应短波辐射通量 S_g 为：

$$S_g = (1 - v_{eg})(1 - \alpha_g)S_{\text{down}} \qquad (15)$$

其中，忽略了地面和植被反射短波的热效应。植被层顶吸收的直接太阳短波辐射通量为[5]：

$$S_{\text{down}} = (t - \alpha)S_0\cos Z \qquad (16)$$

式中：t 为 Kondratyev 考虑了天空漫反射后提出的经验参数，a 是大气对太阳光谱的吸收系数[5]，S_0 是太阳常数（1 367W·m^{-2}），Z 为太阳高度角。

2.3.2 长波辐射通量

大气向下长波辐射通量为[6]：

$$L_a = \varepsilon_a\sigma T_a^4 \qquad (17)$$

其中，σ 为 Stefan-Boltzman 常数，$\sigma = 5.68 \times 10^{-8}$ W·m^{-2}·K^{-4}，T_a 为参考层大气温度，ε_a 为大气长波放射系数[5]。植被长波辐射通量：

$$L_f = 2v_{eg}\varepsilon_f\sigma T_f^4 \qquad (18)$$

其中，T_f 为植被层（平均）温度，在本模型中没有考虑植被温度的高度分布，所以 T_f 仅是空间位置 x 的函数，ε_f 为植被长波放射系数，$\varepsilon_f = 0.95$。因子 2 是因为植被有向上、向下辐射。地表长波辐射通量：

$$L_g = \varepsilon_g\sigma T_{gs}^4 \qquad (19)$$

其中，T_{gs} 为地表温度，ε_g 为地表长波放射系数，本文取 0.91。

简化处理长波吸收，认为植被、地表对长波辐射全部吸收，不考虑长波的反射，可得到植被层和地表的长波吸收 L_{fin} 和 L_{gin} 为：

$$L_{fin} = v_{eg}(L_a + L_g) \qquad (20)$$

$$L_{gin} = (1 - v_{eg})L_a + \frac{1}{2}L_f \qquad (21)$$

2.3.3 总辐射能量通量

植被总辐射通量：

$$R_{nf} = S_f + L_{fin} - L_f \qquad (22)$$

地表总辐射通量：

$$R_{ng} = S_g + L_{gin} - L_g \qquad (23)$$

2.4 植被层子系统

2.4.1 植被感热通量

单位体积植被向大气输送的热量通量为：

$$H_{fv}(x,z,t) = \begin{cases} v_{eg}\cdot\mu(z)\rho_a C_P[T_f(x) - T_a(x,z,t)]/R_a & z < h \\ 0 & z > h \end{cases} \qquad (24)$$

171

其中，下标 v 表示单位体积的热量通量，ρ_a 为空气密度，R_a 为叶面的空气动力学阻抗：

$$R_a = 1/[C_f u(x,z,t)] \tag{25}$$

其中，C_f 为植被的动量、热量、水汽传输系数，由下式确定[7]：

$$C_f = 0.01\left(1 + \frac{0.3}{u(x,z,t)}\right) \tag{26}$$

其中，T_f 为植被冠层的温度，它是横坐标 x 的函数。大气动力学方程中热源：

$$S_h = H_{fv} \tag{27}$$

单位面积冠层总的热量通量为：

$$H_{fs}(x,t) = \int_0^h H_{fv}(x,z,t)\mathrm{d}z \tag{28}$$

其中，下标 s 表示单位面积。

2.4.2 植被冠层的潜热通量

不考虑叶面截流水，叶面蒸腾总量的计算式如下[8]：

$$E_{hv} = v_{eg}\mu(z)\rho_a \frac{q_{sat}(T_s) - q_a}{R_a + R_s} \tag{29}$$

其中，$q_{sat}(T_s)$ 和 q_a 分别为表面温度为 T_s 时的饱和水汽压和大气水汽压，R_a 是空气动学阻抗，R_s 是植被系统的表面阻抗。

单位面积植被的总蒸腾量为：

$$E_{hs} = \int_0^h E_{hv}\mathrm{d}z \tag{30}$$

这样植被潜热通量可以写成 λ_{Ehs}，水的汽化热 $\lambda = 2.5 \times 10^6 \mathrm{J} \cdot \mathrm{kg}^{-1}$。

2.4.3 植被温度方程

由植被感热、潜热通量的表达式，可以写出植被温度的方程：

$$C_h \frac{\partial T_f}{\partial t} = R_{nf} - H_{fs} - \lambda E_{hs} \tag{31}$$

C_h 为植被单位面积的热容量：

$$C_h = 0.02LAIC_w \tag{32}$$

其中，LAI 为叶面积指数，C_w 为水的热容。

2.4.4 植被向大气释放的其他通量

类似热量通量的写法，植被的动量通量体密度写为：

$$S_P = -v_{eg}\mu(z)\rho_a U(x,z,t)/R_a \tag{33}$$

水汽通量体密度：

$$S_q = E_{hv} \tag{34}$$

2.5 土壤子系统

2.5.1 土壤物理量的通量及与大气的连接条件

由于单独考虑地表向大气传输热量和水汽,将植被排除在外,因此不能用参考层和空气动力学阻抗方法求通量。由于本研究中底层格点间距很小,可以认为在这个薄气层内的热通量、水汽通量就是地表的热通量、水汽通量。薄气层底层温度和比湿仅决定于土壤表面的性质,通量由温度和水汽梯度计算得到。

土壤向大气底层输送的热量通量方程可写为:

$$H_g = \rho_a C_P K_{\theta v} \frac{\partial T_a}{\partial z}\Big|_{z=0} \tag{35}$$

边界条件为 $T_a(0) = T_{gs}|_{z=0}$,其中 $T_{gs}(0)$ 和 $T_a(0)$ 分别表示高度为零处土壤温度和大气温度,计算方法在下文讨论。

类似能量和水汽通量的计算方程为:

$$E_g = \rho_a K_{qV} \frac{\partial Q_a}{\partial z}\Big|_{z=0} \tag{36}$$

边界条件为 $Q_a(0) = h_u Q_{sat}(T_{gs})|_{z=0}$。

式中,$Q_a(0)$ 地表高度为 0 处空气比湿;h_u 为地表相对湿度[8];$Q_{sat}(T_s)$ 为地表温度为 T_s 时的饱和比湿,由 Teten 方程[5]得:

$$e_s(T_s) = 6.1\exp\left(17.269 \frac{T_s - 273.16}{T_s - 35.86}\right) \quad (hP_a) \tag{37}$$

$$Q_{sat}(T_s) = 0.622 \frac{e_s(T_s)}{p - 0.378 e_s(T_s)} \quad (kg \cdot kg^{-1}) \tag{38}$$

对地表动量通量和风速的处理,可令,$U(0) = 0$。于是在土壤表面,温度的连接条件写成:

$$C \frac{\partial T_g}{\partial z}\Big|_{z=0} = R_{ng} - H_g - \lambda H_g \tag{39}$$

其中,T_g 表示土壤温度。

2.5.2 土壤温度方程

由于本研究主要研究地表温度和湿度,因此可以采用二维连续介质热传导方程求土壤温度,并且不考虑土壤中的潜热通量。设土壤温度为 $T_g(x,z,t)$,则:

$$C_g \frac{\partial T_g}{\partial t} = \frac{\partial}{\partial x}\left(C \frac{\partial T_g}{\partial x}\right) + \frac{\partial}{\partial z}\left(C \frac{\partial T_g}{\partial z}\right) \tag{40}$$

其中,C_g、C 分别为土壤单位体积热容量和热导率:

$$C_g = (1 + W_{sat})C_i + W_g C_w \tag{41}$$

其中,W_{sat} 为土壤饱和含水量,W_g 为土壤含水量,C_i 为干土壤单位体积热容量。

2.5.3 土壤表层温度

土壤表层温度由能量平衡方程(39)隐式地确定。在数值模式中,假定大气最底层为第零层,第 K 层的气温为 $T_a(K)$,能量湍流交换系数 $K_{\theta V}(K)$。差分表达式:

$$K_{\theta V}\frac{\partial T_a}{\partial z}\Big|_{K=1} = K_{\theta V}(1)\frac{T_a(2) - T_a(0)}{z(2) - z(0)} \tag{42}$$

地下温度部分最上层为第 0 层,第 K 层的温度为 $T_g(K)$,纵坐标 $Z_g(K)$

$$\frac{\partial T_g}{\partial z}\Big|_{K=1/2} = \frac{T_g(1) - T_g(0)}{Z(1) - Z(0)} \tag{43}$$

边界条件为 $T_a(0) = T_g(0) = T_{gs}$,认为地表薄层内热通量不随高度变化,将各量的差分表达式代入能量的平衡方程,得到 T_{gs} 的表达式:

$$T_{gs} = [R_{ng} + K_{\theta V}(1)C_P T_a(2)/(Z(2) - Z(0)) - \lambda E_g + \alpha T_g/(Z_g(1) - Z_g(0))/K_{\theta V}(1)C_P]/$$
$$[(Z(2) - Z(0)) + C/(Z_g(1) - Z_g(0))] \tag{44}$$

2.5.4 土壤含水量方程

在含水量的考虑中,本模式将土壤分为两层,即表面层(0.01 m)和下层,包括根区层和重力渗透层。表面层由于土壤蒸发,含水量随时间有明显变化;而下层土壤含水量较稳定,可以弥补表面层蒸发和植被蒸腾抽吸而损失的水分。因此,森林土壤含水量基本保持不变,出于简化模式的考虑,将在不同的典型植被类型下取下层含水量为常数 W_g,而表层土壤含水量 $W_{g0}(x,t)$ 则是坐标和时间的函数。不考虑降水,则表层土壤含水量的方程为[9]:

$$\frac{\partial W_{g0}}{\partial t} = \frac{C_1}{\rho_w d_1}(-E_g) - \frac{C_2}{\tau}(W_g - W_{geq}) \qquad 0 \le W_g \le W_{sat} \tag{45}$$

式中:ρ_w 为液态水密度,E_g 为土壤的蒸发量,W_{geq} 为当重力与毛细管张力平衡时,土壤表面体积含水量[10]:

$$W_{geq} = W_g - a\left(\frac{W_g}{W_{sat}}\right)^p\left(1 - \frac{W_g}{W_{sat}}\right)^{8p}W_{sat} \tag{46}$$

d_1 为土壤表面层厚度,取 0.01 m;系数 C_1 和 C_2 的计算式如下:

$$C_1 = C_{1sat}\left(\frac{W_{sat}}{W_g}\right)^{\frac{h}{2}+1} \tag{47}$$

$$C_2 = C_{2ref}\left(\frac{W_2}{W_{sat} - W_2 + W_{fl}}\right) \tag{48}$$

其中,W_{fl} 为土壤达到饱和时,使上式有意义的一个小量,本文取 0.05。常数 $C_{1sat} = 0.375$,$C_{2ref} = 0.3$。

模式植被和土壤特征参数取值见表 1[11]。

表1 植被和土壤特征参数

植被覆盖率	0.8
植被高度	25/m
叶面积指数	$0.4/m^2 \cdot m^{-3}$
叶面反射率	0.2
叶面蒸腾阻抗	$40 \sim 5\,000/s \cdot m^{-1}$
气孔打开最佳温度	298/K
干土壤比热	$321/J \cdot kg^{-1} \cdot K^{-1}$
干土壤密度	$200/kg \cdot m^{-3}$
土壤饱和含水量	$0.472/kg \cdot kg^{-1}$
植物枯萎含水量	$0.015/kg \cdot kg^{-1}$
田间土壤持水量	$0.409/kg \cdot kg^{-1}$

图1给出了植被生态系统的热量通量的日变化特征。由图1可见,植被表面净辐射通量白天为正值,在13:00时(地方时下同)左右达到极大值。夜晚由于长波辐射的作用,净辐射为负值。感热通量表达了植被温度和冠层内空气温度的相互关系。

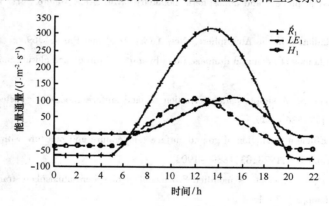

图1 植被生态系统热量通量的日变化特征

3 意义

刘树华等[1]基于大气边界层和植被冠层微气象学基本原理,建立了一个森林生态系统与大气边界层相互作用的数值模式。应用该模式模拟了森林生态系统的热量平衡、植被温度、植被冠层内空气温度、地表温度日变化特征,及森林生态系统下垫面大气边界层风速、位温、比湿、湍流交换系数的时空分布和廓线的日变化特征。该模式还可应用于不同下垫面,模拟陆面物理过程与大气边界层相互作用机制及其区域气候效应的研究,这将为气候模式与生物圈的耦合研究奠定一个良好的基础,有助于弥补实际观测的不足和更加深入地对森林冠层物质、能量的输送机理及对区域气候影响的认识。

参考文献

[1] 刘树华,邓毅,胡非,等. 森林生态系统与大气边界层相互作用的数值模拟. 应用生态学报,2004,15(11):2005 – 2012.

[2] Blackadar A K. The vertical distribution of wind and turbulent exchange in a neutral atmosphere. J Geoph Res, 1962,67:3095 – 3102.

[3] Wilson N R, Shaw R H. A high order closure model for canopy flow. J Appl Metero,1977,16:1197 – 1205.

[4] Liu SH(刘树华),Hong ZX(洪钟祥),Li J(李军),et al. Numerical simulation of temperature and humidity profiles structure of atmospheric boundary layer over Gobi underlying surface. J Peking Univ(Sci Nat)(北京大学学报:自然科学版),1995,31(3):345 – 350.

[5] Liu S H(刘树华),Wen P H(文平辉),Zhang Y Y(张云雁),et al. Sensitivity tests of interaction between land surface physical process and atmospheric boundary layer. Acta Metero Sin(气象学报), 2001, 59(5):533 – 548.

[6] Kondratyev J. Radiation in the Atmosphere. New York:Academic Press,1969.

[7] Yamada T. Simulations of nocturnal drainage flows by a q^2 – L turbulence closure model. J Atm Aci,1983,40:91 – 106.

[8] Noilhan J, Planton S. A simple parameterization of land surface process for meteorological models. Mon Wea Rev,1989,117:536 – 549.

[9] Deardorff J W. Efficient prediction of ground surface temperature and moisture with inclusion of a layer of vegetation. J Geoph Res,1978,83:1889 – 1903.

[10] Liu SH, Liu HP, Li S, et al. A modified SiB model of biosphere-atmosphere transfer scheme. J Desert Res, 1998,18(supp.):7 – 16.

[11] Wang Z F(王正非),Zhu T Y(朱廷曜),Zhu J W(朱劲伟). Forest Meteorology. Beijing:China Forestry Press, 1985.

冬小麦的水热通量模型

1 背景

农田蒸散既是地表热量平衡的组成部分,又是水量平衡的组成部分[1]。蒸散量的准确估算不仅对研究全球气候演变、环境问题以及水资源评价等有着重要意义,而且是指导农业排水与灌溉、监测农业旱情、提高农业水资源的利用效率等的核心内容。王靖等[2]详尽考虑了我国主要农业生产区农田生态系统水热通量运移所涉及的物理和生理过程,建立模拟水热通量日变化的机理模型,并用目前测定水热通量比较精确的涡度相关方法对模型进行验证,对模型的敏感性进行分析,确定水热通量模拟模型敏感的参数。

2 公式

本研究建立了一个农田生态系统冬小麦光合和蒸散耦合模型(模型结构见图1)。模型由3个子模块组成:蒸散模块、光合模块和土壤水热传输模块。蒸散模块包括辐射传输子模型、热辐射子模型、能量平衡子模型、阻力子模型。光合模块包括叶片光合子模型、气孔导度子模型、叶水势子模型。土壤水热传输模块包括水分运动子模型、根吸水子模型、热扩散方程子模型。各模块之间互相耦合,蒸散模型需要调用光合模型来计算冠层阻力,而光合模型同时又需调用蒸散模型得到冠层温度和土壤温度来计算光合率和土壤呼吸等,而蒸散模型又必须和土壤水热传输模型相结合来解能量平衡方程和计算土壤阻力。以下对模型中计算水热通量的主要部分作一简单描述。

2.1 能量平衡子模型

根据能量守恒定律,在不考虑平流的情况下,农田的能量平衡方程为[3]:

$$R_n = H + \lambda E + G \tag{1}$$

其中,R_n 为净辐射,H 为感热通量,λE 为潜热通量,G 为土壤热通量。作物和土壤的能量平衡方程分别为:

$$R_{nc} = H_c + \lambda E_c \tag{2}$$

$$R_{ns} = H_s + \lambda E_s + G \tag{3}$$

其中,R_{nc}、R_{ns} 分别为作物和土壤的净辐射,H_c、H_s 分别为作物和土壤的感热通量,λE_c、λE_s 分别为作物和土壤的潜热通量。对于作物潜热和土壤潜热可采用 Shuttleworth 和 Wal-

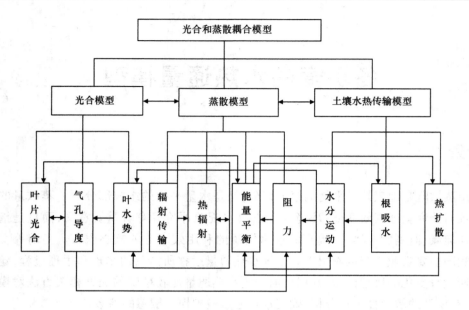

图1 模型的结构

lance[4] 的双层模式来计算。类比电学中的欧姆定律,平均冠层高度和参考高度的水汽压差和温度差分别为:

$$e_a - e_0 = -\lambda E r_a^a \gamma / \rho C_p \qquad (4)$$
$$T_a - T_0 = -H r_a^a \gamma / \rho C_p \qquad (5)$$

其中,e_a、e_0 分别为参考高度和平均冠层高度的水汽压,T_a、T_0 分别为参考高度和平均冠层高度的气温,r_a^a 为平均冠层高度到参考高度的空气动力学阻力,γ 为干湿表常数,ρ 为空气密度,C_p 为空气定压比热。平均冠层高度的空气水汽压差为:

$$D_0 = e_w(T_a) - [e_w(T_a) - e_w(T_0)] - e_0 \qquad (6)$$

其中,$e_w(T_a)$、$e_w(T_0)$ 分别为参考高度和平均冠层高度的饱和水汽压。D_0 与参考高度的空气水汽压差的关系为:

$$D_0 = D + [\Delta(R_n - G) - (\Delta + \gamma)\lambda E] r_a^a / \rho c C_p \qquad (7)$$

冠层上方的蒸散量可分解为两部分:

$$\lambda E = C_c P M_c + C_s P M_s \qquad (8)$$

其中,$C_c P M_c$ 和 $C_s P M_s$ 在形式上与 Penman-Monteith 公式相似,分别用于作物蒸腾和土壤蒸发计算,但是其结果并不直接代表蒸腾量和蒸发量。

$$PM_c = \{\Delta(R_n - G) + [\rho c_p D - \Delta r_c^a(R_{ns} - G)]/(r_a^a + r_c^a)\}/\{\Delta + \gamma[1 + r_c^s/(r_a^a + r_c^a)]\}$$
$$(9)$$

$$PM_s = \{\Delta(R_n - G) + [\rho c_p D - \Delta r_s^a(R_n - R_{ns})]/(r_a^a + r_s^a)\}/\{\Delta + \gamma[1 + r_s^s/(r_a^a + r_s^a)]\}$$
$$(10)$$

系数 C_c 和 C_s 定义为:

$$C_c = \{1 + R_c R_a / [R_s (R_c + R_a)]\} - 1 \tag{11}$$

$$C_s = \{1 + R_s R_a / [R_c (R_s + R_a)]\} - 1 \tag{12}$$

其中, R_a、R_c 和 R_s 定义为:

$$R_a = (\Delta + \gamma) r_a^a \tag{13}$$

$$R_c = (\Delta + \gamma) r_c^a + \gamma r_s^c \tag{14}$$

$$R_s = (\Delta + \gamma) r_s^a + \gamma r_s^s \tag{15}$$

将计算得到的蒸发蒸腾总量代入方程,确定平均冠层高度的空气饱和水汽压差:

$$D_0 = D + (\Delta (R_n - G) - (\Delta + \gamma) \lambda E) r_a^a / \rho C_p \tag{16}$$

从而可确定土壤蒸发和作物蒸腾通量,计算公式形式上与 Penman-Monteith 公式是相同的。

$$\lambda E_c = [\Delta (R_n - R_{ns}) + \rho C_p D_0 / r_a^c] / [\Delta + \gamma (1 + r_s^c / r_a^c)] \tag{17}$$

$$\lambda E_s = [\Delta (R_{ns} - G) + \rho C_p D_0 / r_a^s] / [\Delta + \gamma (1 + r_s^s / r_a^s)] \tag{18}$$

作物和土壤感热分别采用下面的公式求得:

$$H_c = \rho C_p (T_c - T_a) / (r_a^a + r_a^c) \tag{19}$$

$$H_s = \rho C_p (T_s - T_a) / (r_a^a + r_a^s) \tag{20}$$

式中, Δ 为饱和水汽压随温度变化的斜率, T_c 为作物冠层温度, T_s 为土壤温度, r_a^c 为冠层表面边界层阻力, r_a^s 为土壤表面到平均冠层高度的空气动力学阻力, r_s^c 为冠层阻力, r_s^s 为土壤阻力。

2.2　阻力子模型

在计算能量平衡方程各分量时,各项阻力的确定是关键,它们是决定农田生态系统模型模拟准确与否的重要因子。在本模型中需要确定 5 个阻力:平均冠层高度到参考高度的空气动力学阻力、冠层表面边界层阻力、土壤表面到平均冠层高度的空气动力学阻力、冠层阻力和土壤阻力。土壤阻力表示水汽从水汽源迁移到土壤表面所受的阻力。实际中,计算土壤阻力是很困难的,于是一些学者不考虑土壤阻力[5],但大量的实际观测和研究表明,当土壤比较干的时候,土壤阻力是很大的。一般使用经验性的表层土壤水分函数来确定土壤阻力,本模型采用 Shaw 等[6]的经验公式:

$$r_s^s = a (\theta_{sf} / \theta_f)^2 + b \tag{21}$$

其中, θ_{sf} 为 0 ~ 10 cm 土层的土壤含水量, θ_f 为田间持水量, a 和 b 为经验参数。平均冠层高度到参考高度的空气动力学阻力、冠层表面边界层阻力和土壤表面到平均冠层高度的空气动力学阻力的计算采用 Anadranistakis 的方法[7]。作物和土壤被看做是一致的空气动力学系统,零平面位移和作物粗糙度由下式给定[8]:

$$d = 0.63 \sigma_a h \tag{22}$$

$$z_0 = (1 - \sigma_a)z_b + \sigma_a(h - d)/3 \tag{23}$$

其中, h 是作物高度, z_b 是裸地的粗糙度,通常取 0.01 m[5]。

$$\sigma_a = 1 - [0.5/(0.5 + LAI)]\exp(-LAI^2/8) \tag{24}$$

其中, σ_a 是动量分配系数,与叶面积指数有关[6]。很明显,当在一个郁闭冠层($LAI > 4$), σ_a 约等于1,这时 $d = 0.63$ h,而

$$z_0 = (h - d)/3 = 0.123h \tag{25}$$

一般情况下认为动量传输的空气动力学阻力与热量传输的空气动力学阻力相等,则 r_a^c、r_a^a、r_a^s 能被表示为整个土壤 – 植被系统动量传输的空气动力学阻力的分数[9]:

$$r_a^c = \bar{u}/(\sigma_a u_*) = r_a \bar{u}[\sigma_{au}(z)] \tag{26}$$

$$r_a^a = [u(z) - \bar{u}]/u_*^2 = r_a[u(z) - \bar{u}]/u(z) \tag{27}$$

$$r_{as} = \bar{u}/[(1 - \sigma_a)u_*^2] = r_a \bar{u}[(1 - \sigma_a)u(z)] \tag{28}$$

其中, u^* 是摩擦速度($u_*^2 = \tau/\rho$), $u(z)$ 为参考高度的风速.

$$r_a = \{\ln[(z - d)/z_0] - \varphi_M\}\{\ln[(z - d)/z'_0] - \varphi_H\}/[k^2 u(z)] \tag{29}$$

受大气稳定度条件的影响,其中 $z'_0 = z_0/7$ [10],对于中性层结 $\varphi_M = \varphi_H = 0$。平均冠层高度的风速由下式计算[7]:

$$\bar{u} = 0.83u(z)\sigma_a + (1 - \sigma_a)u(z) \tag{30}$$

冠层阻力的计算采用于强等[11]提出的气孔阻力模型在冠层水平上的扩展,叶片的气孔导度为:

$$g_s = g_{s0} + f(\varphi)a_1 P/[(C_s - \varGamma)(1 + V_s/V_0)] \tag{31}$$

式中: ϕ 为叶水势, a_1 为常数, P 为总光合速率, C_s 为叶面二氧化碳浓度, $\varGamma$ 是二氧化碳的补偿点, V_s 为气孔下腔饱和水汽压与叶面水汽压差, V_0 为参数。将叶片的气孔导度在冠层上积分得冠层的气孔导度:

$$g_{sc} = \int_0^L g_s(L)\mathrm{d}L \tag{32}$$

冠层对水汽的气孔导度为:

$$g_{sw} = 1.6g_{sc} \tag{33}$$

从而得到冠层水汽阻力:

$$r_s^c = 1/g_{sw} \tag{34}$$

根据公式,图2为典型晴天天气条件下农田净辐射 Rn、感热通量 H、潜热通量 LE 和土壤热通量 G 的日变化。在能量平衡方程中,净辐射为支配项,不仅其绝对值在白天大部分时间和晴夜最大,而且在能量平衡方程中其余各项都在某种程度上直接或间接地取决于它的大小和日变率。

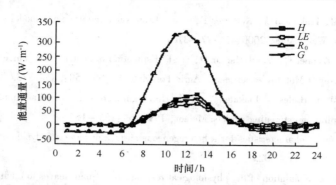

图2 典型晴天农田净辐射、感热、潜热和土壤热通量的日变化

3 意义

王靖等[2]从 SPAC 理论出发,建立了一个冬小麦光合和蒸散的耦合模型。感热通量和潜热通量采用 Shut-tleworth-Wallace 的双层模型计算,并通过冠层阻力的参数化,将光合作用与蒸腾作用耦合起来。用涡度相关方法,观测了感热通量和潜热通量,对模型进行了验证。结果表明,模拟值与观测值比较一致,模型可以很好地模拟感热通量和潜热通量的日变化过程。本模型对水热通量与环境因子作用过程的理论研究和指导农田的灌溉制度等有一定的意义,对华北地区的灌溉制度和提高农田水资源的利用效率具有指导意义。

参考文献

[1] Tang D Y(唐登银),Xie X Q(谢贤群). Experimental Studies on Water and Energy Balance in Agricultural Lands. Beijing:China Meteorological Press,1996:18－22.

[2] 王靖,于强,李湘阁,等. 用光合－蒸散耦合模型模拟冬小麦水热通量的日变化. 应用生态学报,2004,15(11):2077－2082.

[3] Kang S Z(康绍忠),Liu X M(刘晓明),Xiong Y Z(熊运章). Theory of Water Transport in Soil-Plant-Atmosphere Continuum and Its Application. Beijing:China Water Conservancy and Electric Power Press,1994:30－50.

[4] Shuttleworth W J, Wallace J S. Evaporation from sparse cropsan energy combination theory. QJR Meteor Soc,1985,111:839－855.

[5] van Bavel CHM, Hillel DI. Calculating potential and actual evaporation from a bare soil surface by simulation of concurrent flow for water and heat. Agric Meteor,1976,17:453－476.

[6] Shaw R H, Pereira A R. Aerodynamic roughness of a plant canopy:A numerical experiment. Agric For Meteor,1982,26:51－65.

［7］ Anadranistakis M, Liakatasb A, Kerkides P, et al. Crop water requirements model tested for crops grown in Greece. Agric Water Man, 2000,45:297 – 316.

［8］ Ben Mehrez M, Taconet O, Vidal-Madjar D, et al. Estimation of stomatal resistance and canopy evaporation during the Hapex Mobilhy experiment. Agric For Meteor, 1992,58:285 – 313.

［9］ Anadranistakis M, Kerkides P, Liakatas A, et al. How significant is the usual assumption of neutral stability in evapotranspiration estimating models. Meteor, 1999(6):155 – 158.

［10］ Garratt JR. Transfer characteristics for a heterogeneous surface of large aerodynamic roughness. QJR Meteor Soc, 1978,104:491 – 502.

［11］ Yu Q, Wang T D. Simulation of the physiological response of C3 plant leaves to environmental factors by a model which combines stomatal conductance, photosynthesis and transpiration. Acta Bot Sin, 1998,40 (8):740 – 754.

混交林物种多样性、种群空间分布格局及种间关联性模型

1 背景

群落物种多样性是用一定空间范围的物种数量和分布频率来衡量,反映群落的环境和发育特点[1]。空间分布格局是指种群个体在水平空间的配置状况或分布状况,反映了种群个体在水平空间上彼此间的相互关系,是由种群本身生物学特性和环境条件的综合影响所决定的。种间联结是森林群落的重要特征之一,是群落形成、演化的基础和重要的数量、结构指标[2],故提出混交林物种多样性、种群空间分布格局及种间关联性模型。

2 公式

2.1 物种多样性的测度指标

物种多样性采用了 Shannon-Wiener 指数(H')、Pielou 的均匀度指数(E)、生态优势度采用 Simpson 指数(D)[1,3],公式分别为:

$$H' = - \sum_{i=1}^{s} P_i \lg P_i \tag{2}$$

$$E = \frac{H'}{\lg S} \tag{3}$$

$$D = \sum_{i=1}^{s} P_i^2 \tag{4}$$

其中,S 为物种数,P_i 为物种的重要值。

2.2 种群空间分布格局

种群空间格局分析是研究种群特征、种群间相互作用以及种群与环境关系的重要手段,一直是生态学研究的热点之一。选择以下聚集强度指标,判定个体在地域上分布疏密的差异程度。负二项指数 K:

$$K = \frac{\bar{X}^2}{S^2 - \bar{X}^2} \tag{5}$$

其中,K 为负二项指数中的参数,与种群密度无关,K 值越小,聚集强度越大,如果趋于 ∞(一般 8 以上),则逼近 Poisson 分布。扩散系数:

$$C = S^2/\bar{X} \tag{6}$$

若 $C > 1$，则种群分布为聚集型，$C < 1$，则分布为随机型，且 C 遵从均数为1、方差为 $2n/(n-1)^2$ 的正态分布。扩散型指数：

$$I_\delta = \frac{N(\sum f_i X_i^2 - \sum f_i X_i)}{\sum f_i X_i(\sum f_i X_i - 1)} \tag{7}$$

当 $I_\delta = 1$ 时，分布为随机型，当 $I_\delta > 1$ 时，聚集型分布。Cassie 指标 C_A：

$$C_A = 1/K \tag{8}$$

当 $C_A = 0$ 时，为随机分布，当 $C_A > 0$ 时，为聚集分布，当 $C_A < 0$ 时，为均匀分布。丛生指数 I：

$$I = \frac{S^2}{X} - 1 \tag{9}$$

当 $I = 0$ 时，为随机分布。当 $I > 0$ 时为聚集分布。聚块性指标：

$$M^*/M = 1 + 1/K \tag{10}$$

当 $M^*/M = 1$ 时，为随机分布，$M^*/M < 1$ 时，为均匀分布，$M^*/M > 1$ 时，为聚集分布。

2.3　种间关联度的计算

基于 2×2 列联表 χ^2 统计量来检测物种间的联结性，对于非连续性数据的 χ^2 用 Yates 的连续校正公式计算[2,4]，其中 a 为两个种均出现的样方数，b 为仅有 A 种出现的样方数，c 为仅有 B 种出现的样方数，d 为两种均未出现的样方数。

$$\chi^2 = \frac{n[\,|ad - bc| - n/2\,]^2}{(a+b)(c+d)(a+c)(b+d)} \tag{11}$$

式中：n 为小样方总数，χ^2 近似遵从自由度为1的 χ^2 分布，当 $\chi^2 < 3.841$ 时，种间联结独立；当 $3.841 \leqslant \chi^2 < 6.635$ 时，种间有一定的生态联结；当 $\chi^2 \geqslant 6.635$，种间有显著的生态联结。χ^2 本身没有负值，判定正、负联结的方法是当 $ad > bc$，种间具正关联；若 $ad < bc$，种间具负关联[5]。

为进一步测定种间关联强度，采用种间联结系数 AC，AC 的值域为 $[-1,1]$，种对的正关联性越强，AC 值越趋近 1；种对负关联性越强，AC 值越趋近 -1；AC 值为 0，种间完全独立[6,7]。其计算公式为：

$$AC = (ad - bc)/(a + b)(b + d) \qquad (ad > bc) \tag{12}$$

$$AC = (ad - bc)/(a + b)(a + c) \qquad (ad < bc)d \geqslant a \tag{13}$$

$$AC = (ad - bc)/(d + b)(d + c) \qquad (ad < bc)d < a \tag{14}$$

3　意义

郭忠玲等[8]总结概括了长白山落叶阔叶混交林的物种多样性、种群空间分布格局及种间关联性研究模型,根据在吉林省蛟河实验管理局 1 hm² 落叶阔叶混交林样地调查结果,对落叶阔叶混交林的群落结构、物种多样性、主要树种的空间分布格局以及树木种群的种间关联进行了研究。有助于解决群落抽样问题,预测种群消长的动态,揭示群落演替中植物替代关系的机制,为群落密度控制、群落演替趋势、植被恢复与重建提供理论依据。

参考文献

［1］ Qian YQ(钱迎倩), Ma KP(马克平). Principle and Methodologies of Biodiversity Studies. Beijing: China Science and Technology Press,1994:141 – 165.

［2］ Guo ZH(郭志华),Zhuo ZD(卓正大),Chen J(陈洁),et al. Interspecific association of trees in mixed evergreen and deciduous broadleaved forest in Lushan Mountain. Acta Phytoecol Sin(植物生态学报),1997, 21(5):424 – 432.

［3］ Zhang JT(张金屯). The Methods of Quantitative Ecology for Vegetation. Beijing: China Science and Technology Press,1995:256 – 267.

［4］ Hurbert SH. A coefficient of interspecific association. Ecology,1971,50:1 – 9.

［5］ Janson S, Vegelius J. Measure of ecological association. Oecologia,1981,49:371 – 376.

［6］ Li JM(李建民),Xie F(谢 芳),Chen CJ(陈存及),et al. Intespecific association of dominant species in Betula luminifera natural forest communities of Shaowu, Fujian Province. Chin J Appl Ecol China(应用生态学报),2001,12(2):168 – 170.

［7］ Wang BX(王伯荪),Peng SL(彭少麟). A study on the methodology of interspecific association of evergreen broadleaved forest in south subtropical. Chin J Ecol(生态学杂志), 1989,8(4):59 – 61.

［8］ 郭忠玲,马元丹,郑金萍,等. 长白山落叶阔叶混交林的物种多样性、种群空间分布格局及种间关联性研究. 应用生态学报, 2004,15(11):2013 – 2018.

森林生态的水文模型

1 背景

生态水文学是 20 世纪 90 年代兴起的一门新兴边缘学科。在许多应用领域,生态水文学源于对森林水资源利用的研究[1]。生态水文关系在所有生态系统中都很重要。不仅在湿地生态系统而且对森林和干旱区生态系统也具有重要作用。水循环是森林生态系统物质传输的主要过程[2],因此水文学的应用在一个生态系统中至关重要。森林与水的关系不仅受森林系统本身的影响,还受到降雨特征、土壤、地质地形等因素影响。故提出森林流域生态水文动力学模型。

2 公式

2.1 降雨截留模型

1919 年,Horton 通过分析截留数据集,发现截留损失存在以下关系:

$$I = C_m + et \tag{1}$$

式中:I 为次降雨截留量,e 为湿润树体表面蒸发强度,t 为降雨历时。由于植被蓄水容量 C_m 在小雨强过程中不能被蓄满,所以需要对方程进行改进[3]。

Rutter 等[4]建立了基于林冠水量收支的物理模型。模型中林冠排水量可以由一个林冠蓄水容量的经验公式来表示。根据连续性方程,得到:

$$\frac{\mathrm{d}C}{\mathrm{d}t} = (1 - p)R - E - k(e^{bC} - 1) \tag{2}$$

式中:C 为林冠蓄水容量;p 为穿透降雨系数;R 为降雨强度;E 为饱和冠层的蒸发率;k 和 b 为林冠排水经验参数。在此模型基础上,Massman[5]将林冠排水函数改写为含有降雨强度的显函数形式,刘家冈[6]建立了一个基于森林截留物理过程的多层截留过程模型。

Gash 建立的降雨截留模型,实际上是 Rutter 模型的解析形式。

$$I = n(1 - p - p_1)P_G + (E/R)\sum_{i=1}^{n}(P_i - P_G) + (1 - p - p_t)\sum_{i=1}^{m}P_i + qS_t + \sum_{i=1}^{m+n-q}P_i \tag{3}$$

其中,

$$P_G = (-RC_m/E)\ln\left(1 - \frac{E}{R(1 - p - p_1)}\right) \tag{4}$$

式中：I 为次降雨截留量；m 为不能使林冠饱和的降雨次数；n 为能使林冠饱和的降雨次数（每次降雨间隔时间为林冠干燥所需的时间）；p 为穿透降雨系数；p_t 为转移到树干径流的降雨量占总降雨量的比例；E 为林冠平均蒸发率；R 为平均降雨强度；P 为次降雨量；P_G 为能使林冠饱和所必须的降雨量；S_t 为树干持水能力；q 为能使树干吸附达到饱和（产生干流）的降雨次数。

Kaimal 和 Finnigan[7] 提出用热平衡方法（使用波文比）估计蒸散：

$$R_n = H + \lambda E + G + J + B + A \tag{5}$$

式中：R_n 为净辐射，H 为显热通量，λE 为潜热通量，λ 为蒸发潜热，G 为地表热通量，J 为热贮量的变化量，B 为 CO_2 吸收的热量，A 为热平流。

Seth[8] 把蒸散分为 3 部分：林冠蒸腾 E_c、林下土壤蒸发 E_u 和林冠截留蒸发 E_i。利用改进的 Penman-Monteith 方程（6）计算 E_c，由方程（7）计算 E_u，林冠截留蒸发 E_i 也由方程（6）求解（其中，假设 $g_a/g_c = 0$）。

$$E_c = \frac{(1 - p_c)(\Delta R_n + \rho C_p \{e_s(T) - e\} g_a f)}{\lambda [\Delta + \gamma(1 + g_a/g_c)]} \tag{6}$$

$$E_u = \frac{p_c \Delta R_n}{\lambda(\Delta + \gamma)} \tag{7}$$

$$g_a = \frac{k^2 u(z)}{f \ln^2 [(z - d)/z_0]} \tag{8}$$

$$g_c = \frac{1}{\dfrac{1}{Lg_s} + \dfrac{1}{Lg_{b1}}} \tag{9}$$

式中：p_c 为林窗份额（$= 1 -$ 闭郁度），R_n 为净辐射通量，ρ 为 25℃ 下的空气密度，C_p 为空气定压比热容（1.010），$e_s(T)$ 为温度为 T 时的饱和水汽压，e 为自由大气水汽压，g_a 为空气动力学传导率，g_c 为林冠传导率，λ 为水在 25℃ 下蒸发潜热，f 为传导率单位转换系数（0.0245），γ 为在 25℃ 下的干球温度，饱和水汽压随温度的增长率 Δ 只与气温有关，L 为叶面积指数，K 为 von Karman 常数（0.41），g_{b1} 为叶边界传导率，g_s 为气孔传导率，z 为气象仪器高度，z_0 为粗糙度，u 为风速，d 为位移长度。

2.2 产流过程

2.2.1 下渗

Green-Ampt 模型可表示为：

$$f = A\left(1 + \frac{B(H_c + H)}{F}\right) \tag{10}$$

式中：f 为下渗率，参数 A、B 取决于土壤特性，H_c 为湿润锋处的毛管势，H 为表面水压力头，F 为累积下渗率。Green 和 Ampt[9] 发表此模型时，是依据下面的假设：①土壤是由无数小毛细管组成的毛细管束,其在平面上的排列、方向和形状都是不规则的;②土壤是均质的,深层土壤的初始含水量是一致的;③具有阻塞表面。

Horton 模型可表示为:

$$f = f_c + (f_0 - f_c) e^{-kt} \tag{11}$$

式中:f_c 为 f 的稳渗率,f_0 为 $t = 0$ 时刻的 f 值,k 为渗透衰减因子。方程(11)基于以下假设:1)降雨期间的下渗减少量与下渗率成正比;2)有效降雨强度必须大于 f_c[10]。模型中的各参数在实际应用中通常需要经验拟合。Surendra[11] 提到,Ampt 模型不能有效模拟土壤水长时间运动的特征,而 Horton 模型不能模拟土壤水短时运动,因此提出全时段模拟方程。

$$f = f_c + \frac{0.5 i_0 \left[1 - \tanh(t/t_c)^2 \right]}{\tanh(t/t_c)^{0.5}} \tag{12}$$

式中:$i_0 = s(t_c)^{1/2}$ 和 t_c 为时间参数,其中 i_0 的变化范围是 1.5 ~ 6.6 cm,t_c 为 750 ~ 13 000 s。

Philip 模型可表示为:

$$f = s t^{-1/2} + C \tag{13}$$

式中:s 和 C 分别为依赖于土壤扩散率和持水特性的参数。参数 s 指吸收率。随时间的增长,f 近似于恒定并且大致等于饱和水力传导度 K_s。参数 C 的变化范围在 K_s 的 50% ~ 75%。根据 K_s,吸收率参数可以表示为有效毛管驱动力,在饱和土壤含水量与初始土壤含水量条件下有所不同。但在实际情况下,参数估计通常采用经验方法或者优化方法,非线性 Smith-Parlange 模型。

$$f = K_s \frac{e^{(FK_s/c)}}{e^{FK_s/c} - 1} \tag{14}$$

式中:K_s 为饱和水力传导率,F 为累积下渗量。C 是与土壤孔隙度相关的参数,随初始土壤含水量呈线性变化,并依赖于降雨强度。

2.2.2 壤中流

根据壤中流产生的主要机理,壤中流模型一般可分为 Richards 模型、动力波模型和蓄水泄流模型。

Richards 模型依据土壤水运动的连续性原理和达西定律相结合,得到如下基本形式方程:

$$\nabla(K_s K_r \nabla h) = c \frac{\partial \psi}{\partial t} - Q \tag{15}$$

式中:∇ 为哈密顿算子,K_s 为饱和渗透系数,K_r 为相对渗透系数($K_r = K(\theta)/K_s$),h 为总水头($= \psi + z$),ψ 为压力水头,z 为重力水头,c 为比持水量($= \theta/\Psi$),θ 为体积含水量,t 为时间,$K(\theta)$ 为含水量为 θ 时的渗透系数,Q 为任意流出流入项。

动力波模型由 Beven[12] 提出,并作了以下假设:不透水或准不透水边界上饱和区域内流线平行于基岩,且水力梯度等于基岩坡度。模型形式为:

$$\begin{cases} q = K_s H_x \sin a \\ c \dfrac{\partial H}{\partial t} = -K_s \sin \dfrac{\partial H_x}{\partial t} + i \end{cases} \tag{16}$$

式中：q 为单宽泄流量，H_x 为不透水边界上饱和区域的厚度，i 为单位面积内从非饱和区域向饱和区域的输水速度，c 为比持水量（$= \partial\theta/\partial h$）。该模型在以后的研究中[13-14]又被扩展成为包括非饱和区域的饱和 – 非饱和流模型，并且模型中的 K_s 已作为随深度变化的物理量[12]。采用 Beven 经验公式：

$$K_s = K_0 e^{-fz} \tag{17}$$

式中：K_0 为土壤表面饱和渗透系数，f 为经验常数，z 为深度。

1999 年，李金中等[15]提出了一个森林流域坡地壤中流模型。通过回归分析提出了森林土壤的饱和导水率与有效孔隙度随深度呈对数递减，数学表达式为：

$$K_s(z) = K_0 - f_1 \ln(1 + z) \tag{18}$$
$$\omega(z) = \omega_0 - f_2 \ln(1 + z) \tag{19}$$

式中：K_0，$K_s(z)$ 分别为土壤表面饱和导水率和深度为 z 处的饱和导水率；ω_0，$\omega(z)$ 分别为土壤表面有效孔隙度和深度为 z 处的有效孔隙度；z 为土壤深度；f_1，f_2 分别为饱和导水率和有效孔隙度随深度的衰减系数，是与土壤性质有关的常数。

2.2.3 地表径流

Woolhiser 和 Liggett[16]提出，对于较大动力波数（>20），地表径流的动力波近似值具有足够的精度。此后，动力波理论在地表径流模拟研究中的应用变得相当普遍[17]。其基本形式为：

$$\frac{\partial h}{\partial t} + \frac{\partial h}{\partial x} = i(x, t) - f(x, t) \tag{20}$$

其中，

$$c = (\partial q/\partial h)_{x-constan\ t} = nah^{n-1} = nu \qquad u = q/h \tag{21}$$

式中：$i(x, t)$ 为降雨强度，$f(x, t)$ 为下渗率，q 为单位宽度的出流量，u 为平均速度，c 为波速。

2.3 汇流过程

2.3.1 坡面汇流

坡面汇流过程常采用运动波模型。Woolhiser[16]用无因次化方法求解侧向入流的一维不稳定流方程组，导出坡面流上涨段的近似解。

$$q^* = \frac{r_*^2 t_*}{K} \left[\sqrt{\frac{K^2 t_*}{r_*} + 1} - 1 \right] \tag{22}$$

式中：q^* 为无因次单宽流量，r_* 为无因次单宽侧向入流，t_* 为无因次时间，K 为动力波数。

2.3.2　河道汇流

马斯京根法的参数 K、X 与河道长度 L 以及洪水波的波速 C、扩散系数 D 之间的关系满足：

$$K = L/C \tag{23}$$

$$X = 1/2 - D/CL \tag{24}$$

线性动力波法的参数 u_0、y_0 与河道长度 s_0 以及洪水波的波速 C、扩散系数 D 之间的关系满足：

$$u_0 = 2C/3 \tag{25}$$

$$y_0 = 3D_{s0}/C + C^2/9g \tag{26}$$

式(25)和式(26)表明，稳定流时的流速 u_0 反映了洪水波的推移作用(与 C 有关)，稳定流时的水深 y_0 同时反映了洪水波的推移和坦化作用(与 C、D 有关)。

2.4　非对称采伐对径流的影响

陈军锋等[18]建立了由理论模型(23)和经验模型(24)组成的混合模型：

$$\frac{\partial H}{\partial t} = B - \frac{\partial F}{\partial X} \tag{27}$$

式中：H 为坡面水深，F 为地表径流，B 为雨强，X 为一维空间变量，t 为降雨时间。

在式(23)中，水深 H 和径流 F 是两个函数，若想求出其中任何一个，必须在两者之间找出一个关系式。含水量的空间不均匀性会产生径流，径流域水梯度有关。此外，地面倾斜造成重力水 $(H - H_0)$ 沿斜坡的重力分量也会引起地表径流，因此可得到另一个一维方程[3]：

$$F = f\left[\frac{\partial H}{\partial X}, (H - H_0) \times \sin A\right] \tag{28}$$

式中：H_0 为地表枯落物层的饱和持水量，A 为地面倾角。

对于无林侧坡面，模型可直接由式(23)和式(24)组成。但对于有林侧坡面，在树冠未达到最大截留量之前，B 值是随着降雨时间而变化的函数。

3　意义

刁一伟等[19]总结概述了森林流域生态水文过程动力学机制模型，从森林流域的降雨截留、产汇流过程以及林地枯落物层和森林非对称采伐对水文过程的影响来阐述森林流域生态水文过程动力学机制模型的重要性，为森林流域生态与水文耦合过程边界条件的确定，土壤表面特定水文过程的参数化，降雨、土壤水分运动和植被的动态耦合作用，分布式模型的应用以及森林生态水文过程动力学机制与调控等提供理论支持。

参考文献

[1]　Sopper WE, Lull HW. International Symposium on Forest Hydrology. Oxford UK：Pergamon Press, 1967.

［2］ Wayne S. Opportunities for forest hydrology applications to ecosystem management. Proceedings of the International Symposium on Forest Hydrology, Tokyo：1994.

［3］ Liu S. A new model for the prediction of rainfall interception in forest canopies. Ecol Model, 1997,99：151 – 159.

［4］ Rutter AJ, Morton AJ. A predictive model of rainfall interception in forests Ⅲ. Sensitivity of the model to stand parameters and meteorological variables. J Appl Ecol, 1977,14：567 – 588.

［5］ Massman WJ. The derivation and validation of a new model for the interception of rainfall by forests. Agric Meteorol, 1983,28：261 – 286.

［6］ Liu J G(刘家冈). One-dimensional model of delayed surface runoff in litter layers of broad-leaved Korean pine forest. Chin J Appl Ecol(应用生态学报), 1990,1(2)：107 – 113.

［7］ Kaimal JC, Finnigan JJ. Atmospheric Boundary Layer Flows：Their Structure and Measurement. New York：Oxford University Press, 1994：289.

［8］ Seth B. Evapotranspiration modelled from stands of three broad-leaved tropical trees in Costa Rica. Hydrol Proc, 2001,15：2779 – 2796.

［9］ Green WH, Ampt CA. Studies on soil physics I. Flow of air and water through soils. J Agric Sci, 1911,4：1 – 24.

［10］ Linsley RK, Kohler MA, Paulhus JLH. Hydrology for Engineers. 2nd edition. New York：McGraw Hill, 1975：482.

［11］ Surendra KM, Tyagi JV, Vijay P S. Comparison of infiltration models. Hydrol Proc, 2003,17(13)：2629 – 2652.

［12］ Beven K, Germann PF. Macropores and water flow in soils. Water Resour Res, 1982,18：1311 – 1325

［13］ Smith RE, Hebbert RHB. Mathematical simulation of interdependent surface and subsurface. Hydrol Proc Water Resour Res, 1983,19：987 – 1001.

［14］ Hurley DG, Pantelis G. Unsaturated and saturated flow through a thin porous layer on a hillslope. Water Res, 1985,21(6)：821 – 824.

［15］ Li JZ(李金中), Pei TF(裴铁璠), Niu LH(牛丽华), et al. Simulation and model of interflow on hillslope of forest catchments. Sci Silvae Sin(林业科学), 1999,35(4)：2 – 8.

［16］ Woolhiser DA, Liggett JA. Unsteady one-dimensional flow over a plane：The rising hydrograph. Water Resour Res, 1967,3(3)：753 – 771.

［17］ Singh VP. Kinematic Wave Modelling in Water Resources：Surface Water Hydrology. New York：Wiley, 1996：1399.

［18］ Chen JF(陈军锋), Pei TF(裴铁), Tao XX(陶向新), et al. Effect of unsymmetric cutting along both river slopes on rainstorm-runoff process. Chin J Appl Ecol(应用生态学报), 2000,11(2)：210 – 214.

［19］ 刁一伟,裴铁璠. 森林流域生态水文过程动力学机制与模拟研究进展. 应用生态学报,2004,15 (12)：2369 – 2376.

水曲柳的水分指标模型

1 背景

在一定的气候或小气候条件下,根系吸收土壤水分的过程往往控制着植物的水分状态和光合作用过程[1]。但对于不同的树种(或树龄)而言,在特定气候条件下发生水分胁迫时的土壤水分状况却有很大差异。水曲柳是我国东北林区的珍贵用材树种,其人工林生长状况却不理想,大面积造林问题长期得不到解决。主要原因是该树种的根系对土壤水分和养分变化比较敏感,立地条件(或微立地条件)选择不当造林(尤其丰产林)难以成功[2]。从SPAC 体系(Soil-Plant-Atmosphere Continuum)整体考虑,较系统地研究不同土壤水分(水势)状况下水曲柳幼苗的蒸腾 – 吸水过程,以及这一共轭过程中根、叶水势的动态变化,并提出水分指标计算模型。

2 公式

蒸腾量:将蒸腾日 4:00—20:00 分为 8 个时段,每 2 h 为一个时段。每个时段的蒸腾量和日蒸腾量计算式为:

$$T_i = \frac{1}{2}(E_{t+1} + E_t) \times \Delta t \tag{1}$$

$$T = \sum_{i=1}^{8} T_i \tag{2}$$

$$T_i = T_i \times \bar{A}_l \tag{3}$$

$$T' = \sum_{i=1}^{8} T'_i \tag{4}$$

式中:T_i、T 分别为单位叶面积的时段蒸腾量和日蒸腾量;E_{t+1}、E_t 为相邻两次测定的蒸腾速率;Δt 为测定的时间间隔,这里为 7 200 s(2 h);T'_i、T' 分别为单株时段蒸腾量和日蒸腾量;$\bar{A}_l$ 为平均单株叶面积。

细根吸水量和吸水速率:本研究苗木处于瞬变的小气候环境中,直接或间接测定根系的瞬时吸水速率存在一定困难,为此,只进行了每一时段的吸水量和平均吸水速率测算,并通过各时段吸水量和平均吸水速率的变化来反映根系(细根)吸水的日动态过程。其计算式为:

192

$$S'_i = T_i \times \overline{A}_l + \Delta W \tag{5}$$

$$\overline{V}'_i = S'_i / \Delta t \tag{6}$$

$$S_i = S'_i / \overline{A}_r \tag{7}$$

$$\overline{V}_i = S'_i / \Delta t \tag{8}$$

式中：S'_i、S_i 分别为某一时段的单株吸水量和单位细根面积吸水量，$\overline{V}'_i$、$\overline{V}_i$ 分别为某一时段的单株吸水速率和单位细根面积吸水速率；$\overline{A}_l$、$\overline{A}_r$ 分别为平均单株叶面积和平均单株细根面积；ΔW 为植株贮水量的净增量，由叶片、叶柄、茎干、粗根、细根各组织相邻两次含水率差值乘以相应的生物量求得。

大气水势：大气水势 φ_a 通过下式由空气相对湿度换算而得。

$$\varphi_a = \frac{RT}{V_w} \ln(e_a / e_s) \tag{9}$$

式中：R 为气体常数（8.314 4 Pa·m^{-3}·K^{-1}·mol^{-1}）；T 为绝对湿度（K）；V_w 为水的克分子体积（1.8×10^{-5} m^3·mol^{-1}）；e_a、e_s 分别为空气的实际水汽压和饱和水汽压（Pa）；e_a / e_s 为空气相对湿度，可与蒸腾速率同时测得。

SPAC 体系的水流阻力：将 SPAC 体系的水流阻力分解为土壤 – 细根阻力、细根 – 叶片阻力、叶片 – 大气阻力 3 部分，各部分的水流阻力值以 Honer 的水分传输公式为基础进行计算。

$$[R_{sr}]_i = \frac{([\Delta\varphi_{sr}]_{t+1} + [\Delta\varphi_{sr}]_t)/2}{\overline{V}_i} \tag{10}$$

$$[R_{la}]_i = \frac{([\Delta\varphi_{la}]_{t+1} + [\Delta\varphi_{la}]_t)/2}{(E_{t+1} + E_t)/2} \tag{11}$$

$$\overline{R_{la}} = \frac{\Delta\varphi_{sr}}{\sum\limits_{i=1}^{8} S_i / 8\Delta t} \tag{12}$$

$$\overline{R_{la}} = \frac{\Delta\varphi_{la}}{T / 8\Delta t} \tag{13}$$

$$\overline{R'_{sr}} = \frac{\overline{\Delta\varphi_{sr}}}{\sum\limits_{i=1}^{8} S'_i / 8\Delta t} \tag{14}$$

$$\overline{R'_{la}} = \frac{\overline{\Delta\varphi_{la}}}{T' / 8\Delta t} \tag{15}$$

$$\overline{R'_{rl}} = \frac{\overline{\Delta\varphi_{rl}}}{T' / 8\Delta t} \tag{16}$$

式中：$[R_{sr}]_i$ 和 $[R_{la}]_i$ 分别为某一时段单位细根面积和单位叶面积的平均土壤 – 细根阻力和叶片 – 大气阻力，R_{sr}、R_{la} 为相应的日均值；$\overline{R'_{sr}}$、$\overline{R'_{la}}$、$\overline{R'_{rl}}$ 分别为单株日均土壤 – 细根阻力、叶片 – 大气阻力和细根 – 叶片阻力；$[\Delta\varphi_{sr}]_{t+1}$ 和 $[\Delta\varphi_{sr}]_t$ 为相邻两次土壤 – 细根水势差

测定值,$[\Delta\varphi_{la}]_{t+1}$ 和 $[\Delta\varphi_{la}]_t$ 为相邻两次叶片 – 大气水势差测定值;$\overline{\Delta\varphi_{sr}}$、$\overline{\Delta\varphi_{la}}$、$\overline{\Delta\varphi_{rl}}$ 分别为日平均土壤 – 细根、叶片 – 大气和细根 – 叶片水势差。

根据公式,进行计算。不同土壤水分处理的水曲柳幼苗蒸腾速率及其日变化过程呈明显差异(图1)。在主要蒸腾时段,W_1 处理的蒸腾速率最高,W_2 处理次之,二者皆在中午附近形成明显的单峰,且差距较大(峰差达 2.67 mmol · m^{-2} · s^{-1});W_3、W_4 和 W_5 处理也基本上表现为依次降低的趋势,但差距明显缩小。

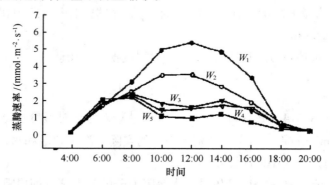

图1 不同土壤水分处理水曲柳幼苗蒸腾速率日动态(晴天)

3 意义

崔晓阳等[3]总结概括了水分指标计算模型,从 SPAC 体系整体考虑,较系统地研究不同土壤水分(水势)状况下水曲柳幼苗的蒸腾 – 吸水过程,以及这一共轭过程中根、叶水势的动态变化,并探索 SPAC 体系中决定苗株水分状况的关键阻力部位,旨在为进一步研究不同土壤水分条件下根系吸水过程对光合作用的控制机理提供依据,也为水曲柳高产人工林培育提供确切的早期土壤水分(水势)指标。

参考文献

[1] Jones HG. Plant and Microclimate：A Quantitative Approach to Environmental Plant Physiology. New York：Cambridge University Press，1992：131 – 161.

[2] Wang ZQ(王政权)，Zhang YD(张彦东)，Wang QC(王庆成). Fine root response of *Manchurian ash* seedlings to the heterogeneity of soil nutrient and soil water. Bull Bot Res(植物研究)，1999,19(3)：329 – 334.

[3] 崔晓阳,宋金凤,屈明华. 土壤水势对水曲柳幼苗水分生态的影响. 应用生态学报,2004,15(12)：2237 – 2244.

沙漠化的景观模型

1 背景

在景观生态学研究中,已经发展和完善了许多数量化的景观测度指标,概括起来这些指数包括了两个层次,即斑块层次和景观层次[1-2]。与斑块层次不同,景观层次强调以景观中不同斑块类型的相互影响与作用形成的空间构形为主要研究内容。常学礼等[3]将对景观结构特征对沙漠化的影响进行分析,提出沙漠化程度与景观指数模型。

2 公式

沙漠化程度指数是衡量某一区域沙漠化总体状况的一个数量表征,沙漠化程度指数(DG)用下式来计算[4]:

$$DG_i = (M_i + k_1 \times SM_i + k_2 \times F_i)/A_i \tag{1}$$

式中:DG_i 为研究区沙漠化程度;M_i 为研究区内流动沙丘地面积;SM_i 为半固定沙丘地面积;F_i 为固定沙丘面积;A_i 为区总面积;i 为某一时期;k_1 和 k_2 为待定权重因子($k_1 = 0.6, k_2 = 0.3$);DG_i 的值变化在 $0 \sim 1$ 之间。

针对沙地景观特点选取了景观形状指数等 7 个指标进行分析,各指标介绍如下[5-6]:

(1)景观形状指数,是景观范围内总边界长度的标准化度量,其值越大,说明景观中不同斑块类型的集合程度越低。

$$LSI = \frac{E}{\min E} \tag{2}$$

式中:LSI 为景观形状指数,取值范围 $LSA \geqslant 1$;E 为景观中所有边界线的总和(包括景观中的背景边界);$\min E$ 为景观中的最小可能边界,有 3 种情况:①当 $A - n^2 = 0$ 时,$\min E = 4n$;②当 $n_2 < A \leqslant n(n+1)$ 时,$\min E = 4n + 2$;③当 $A > n(n+1)$ 时,$\min E = 4n + 4$。在上述 3 种情况中,A 为景观面积,n 为比 A 小的最大整数正方形的边长。

(2)景观分维数,是景观空间格局复杂程度的度量。其值越大说明景观格局越复杂。

$$PAFRAC = \frac{2\left[\left(N\sum\limits_{i=1}^{m}\sum\limits_{j=1}^{n}\ln P_{ij}^2\right) - \left(\sum\limits_{i=1}^{m}\sum\limits_{j=1}^{n}\ln P_{ij}\right)^2\right]}{\left(N\sum\limits_{i=1}^{m}\sum\limits_{j=1}^{n}\ln P_{ij}*\ln a_{ij}\right) - \left(\sum\limits_{i=1}^{m}\sum\limits_{j=1}^{n}\ln P_{ij}\right)\left(\sum\limits_{i=1}^{m}\sum\limits_{j=1}^{n}\ln a_{ij}^2\right)} \tag{3}$$

式中：$PAFRAC$ 为景观分维数，取值范围 $1 \leqslant PAFRAC \leqslant 2$；$a_{ij}$ 为第 ij 个斑块的面积，P_{ij} 为第 ij 个斑块的周长，N 为景观中总斑块数量。在景观分维数的计算中，景观背景斑块不参加计算。

（3）总核心区面积，占景观总面积的比例是景观中不受边界效应影响程度的一个度量。

$$TCA = \sum_{i=1}^{m} \sum_{j=1}^{n} a_{ij}(1/10000) \tag{4}$$

式中：TCA 为核心区总面积，单位为 hm^2；a_{ij} 为第 ij 个斑块的核心区面积。该指标受边界深度取值大小的制约。本文边界深度取值为 $10~m$。

（4）景观聚集度，表示景观中不同斑块类型间的扩散程度。其值变化在 $0 \leqslant CONTAG \leqslant 100$。

$$CONTAG = \left[1 + \sum_{i=1}^{m} \sum_{k=1}^{k} (P_i)\left(\frac{g_{ik}}{\sum\limits_{k=1}^{m} g_{ik}}\right) \times \left[\ln(P_i)\left(\frac{g_{ik}}{\sum\limits_{k=1}^{m} g_{ik}}\right)\right] \Bigg/ 2\ln(m) \right] \times 100 \tag{5}$$

式中：$CONTAG$ 为景观聚集度，P_i 为某类型斑块占景观的比例，g_{ik} 为 2 倍的景观类型 i 和 k 之间的像元数量。

（5）景观集合度，景观组成要素的最大可能相邻程度的度量。

$$AI = \left[\sum_{i=1}^{m} \left(\frac{G_{ii}}{\max g_{ii}}\right) P_i \right] \times 100 \tag{6}$$

式中：AI 为景观集合度（取值范围 $AI \geqslant 0$），P_i 为某类型斑块占景观的比例，g_{ii} 为同一斑块类型 i 不同斑块之间的像元数量，$\max g_{ii}$ 为同一斑块类型 i 不同斑块之间的最大可能像元数量。其中：①当 $A - n^2 = 0$ 时，$\max g_{ii} = 2n(n-1)$；②当 $m \leqslant n$ 时，$\max g_{ii} = 2n(n+1) + 2m - 1$；③当 $m > n$ 时，$\max g_{ii} = 2n(n+1) + 2m - 2$。在上述 3 种情况中，$A$ 为景观面积，n 为比 A 小的最大整数正方形的边长，$m = A - n_2$。

用式（1）计算的不同时空尺度上土地沙漠化程度的结果与所对应的景观结构指数进行单因子关联分析，结果表明，不同景观结构指数在时空尺度上与沙漠化的关联程度都未达到显著或较显著的水平（表1），说明景观结构对沙漠化的影响是一个多因子综合过程，必须进行多因子分析才能进一步揭示其内在规律。

表1　在时空尺度上景观结构与沙漠化的关联分析

项目	景观形状指数	景观分维数	总核心区面积	景观聚集度	景观多样性指数	景观均匀度指数	景观集合度
沙漠化（时间）	-0.515^e	-0.094^e	-0.414^e	0.721^e	-0.584^e	-0.584^e	0.507^e
沙漠化（空间）	0.086^e	0.417^e	-0.090^e	-0.615^e	-0.258^e	0.631^e	-0.187^e

注：a 双尾检查关联程度显著（在 0.01 水平上）．b 较显著（在 0.05 水平上）．c 不显著．

196

3 意义

常学礼等[3]总结概括了沙漠化程度与景观指数模型,采用方差分析(ANOVA)、相关分析和回归分析,从时间和空间两个尺度对科尔沁沙地景观结构特征对沙漠化的生态影响进行了研究。结果表明,任何单一景观结构对沙漠化的影响都不明显。多因子 PCA 分析表明,景观结构对沙漠化有明显作用,它是景观承载了自然和人为作用后的景观要素组合对沙漠化的二次作用,是自然与人为作用的结果反馈。这表明景观结构特征对沙漠化的影响在空间尺度上要比时间尺度上更为复杂。此模型揭示景观结构对沙漠化的影响机制,完善沙漠化的发生和发展理论。

参考文献

[1] Chen P(陈 鹏),Chu Y(初 雨),Gu FX(顾峰雪),et al. Spatial heterogeneity of vegetation and soil characteristics in oasis desert ecotone. Chin J Appl Ecol(应用生态学报),2003,14(6):904 – 908.

[2] Forman RTT, Godron M. Landscape Ecology. New York: John Wiley and Sons,1986:194 – 203.

[3] 常学礼,于云江,曹艳英,等. 科尔沁沙地景观结构特征对沙漠化过程的生态影响. 应用生态学报,2005,16(1):59 – 64.

[4] Chang XL(常学礼),Gao YB(高玉葆). Quantitative expression in regional desertification study. J Des Res (中国沙漠),2003,23(2):106 – 110.

[5] Mc Garigal K, Cushman SA. Comparative evaluation of experimental approaches to the study of habitat fragmentation. Ecol Appl,2002,12(2):335 – 345.

[6] Mc Garigal K, Romme WH, Crist MR, et al. Cumulative effects of logging and road-building on landscape structure in the San Juan Mountains, Colorado. Landscape Ecol,2001,16: 327 – 349.

红松树干的呼吸模型

1 背景

工业革命以来，人口增加和经济发展导致了大气二氧化碳等温室气体浓度的不断增加，地球气候系统发生了剧烈的变化[1]。森林是陆地生态系统的主体，它在生长过程中吸收大量的二氧化碳，并有长期保存能力，全球陆地生态系统中的碳 40% 贮存在森林中[2]。因此，树干代谢呼吸是生态系统碳循环研究中非常重要的内容。王淼等[3]通过野外实地观测研究，试图阐明典型温带阔叶红松林生态系统主要优势树种红松树干呼吸及其规律，并建立了红松树干呼吸测定模型。

2 公式

土壤呼吸气室距树干有效距离（测定土壤呼吸时插入土壤的有效深度）。

$$h = [V - (D/2)^2 \pi d]/(D/2)^2 \pi \tag{1}$$

式中：h 为测定树干呼吸时输入的有效深度；V 为 PVC 环的体积；D 为 PVC 环的直径；d 为土壤呼吸气室插入在 PVC 环内的深度。

用式（2）拟合树干呼吸速率与树干温度间的关系[4-5]。

$$R_t = \beta_0 e^{\beta_1 T} \tag{2}$$

式中：R 为树干呼吸速率，T 为树干温度，β_0 和 β_1 为常数。

$$Q_{10} = e^{10\beta_1} \tag{3}$$

按式（3）计算 Q_{10}[5]。

$$R_m = R_s Q_{10}^{(t_1 - t_2)/10} \tag{4}$$

式中：R_m 是树干维持呼吸速率，R_s 是在树干温度 t_2 时测定的树干呼吸速率，Q_{10} 是树干呼吸速率与温度之间的系数，表示树干温度每增加 10℃ 呼吸速率增加的倍数，t_2 是测定 R 时的树干温度。

在本研究中，通过 R_t 和 R_m 来获得 R_g 值[6]。

$$R_t = R_m + R_g \tag{5}$$

式中：R_t 是树干的呼吸总速率；R_m 是树干维持呼吸速率；R_g 是树干生长呼吸速率。

树干呼吸的日变化曲线如图 1。由图 1 可以看出，树干呼吸速率日变化呈 S 形，呼吸速率最高值出现在 16:00—20:00，呼吸速率最低值出现在 20:00—6:00。

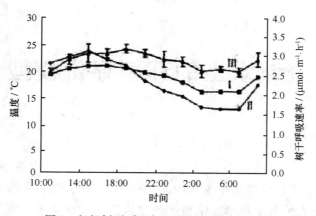

图1　红松树干呼吸与温度因子的昼夜变化
Ⅰ. 树干温度. Ⅱ. 气温. Ⅲ. 树干呼吸速率

3　意义

王淼等[3]总结概括了长白山地区红松树干呼吸的测定模型,采用土壤呼吸气室于2003年5—10月测定了长白山阔叶红松林主要树种红松不同径阶不同方位的树干呼吸,同时监测了树干温度和林内温度。阐明典型温带阔叶红松林生态系统主要优势树种红松树干呼吸及其规律,为构建森林生态系统碳循环模型,了解森林生态系统碳收支状况及其对大气二氧化碳浓度变化的贡献和对全球变化的响应提供资料。为后期的研究提供理论基础。

参考文献

［1］ Keeling CD, Whorf TP. Decadal oscillations in global temperature and atmospheric carbon dioxide // Martinson DG, Bryan K, Hall MM, eds. Natural Climate Variability on Decade-to-Century Time Scales. Washington: National Academy Press,1995:97 – 109.

［2］ Waring RH, Running SW. Forest ecosystems: Analysis at multiple scales. San Diego: Academic Press, 1998:1 – 10.

［3］ 王淼,姬兰柱,李秋荣,等. 长白山地区红松树干呼吸的研究. 应用生态学报,2005,16(1):7 – 13.

［4］ Lavigne MB. Differences in stem respiration responses to temperature between baisam fir trees in thinned and unthinned stands. Tree Physiol,1987(3):225 – 233.

［5］ Davidson EA, Belk E, Boone RD. Soil water content and temperature as independent or confounded factors controlling soil respiration in a temperate mixed hardwood forest. Global Change Biol,1998(4):217 – 227.

［6］ Nelson TE, Hanson PJ. Stem respiration in a closed-canopy upland oak forest. Tree Physiol, 1996,16: 433 – 439.

流域水土的环境评价模型

1 背景

水土环境是自然界环境结构中生物赖以生存、繁衍的重要组成部分,是流域社会经济可持续发展的基础,流域水土环境的定量评价是进行流域水资源宏观调控决策的主要依据。目前的评价方法大多是根据评价区评价指标量化值与评价等级标准,建立评价模型,评价区不同,评价模型也不相同,计算工作量较大[1]。宋松柏等[2]试图在给定水土环境质量评价等级标准下,寻求一种通用的评价模型,进行不同地区水土环境的综合评价。故提出了流域水土环境质量评价的 ANN 模型。

2 公式

2.1 BP 网络

BP 网络是一种多层前向神经网络。图 1 所示为一典型的三层(输入层、输出层和一个隐含层)ANN 结构示意图。图中输入层由 n 个单元(神经元或节点)组成,$x_i(i=1,2,\cdots,n)$ 表示其输入;隐含层由 p 个单元组成,输出层由 q 个单元组成,$y_k(k=1,2,\cdots,q)$ 表示其输出。用 $w_{ij}^h(i=1,2,\cdots,n;j=1,2,\cdots,p)$ 表示从输入层到隐含层的连接权,用 $w_{jk}^h(j=1,2,\cdots,p;k=1,2,\cdots,q)$ 表示从隐含层到输出层的连接权。一般地,一个 ANN 若有 m 个隐含层,且每个隐含层均由 p 个单元组成,则可将其表示为 ANN(n,m,p,q)。用 Z_j^h 表示隐含层的输出,则其算式为:

$$z_j^h = f(s_j) = f(\sum w_{ij}^h x_i + \theta_j)(i=1,2,\cdots,n;j=1,2,\cdots,p) \tag{1}$$

式中:$f(s_j)$ 是表示生物神经元特性的 S 函数(Sigmoid 函数),亦称响应函数或激活函数;s_j 是 j 单元的输入;θ_j 是阈值。对输出层,式(1)中的 $i=1,2,\cdots,p;k=1,2,\cdots,q$。当隐含层为 m 层时,式(1)中的 $h=1,2,\cdots,m$,且当 $h>1$ 时,$i=1,2,\cdots,p$。具体应用时可用 tansig(s_j),logsig(s_j) 等函数。

$$\tan sig(s_j) = \tanh(s_j) = \frac{e_j^s - e_j^{-s}}{e_j^s + e_j^{-s}} \tag{2}$$

$$\lg sig(s_j) = \frac{1}{1 + e_j^{-s}} \tag{3}$$

当给定一组学习（输入）模式 $x_t(i=1,2,\cdots,N)$，并给定 ANN 结构，即可用适当算法对 ANN 进行训练，使其输出 $\hat{y}_i$ 与实际输出 y_i 之间的误差 E 小于等于一限定值 E_0，即 $E \le E_0$，相应的 ANN 及其参数便构成所求问题的 ANN 模型。这是现行的误差控制准则。

$$E = \frac{1}{2}\sum_{i=1}^{n}(y_i - \hat{y}_i)^2 \tag{4}$$

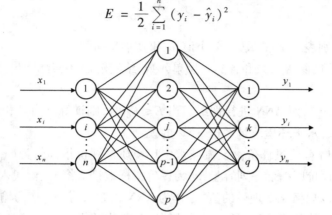

输入层　　　　　　隐含层　　　　　　输出层

图 1　典型三层 ANN 结构示意图

2.2　模型的基本形式

设流域水土环境质量评价指标序列为 x_{ij}，评价等级序列为 $y_i,i=1,2,\cdots,n;j=1,2,\cdots,m;n、m$ 分别表示指标序列容量和评价指标数目。则有：

$$y_i = f(x_{ij}) \tag{5}$$

式（5）表明，ANN 模型的输入层有 m 个单元（$x_{ij};j=1,2,\cdots,m$），输出层有一个单元（y_i）。

2.3　模型建立的步骤

（1）根据水土环境质量评价等级标准，采用随机技术模拟生成足够数量的评价指标序列，以这些指标生成序列和其所属的评价等级值构成建模序列[3]。设第 k 个评价等级中评价指标取值的下限和上限分别 b_j^k、a_j^k，y^k 为其相应的评价等级值，$i=1,2,\cdots,n_k;j=1,2,\cdots,m;k=1,2,\cdots,K,n_k$ 为按第 k 个评价等级生成指标序列容量，m 为评价指标数目，评价等级数目为 K。则评价指标随机模拟公式为：

$$x_{ij}^k = RAND(x) \cdot (b_j^k - a_j^k) + a_j^k \tag{6}$$

通过式（6），对于第 k 个评价等级可生成 n_k 组 (x_{ij}^k,y_i^k)。对所有 $(x_{ij}^k,y_i^k),k=1,2,\cdots,K$，重新编排下标，可得序列 $(x_{ij},y_i),i=1,2,\cdots,N;j=1,2,\cdots,m$。

（2）评价指标和评价等级值序列规格化处理。评价指标按下式进行规格化处理。

$$x'_{ij} = \frac{x_{ij} - x_{\min}^j}{x_{\max}^j - x_{\min}^j} \tag{7}$$

式中:α 和 β 是规格化数据的上下限限定因子,即把数据规格化在$[\beta,\alpha]$之间;x_{max}^j 和 x_{min}^j 分别为第 j 个指标的最大、最小值。

评价等级值按下式进行规格化处理。

$$y'_i = \frac{y_i - y_{min}}{y_{max} - y_{min}}\alpha + \beta \tag{8}$$

式中:y_{max} 和 y_{min} 分别表示 y_i 的最大、最小值;α 和 β 意义同前。

(3)选取 ANN 的隐含层数和各隐含层单元数,给定输出与实际输出之间的误差限定值 E_0。

根据序列(x_{ij}, y_i),对 ANN 进行训练。当 $E \le E_0$ 时,则训练结束。相应的 ANN 结构参数、权重和阈值构成水土环境质量评价 ANN 的模型。

(4)流域水土环境质量评价。设流域水土环境质量评价指标值为(x_{ij});$i = 1, 2, \cdots, n$;$j = 1, 2, \cdots, m$,n 为评价区指标序列容量,m 为评价指标数目。将 x_{ij}、y_i 代入式(7)及式(8)进行规格化处理,并以规格化处理后的值 x'_{ij} 作为 ANN 的输入值,y'_i 作为输出值,按上述训练获得的 ANN 结构参数及权重和阈值,通过计算得到输出的规格化值 y'_i。由式(9)可得评价等级值 y_i。即:

$$y_i = \frac{(y'_i - \beta)(y_{max} - y_{min})}{\alpha} + y_{min} \tag{9}$$

3 意义

宋松柏等[2]总结建立了流域水土环境质量评价的 ANN 模型,根据给定的水土环境质量评价等级标准,采用随机技术模拟生成足够数量的评价指标序列,应用人工神经网络模型,以评价指标生成序列和其所属的评价等级值建立一种通用的评价模型,其特点是不需要构造评价指标集和评价等级值间的函数关系和计算权重值,减少了建立模型的工作量。以西北地区水资源开发利用程度最高的石羊河流域进行实例研究,表明该模型可操作性强,可用于流域水土环境质量评价。

参考文献

[1] Jin JL(金菊良),Ding J(丁 晶),Wei YM(巍一鸣),et al. An interpolation evaluation model for regional water resources sustainable utilization system. J Nat Resour(自然资源学报),2002,17(5):610 – 615.

[2] 宋松柏,蔡焕杰. 旱区流域水土环境质量的综合定量评价模型. 应用生态学报,2005,16(2):345 – 349.

[3] Loucks DP, Gladwell JS. Sustainability Criteria for Water Resources System. London:Cambridge University Press,1999:124 – 126.

秸秆在土壤的分解模型

1 背景

作物秸秆是重要的有机肥源之一,秸秆还田作为改善土壤营养状况的重要措施愈来愈受到重视[1]。秸秆还田后将引起土壤内氮循环的一系列变化[2]。胡希远等[3]利用模拟软件 Modelmaker 对秸秆在土壤分解时描述氮转化过程的微分方程进行数值求解和模型非线性优化,确立模拟数据和试验测定数据的最佳拟合,提出秸秆在土壤分解初期氮素矿化与固持模型。

2 公式

秸秆在土壤内分解时的氮循环变化用图 1 所示结构模型来描述。它包含了土壤系统内存在的 5 个氮状态变量和 9 个转化过程变量。5 个氮状态变量分别为腐殖质氮(HUM – N)、作物秸秆氮(STR – N)、铵态氮($NH_4^+ – N$)、微生物氮(MIC – N)和硝态氮($NO_3^- – N$)。9 个氮转化过程为腐殖质氮矿化(s)、秸秆氮矿化(m)、铵态氮硝化(n)和挥发(v)、硝态氮反硝化(d)、微生物对铵态氮和硝态氮固持(i_a 和 i_n)及微生物氮再矿化(r)。研究表明,土壤微生物可直接从秸秆材料中吸收固持有机 N[4-5],这一过程以 f 表示,考虑在模型中秸秆的腐殖质化是一个非常缓慢的长期过程,在短期内可忽略,但土壤原有的腐殖质氮相对于图 1 中未涉及的其他土壤氮含量则较高[6],其潜在的矿化作用会影响 $NH_4^+ – N$ 及其 ^{15}N 丰度的测定,因此,将腐殖质氮及其矿化作用也考虑在模型中。

根据物质平衡原理,对图 1 所示模型中的氮转化过程可用下面的微分方程来描述:
对 $NH_4^+ – N$、$NO_3^- – N$ 和 MIC – N 中总 $N(^{14}N + ^{15}N)$ 含量有:

$$dNH_4^+ – N/dt = m + s + r – n – i_a – v \tag{1}$$

$$dNO_3^- – N/dt = n – i_n – d \tag{2}$$

$$dMIC – N/dt = i_a + i_n + f – r \tag{3}$$

对 $NH_4^+ – N$、$NO_3^- – N$ 和 MIC – N 中 ^{15}N 含量有:

$$dNH_4^+ –^{15}N/dt = STR – A \times m + HUM – A \times s + MIC – A \times r + NH_4^+ – A \times (n + i_a + v) \tag{4}$$

$$dNO_3^- –^{15}N/dt = NH_4^+ – A \times n – NO_3^- – A \times (i_n + d) \tag{5}$$

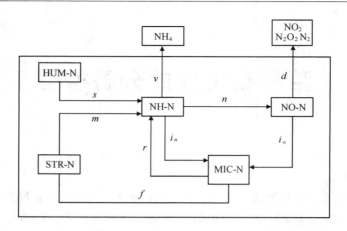

图1　秸秆在土壤中分解时氮循环转化结构模型

$$dMIC - {}^{15}N/dt = NH_4^+ - A \times i_a + NO_3^- - A \times i_n + STR - A \times f - MIC - A \times r \qquad (6)$$

其中,$STR - A$、$HUM - A$、$MIC - A$、$NH_4^+ - A$ 和 $NO_3^- - A$ 分别表示秸秆、腐殖质、土壤微生物、$NH_4^+ - N$ 和 $NO_3 - N$ 中 ${}^{15}N$ 的丰度。由于在试验过程中直接测定的不是各组分中 ${}^{15}N$ 的含量,而是 ${}^{15}N$ 的丰度,因此,微分方程(4)至方程(6)应转换成只包含总氮和 ${}^{15}N$ 丰度的形式:

$$dNH_4^+ - A/dt = [m \times (STR - A - NH_4^+ - A) + r \times (MIC - A - NH_4^+ - A) + s \times$$
$$(HUM - A - NH_4^+ - A)]/NH_4^+ - N \qquad (7)$$

$$dNO_3^- - A/dt = n \times (NH_4^+ - A - NO_3^- - A)/NO_3^- - N \qquad (8)$$

$$dMIC - A/dt = [i_a \times (NH_4^+ - A - MIC - A) + i_n \times (NO_3^- - A - MIC - A) +$$
$$f(STR - A - MIC - A)]/MIC - N \qquad (9)$$

本文利用模拟软件 ModelMaker (3.03),依据微分方程(1)至方程(3)和方程(7)至方程(9)对氮循环的动力学过程进行模拟。在模型优化和寻求最佳参数时,ModelMaker 采用最小化 χ^2 值的原则。χ^2 的定义为:

$$\chi^2 = \sum_{i=1}^{n} \frac{(m_{ij} - O_{ij})^2}{e_{ij}^2} \qquad (10)$$

其中,n 是所测状态变量的数目,m_{ij} 是第 i 个变量第 j 次测量的平均值,e_{ij} 是对应的标准差,O_{ij} 是模拟预测值[7]。本研究测定和用于计算 χ^2 值的变量有 6 个:$NH_4^+ - N$, $MIC - N$ 和 $NO_3^- - N$ 以及其中 ${}^{15}N$ 的丰度。

为了进一步验证模型和模拟测定的结果,将模拟测定的氮转化速率代入上式对净矿化进行计算,结果见图2。净矿化模拟计算值和测定值一致,证明了模型的合理性和转化速率测定的准确性。

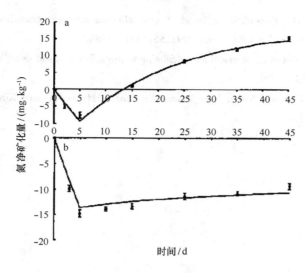

图2　木豆(a)和玉米(b)秸秆在分解期间氮的
净矿化(正值)和净固持(负值)

3　意义

胡希远等[3]总结概括了秸秆在土壤内分解初期氮素矿化与固持的模型,利用模拟软件 Modelmaker 对 3 种作物秸秆在土壤内分解初期氮素循环转化过程进行了模拟,取得了土壤铵态氮、硝态氮、微生物氮及其[15]N 丰度等 6 个变量模拟值和测定值的良好一致性。模型模拟对氮转化速率测定的结果表明,土壤微生物主要固持铵态氮,对硝态氮固持非常微弱,氮矿化主要发生于作物秸秆,腐殖质氮的矿化极其微弱。通过模型拟合优化对各种假设及其对氮矿化和固持测定的影响进行检验,从而提高测定结果的可靠性。

参考文献

[1]　Zhuang HY(庄恒扬),Cao WX(曹卫星),Lu JF(陆建飞). Simulation of nitrogen release from decomposition of straw manure. Acta Ecol Sin(生态学报),2002,22(8):1358 - 1361.

[2]　Watkins N, Wessel WW. Gross nitrogen transformation associated with the decomposition of plant residues. Soil Biol Biochem,1996,28:169 - 175.

[3]　胡希远,Kuehne R. F. 秸秆在土壤内分解初期氮素矿化与固持的模拟测定. 应用生态学报,2005,16 (2):243 - 248.

[4]　Barak P, Molina JAE, Hadas A, et al. Mineralization of amino acids and evidence of direct assimilation of organic nitrogen. Soil Sci Soc Am J, 1990,54:769 - 774.

［5］ Hadas A, Molina JAE, Feigenbaum S, et al. Factors affecting nitrogen immobilization in soil as estimated by simulation models. Soil Sci Soc Am J,1992,56:1481 - 1486.

［6］ Mary B, Recous S, Robin D. A model for calculating nitrogen fluxes in soil using^{15}N tracing. Soil Biol Biochem,1998,30:1963 - 1979.

［7］ Walker A, Crout N. Model Maker User Manual Version3. 03. Oxford,United Kingdom:Cherwell,1997: 20 - 80.

森林的密度模型

1 背景

所谓自然稀疏法则就是用数学模型定量地描述平均个体重与密度的关系,最突出的成果就是反映同龄纯林存活密度和平均个体重量之间关系的 $-3/2$ 自疏法则[1],这是植物种群生态学中颇为成熟的理论,被人们称之为生态学中心法则和生态学基本原则。吴承祯等[2]根据植物种群的生物量增长与种群密度之间的关系推导出同龄纯林自然稀疏过程中林木种群密度随时间变化的经验模型,并以山杨林、云南松林及杉木林自疏资料对所提出的经验模型进行验证,同时与前人提出的主要森林自疏过程密度随时间变化规律模型进行比较。

2 公式

植物种群在各阶段可有不同的数量,但生物量积累随时间的变化与单株个体重量的积累紧密相关,其增长曲线为 S 形,其规律可采用 Schumacher 方程描述[3]:

$$W = Ke^{-bt^{-a}} \tag{1}$$

式中:$W(t)$ 为 t 时刻的种群生物量,K、b、a 为方程参数,且 K 为环境容纳量。

李凤日[3]根据植物生长理论,经严格推导得广义 Schumacher 方程:

$$W = Ke^{-b(c \pm t)^{-\frac{1}{p-1}}} \tag{2}$$

植物种群自疏的生命过程是通过对植物种群密度的死亡过程的自我调节与控制,使种群生物量维持在生境环境容纳量的最大水平上。对于植物种群,其植物种群的平均个体重量 W 与密度 N 之间存在幂函数关系,即著名的 $-3/2$ 法则[1]:

$$W = CN^{-\alpha} \tag{3}$$

式中:N 表示种群存活密度,W 表示种群生物量,α、C 为常数。

由于环境资源是有限的,植物种群生物量不可能无限地增长,也就是说,当环境不能维持更多的生物量增长时,植物种群生物量的增加与损耗相平衡,植物生物量不再增长。为探索种群生物量在未达到饱和时自疏过程中密度的变化规律,可联立方程(2)和方程(3)得到下式:

$$N = Ae^{a(c \pm t)^d} \tag{4}$$

其中,t 为植物种群平均年龄(a),N 为植物种群密度(株/hm^2),A、a、c、d 为待定参数,$A = (c/K)^{\frac{1}{\alpha}}$,$a = b/\alpha$,$d = 1/(1-p)$。

前人在研究森林自疏现象时,也提出了大量的自疏规律模型,如江希钿等[4]利用 Korf 方程及著名的 $-3/2$ 法则提出:

$$N = Ae^{a/t^f} \tag{5}$$

其中包含有 3 个待定参数,它仅为新模型[(4)式]

当 $c = 0$、$d = -f$ 时的一个特例。

而张大勇等[5]根据自疏现象的 $-3/2$ 法则及 Logistic 生长方程提出:

$$N = e^r (1 + ce^{-rt})^\beta \tag{6}$$

但江希钿等[4]经实例验证表明,式(5)优于式(6)。

吴承祯[6]曾结合实例提出了一个适用性更广的自疏模型:

$$N = \exp[\alpha \ln^2(1 + ce^{rt}) + \beta \ln(1 + ce^{-rt}) + \gamma] \tag{7}$$

在式(7)中,当 $\alpha = 0$ 时,式(7)即为张大勇等[5]提出的模型式(6),即模型(6)是模型(7)的特例。

尽管各树种的生物生态学特性、建模所用数据的样本数和密度数据变动情况不同(表 1),但当以残差平方和为目标函数时,新模型一致表现为较前人其他模型效果更好。

表 1 各树种建模信息

林分类型	样本数	平均值 /(plant·hm^{-2})	标准差 /(plant·hm^{-2})	变动系数 /%
山场林	13	7 794	6 182	79.32
云南松林				
Ⅱ地位级	8	3 098	3 620	116.85
Ⅳ地位级	9	2 566	2 228	86.83
杉木林	22	2 778	524	18.86

3 意义

吴承祯等[2]总结概括了森林自疏规律模型,采用遗传算法对非线性模型参数进行最优估计。以山杨、云南松、杉木等树种同龄纯林自疏过程中密度随时间变化资料对新模型进行了验证,并与前人提出的主要森林自疏过程密度随时间变化规律模型进行了对比。结果表明,所提出的同龄纯林自疏规律模型能很好地拟合实际观测资料,具有良好的使用价值;

新模型拟合效果较前人提出的自疏规律模型效果均更佳,说明新模型是一个描述同龄纯林自疏过程密度随时间变化规律的理想经验模型,可在森林自疏规律研究中应用。杉木林自疏过程密度变化规律的研究可为南方林区杉木林经营管理提供参考。

参考文献

［1］ Yoda K, Kira T, Ogawa H, et al. Self-thinning in overcrowded pure stands under cultivated and natural conditions. J Biol Osaka City Univ,1963(14):107 – 129.

［2］ 吴承祯,洪伟,闫淑君. 同龄纯林自然稀疏过程的经验模型研究. 应用生态学报,2005,16(2):233 – 237.

［3］ Li HR(李凤日). Derivation and application of the generalized Schumacher growth equation. J Beijing For Univ(北京林业大学学报),1993,15(3):148 – 153.

［4］ Jiang XD(江希钿),Yang JC(杨锦昌),Wang SP(王素萍). A study on the self-thinning of density variation for evenaged pure stands. Sci Silvae Sin(林业科学),2001,37(supp. 1): 84 – 89.

［5］ Zhang DY(张大勇),Zhao SL(赵松龄). Studies on the model of forest population density change during self-thinning. Sci Silvae Sin(林业科学),1985,21(4):369 – 374.

［6］ Wu CZ(吴承祯),Hong W(洪伟). Density regulation law for *Cunninghamia lanceolata* forest during self-thinning. J Trop Subtrop Bot(热带亚热带植物学报),2000,8(1):28 – 34.

种群的生态位测度模型

1 背景

物种生态位研究是近代生态学理论上的一个重要内容[1]，现代的观点认为，生态位是指在一个 n 维超体积中允许物种无限生存（生长、繁衍）的环境状态的组合[2]，反映物种在群落中所处的地位、功能和环境关系的特性[3]。廖宝文等[4]采用 3 种常用的生态位公式和生态位重叠公式，对海南岛东寨港外来种无瓣海桑扩散区几种红树植物的生态位进行初步研究，提出种群生态位测度模型。

2 公式

生态位宽度：

Simpson 公式：
$$B_{i1} = \frac{1}{\sum\limits_{j=1}^{r} P_{ij}^2} \tag{1}$$

Levins 公式：
$$B_{i2} = \frac{1}{r \sum\limits_{j=1}^{r} P_{ij}^2} \tag{2}$$

Shnnow-Wiener 公式：
$$B_{i3} = -\sum\limits_{j=1}^{r} P_{ij}\ln P_{ij} \tag{3}$$

式中：B_i、B_{i2}、B_{i3} 为物种生态位宽度，P_{ij} 为物种 i 在第 j 个资源状态下的个体数（或重要值）占该种在所有资源位中个体（或重要值）总数的比例，r 为资源位数。

生态位重叠计测公式：

Shoener 公式：
$$O_{ik} = 1 - \frac{1}{2}\sum\limits_{j=1}^{r} |P_{ij} - P_{kj}| \tag{4}$$

Pianka 公式：
$$O'_{ik} = \frac{\sum\limits_{j=1}^{r} P_{ij}P_{kj}}{\sqrt{\sum\limits_{j=1}^{r} P_{ij}^2 P_{kj}^2}} \tag{5}$$

Levins 公式：
$$O_{ik}^{n} = B_i \sum\limits_{j=1}^{r} P_{ij}P_{kj} \tag{6}$$

式中：O_{ik}、O'_{ik}、O''_{ik} 为物种 i 对物种 j 的生态位重叠值，P_{ij}、P_{kj} 为物种 i 和物种 k 在资源序列中第 j 位的个体数（重要值）占该物种个体（重要值）总数的比例，r 为资源位数，B_i 为物种 i 的生态位宽度，因此 $O'_{ik} \neq O'_{ki}$。

考虑到相对重要值更能体现出树种对环境资源的利用效率，避免由个体大小差异造成的差异。因此，在对生态位宽度和生态位重叠计测时，采用相对重要值代替相对个体比例数。重要值 =（相对密度 + 相对频度 + 相对显著度）/300。各种群的个体数与重要值见表1。

表1　无瓣海桑扩散区各群落树种个体数与重要值

树种	群落 I		群落 II		群落 III		群落 IV	
	个体数	重要值/%	个体数	重要值/%	个体数	重要值/%	个体数	重要值/%
A	71	6.33	34	5.07	46	7.76	0	0
B	1 328	28.70	1 222	42.33	1 508	52.65	2 040	40.60
C	1 746	45.07	376	19.32	196	15.37	564	23.68
D	252	7.63	192	11.89	172	11.53	1 104	24.33
E	56	2.66	188	12.59	36	5.54	84	6.11
F	0	0	20	4.05	12	1.62	0	0
G	188	9.61	24	4.75	24	3.98	0	0
H	0	0	0	0	0	0	96	2.52
I	0	0	0	0	4	1.55	48	2.77
合计	3 641	100	2 056	100	1 998	100	3 936	100

A:无瓣海桑；B:桐花树；C:秋茄；D:木榄；E:白骨壤；F:红海榄；G:海桑；H:海莲；I:角果木.

3　意义

廖宝文等[4]总结概括了种群生态位测度模型，采用 3 种常见的生态位宽度和生态位重叠计测公式，以外来种无瓣海桑扩散区的秋茄 + 桐花树群落演替系列作为资源轴，定量计测了几种红树植物的生态位宽度和重叠值。结果表明，各树种重叠值中，以秋茄、桐花树、木榄、白骨壤之间的生态位重叠较大，表明其间存在较强的资源利用性竞争。无瓣海桑生态位宽度处于中等程度，与中低潮滩红树植物海桑、桐花树、秋茄和白骨壤的重叠值相对较高，与红海榄、木榄有中度重叠，与角果木有少量重叠，与海莲完全没有重叠。该模型为进一步阐明外来种无瓣海桑与乡土红树植物的种间关系以及合理利用无瓣海桑提供理论依据。

参考文献

[1] Li YD(李意德). Study on the niche characteristics of main tree populations in tropical mountain rain forest at Jianfengling, Hainan Island. For Res(林业科学研究),1994,7(1):78 – 85.

[2] Colwell RK. On the measurement of niche breadth and overlap. Ecology,1971,52:567.

[3] Li B(李博),Yang C(杨持),Lin P(林鹏). Ecology. Beijing:Higher Education Press,2000.

[4] 廖宝文,李玫,郑松发,等. 海南岛东寨港几种红树植物种间生态位研究. 应用生态学报,2005,16(3):403 – 407.

水稻生长的日历模型

1 背景

作物生长模拟是在作物科学中引进系统分析方法和应用计算机后兴起的一个研究领域。它通过对作物生育和产量的实验数据加以理论概括和数据抽象,找出作物生育动态及其与环境之间关系的动态模型,然后在计算机上模拟作物在给定的环境下整个生育期的生长状况,借以指导实际生产。刘桃菊等[1]选择亚洲有代表性的气候条件,模拟气候变化对水稻生产的影响,一方面检验模型对不同气候条件和不同栽培措施下模拟的准确性;另一方面模拟不同气候条件下水稻生产的产量潜力,就此提出水稻生长日历模型。

2 公式

2.1 生育期模型

将水稻生育期分为花前期和花后期两部分,由于水稻的感温性和感光性只对开花前产生影响,而开花后主要是受温度的影响,故开花以后的生育期模拟采用一般的线性积温法。花前期的模拟比较复杂,为了尽量与生产实际相吻合,抽穗开花受品种的感光性与感温性的影响,而昼温与夜温不同也影响品种的发育速率。考虑到影响水稻发育的这些基本因素,将抽穗前分为基本营养生长阶段、光敏感阶段和光钝感阶段3个连续阶段。利用非正态概率密度函数的βeta模型作为基本方程,,描述抽穗前3个发育阶段的光温反应,故称3S－βeta模型。

$$R = \begin{cases} g'(T_D) \cdot h'(T_N)/f_0 & S \leqslant \theta_1 \text{ 或 } S \geqslant \theta_2 \\ g(T_D) \cdot h(T_N) \cdot r(P)/f_0 & \theta_1 < S < \theta_2 \end{cases}$$

式中:R 为发育速率,S 为发育阶段(为 R 逐日累加值,播种时 $S=0.0$,开花时 $S=1.0$);θ_1 和 θ_2 分别为基本营养生长阶段和光敏感阶段结束时的 S 值;f_0 是最适光温条件下播种至开花的天数(最短开花期);$g'(T_D)$ 和 $h'(T_N)$ 为光钝感阶段日温和夜温对水稻的发育效应函数,$g(T_D)$、$h(T_N)$ 和 $r(P)$ 分别为光敏感阶段日温、夜温、日长对水稻发育的效应函数。这些效应函数定义为:

$$g'(T_D) = \left[\left(\frac{T_D - T_b}{T_{0D} - T_b} \right) \left(\frac{T_c - T_D}{T_c - T_{0D}} \right)^{\frac{T_c - T_{0D}}{T_{0D} - T_b}} \right] \alpha'_D$$

213

$$h'(T_N) = \left[\left(\frac{T_N - T_b}{T_{0D} - T_b} \right) \left(\frac{T_c - T_N}{T_c - T_{0N}} \right)^{\frac{T_c - T_{0D}}{T_{0N} - T_b}} \right] \alpha'_N$$

$$g(T_D) = \left[\left(\frac{T_D - T_b}{T_{0D} - T_b} \right) \left(\frac{T_c - T_D}{T_c - T_{0D}} \right)^{\frac{T_c - T_{0D}}{T_{0D} - T_b}} \right] \alpha'_D$$

$$h(T_N) = \left[\left(\frac{T_N - T_b}{T_{0N} - T_b} \right) \left(\frac{T_c - T_N}{T_c - T_{0N}} \right)^{\frac{T_c - T_{0N}}{T_{0N} - T_b}} \right] \alpha_N$$

$$r(P) = \left[\left(\frac{P - P_b}{P_0 - P_b} \right) \left(\frac{P_c - P}{P_c - P_0} \right)^{\frac{P_c - P_0}{P_0 - P_b}} \right]^{\delta}$$

式中:T_b、T_0 和 T_c 分别为生物学下限、最适、上限温度(℃);T_D、T_N 及 T_{0D}、T_{0N} 分别为日温、夜温及最适日温和最适夜温(℃);P 为每天的实际日长,P_b、P_0、P_c 为下限、最适、上限日长(h·d^{-1})。α'_D、α'_N 分别为光钝感期白天和夜晚的感温性指数;α_D、α_N 分别为光敏感期白天和夜晚的感温性指数;δ 为光敏感期的感光性指数。

2.2 叶面积增长模拟

幼穗分化前,同化物主要分配到叶中,叶面积增长受温度的影响,是叶龄的指数函数。即:

$$LAI = LAI_0 \exp(r \cdot y_n)$$

式中:LAI_0 为出苗时的初始叶面积指数;y_n 为主茎叶龄;r 为叶面积相对增长速率,与叶片含 N 量($N\%$)呈线性正相关:

$$r = 0.256 + 0.127N(\%)$$

主茎叶龄的数学模型为[2-3]:

$$y_n = X^b - 1$$

X 为出苗后的天数(自第一片完全叶露尖日算起),b 是与温度有关的参数:

$$b = \exp(\mu)(T - T_b)^{\lambda}(T_c - T)^{\beta}$$

式中:T_b、T_c 分别为叶片发育的生物学下限与上限温度,μ、λ、β 为待估参数。

幼穗分化后,叶面积的增长由叶片的干物质量计算:

$$LAI = LAI_{pi} + SLA(WL - WL_{pi})$$

式中:LAI_{pi} 为幼穗分化时的叶面积指数;SLA 为比叶面积,WL 为绿叶干质量,WL_{pi} 为幼穗分化时的叶片干质量。

根据公式,对中国、日本和菲律宾 3 地 1980—1989 年的 10 年气候资料和有代表性的水稻品种,应用 RI - CAM 1.3 模型,代表品种特性的各项参数值(表 1),对水稻生育期进行模拟。

表1　3个地点不同类型水稻品种的特征参数

地点	品　种	f_0	α	δ	$NFLV_0$	T_{OD}	T_{ON}
中国	广陆矮4号	54.0	1.66	0.50	0.90	31.0	29.4
	汕优2号	64.44	2.020 3	7.217 9	0.80	31.0	29.4
日本		34.27	1.876 9	4.397 3	1.20	30.6	27.7
菲律宾	IR36	65.79	2.241 1	4.592 6	1.0	31.8	29.1
	IR50	68.59	4.310 2	0.845 2	0.9	31.8	29.1
	IR72	73.89	1.882 3	4.854 0	0.9	31.0	29.4

3　意义

　　刘桃菊等[1]应用水稻生长日历模拟模型(RICAM 1.3)模拟亚洲地区不同地点和不同气候条件下水稻的生育期和产量形成。其中3s – Beta 模型被用于预测水稻开花期和描述水稻光温反应的3个连续阶段:基本营养生长期、光敏感期和光敏感后期。从时间与地理梯度的变化对水稻产量进行模拟,以中国、日本和菲律宾作为从北到南的地理梯度,以20世纪80年代气候变化作为时间梯度,应用RICAM1.3进行模拟。结果表明,模型具有广泛的适应性,能较好地模拟不同气候条件和不同水稻品种生育期的变化与产量的形成,为水稻产量进一步提高提供科学依据。

参考文献

[1]　刘桃菊,殷新佑,戚昌瀚,等. 气候变化与水稻生长发育及产量形成关系的模拟研究. 应用生态学报,2005,16(3):486 – 490.

[2]　Liu TJ(刘桃菊),Tang JJ(唐建军),Yin XY(殷新佑),et al. A simulation study of the leaf appearance dynamics of rice. Acta Agric Univ Jiangxiensis(江西农业大学学报),1996,18(2):145 – 149.

[3]　Yin X,Kropff MJ. The effect of temperature on leaf appearance in rice. Ann Bot,1996,77:215 – 221.

降水的分布模型

1 背景

降水是研究流域面各种水文过程的输入项,单元区域的降水量模拟显著影响着分布式水文模型的模拟精度[1]。如何利用雨量站实测点降水资料产生分布式降水数据,已成为分布式水文模型研究的重要问题。张升堂等[2]提出一种新型降水分布数学模型,能提供分布式降水数据。

2 公式

降水分布模型的建立实质是降水量与空间位置关系的确立[3]。天气系统降水在不受地形变化对降水的增强或阻滞影响时,降水量平面分布图是一组同心的椭圆形。圆心处为降水中心,降水量最大,愈远离降水中心降水量愈小,直至趋近于零降雨量[4-5]。据此,本研究构造一指数函数,其指数部分图像为椭圆曲线,模拟空间位置(x,y)点的降雨量p表示为:

$$p = p_0 e^{-a} \sqrt{m(x - x_0)^2 + (y - y_0)^2} \tag{1}$$

式中:(x_0, y_0)为降水中心位置;p_0为降水中心的降水量;a, m为待定参数($a, m > 0$)。

由式(1)可以看出,当研究点(x,y)位置落在降水中心(x_0, y_0)上,则降水量取得最大值p_0,然后随研究点位置远离降水中心(x_0, y_0),降水量p越来越小,并趋近于零。同一降水量p_i的位置点在平面上形成一椭圆,椭圆方程如下:

$$\left[\frac{\ln(p_0/p_i)}{\sqrt{2ma}} \right] = \frac{(x - x_0)^2}{2} + \frac{(y - y_0)^2}{2m} \tag{2}$$

不同的降水量取值在平面上的对应位置点的分布是以降水中心为圆心的一簇同心椭圆,如果以高度表示降水量大小则模型描述的降水量分布如图1所示,其等高线也将是一簇同心的椭圆(图2)。

以上模型模拟仅是一个均匀的水平地表面上,天气系统降水如果不受地形对降水的增强或阻滞影响下的降水量近似分布,由于地形的高低起伏,实际地表面会对降水产生很大影响[6],特别是黄土丘陵沟壑区流域内沟壑纵横,降水受下垫面地形影响较大[7],实际降水分布并非图2中的等值线所描述,因此假定实际降水分布与模型模拟降水分布之间的差异全部由地形变化引起,则:

216

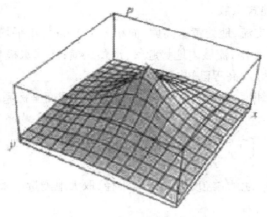

图 1　模拟降水量分布

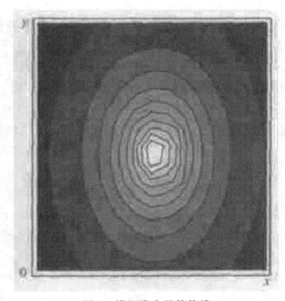

图 2　模拟降水量等值线

$$\Delta p = f(z) \tag{3}$$

即

$$f(z) = pr - p \tag{4}$$

式中：Δp 为某点实际降水量 pr 与模型模拟降水量 p 之间的差异；Z 为高度因子。

利用牛顿插值多项式确定地形变化引起降水分布变化之间的关系：

$$f(z) = \beta_1 + \sum_{i=2}^{n} \beta_i \big[\prod_{j=1}^{i=1} (z - z_j) \big] \tag{5}$$

217

式中:β_i 为牛顿插值多项式系数。

西川河为延河一级支流,地处黄土高原,面积 801.1 km²,年平均降水量 547 ~ 552 mm。6—9 月份多发生区域性暴雨,流域内地势起伏,沟壑纵横,次降水极易形成洪水。流域内有雨量测站 6 个,测站经纬度、高程已知。

由于测站位置为经纬度,因此利用测站经、纬度通过球面坐标系向 xoy 平面投影的方式确定雨量测站的位置(x_i,y_i)。

$$\begin{cases} x_i = r\cos \phi_i \cos \theta_i & (6) \\ y_i = r\cos \phi_i \sin \theta_i & (7) \end{cases}$$

式中:ϕ_i 为测站纬度;θ_i 为测站经度;r 为地球半径,取大地测量中采用的常数 6 371 km。

3   意义

张升堂等[2]在对国内外降水模型分析基础上,建立了一种能够模拟天气系统降水分布,并利用牛顿插值法对模拟结果进行地形影响修正的新型降水分布数学模型,提出了对降水中心位置及其中心降水量的模型模拟。利用黄土高原西川河流域实测资料对模型进行了检验,结果表明,该模型具有较高精度。由于模型概念简单明晰,且能指明降水中心位置及其中心降水量,因此在流域暴雨分析和洪水预报中具有一定价值。此模型能够模拟流域降水的降水中心位置及其中心降水量,为流域暴雨及洪水分析提供科学依据。

参考文献

[1]   Rui XF(芮孝芳). Runoff Forming Theory. Nanjing：Hehai University Press,1991:99 – 103.

[2]   张升堂,康绍忠,刘音. 新型降水分布数学模型研究及其应用. 应用生态学报,2005,16(3):555 – 558.

[3]   Wood ET,Sivalapan M. Effects of spatial variability and scale with implications to hydrologic modeling. J Hydrol,1998,212:29 – 47.

[4]   Linsley RK, Franzini JB. Water Resources Engineering. New York：McGraw-Hill,1979:11 – 12.

[5]   Wang GA(王国安). The Calculation Theory and Method of PMP and PFP. Beijing：China Waterpower Press, 1999: 26 – 28.

[6]   Babkin AV. Modeling water and heat regimes of arid areas at varying atmospheric precipitation. Water Resour, 2002,29(6): 698 – 704.

[7]   Pei TF(裴铁),Fan SX(范世香),Han SW(韩少文),et al. Simulation experiment analysis on rainfall distribution process in forest canopy. Chin J Appl Ecol(应用生态学报),1993,4(3): 250 – 255.

冬小麦的灾损风险模型

1　背景

产量灾损风险是指作物受灾导致产量减产的可能风险程度,灾害造成作物减产是一种风险事件,它具有可预测性和不确定性,基于风险分析技术方法探讨作物产量灾损规律,对制定防灾和减灾决策降低灾损风险程度,实现稳产增收有重要意义。薛昌颖等[1]在上述研究的基础上,以县级逐年冬小麦单产序列为资料样本,对北方冬小麦主要产区进行产量灾损风险评估和综合风险类型划分,提出了北方冬小麦产量灾损风险指数模型。

2　公式

2.1　产量分解模型的构建

按照北方冬小麦产量灾损风险评估概念模型(图1),作物产量(Y)可分解为多个组成部分,由下式表示:

$$Y = Y_t + Y_w + \varepsilon \tag{1}$$

式中:Y为逐年单产;Y_t为趋势产量,主要反映农业技术水平的提高对产量的影响,具有渐进性和相对稳定性;Y_w为波动产量,主要受气象因子年际变化的影响,具有逐年波动性;ε为随机"噪声",受其他非定常因素影响,一般忽略不计。故式(1)可简化为:

$$Y = Y_t + Y_w \tag{2}$$

由于北方冬麦区面积大,不同地区产量水平会有较大差异,为使不同地区的波动产量具有可比性,采用相对气象产量(Y_r)表示,将式(2)转换为:

$$Y_r = Y_w / Y_t \tag{3}$$

2.2　灾损风险评估指标及其计算方法

(1)历年平均减产率模式:减产率是指历年冬小麦实际产量通过产量分解获得的相对气象产量的负值百分比。历年平均减产率计算公式为:

$$P = \frac{1}{n} \sum_{i=1}^{n} x_i \tag{4}$$

其中,x_i为减产序列的逐年减产率,n为序列年数。

(2)灾年减产率变异系数:变异系数是均方差与数学期望比值,表示减产幅度偏离其平

219

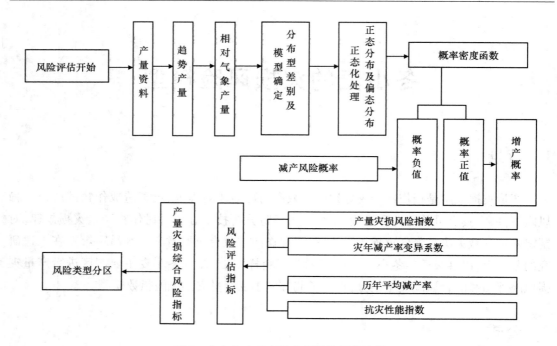

图1 北方冬小麦产量灾损风险评估流程

均值的程度,系数越大,说明产量稳定性越差。定义减产率大于 10% 的年份为灾年,各县市冬小麦灾年减产率变异系数的计算公式如下:

$$V = \frac{\sqrt{\sum_{i=1}^{n}(x_i - \bar{x})^2 / (n-1)}}{\bar{x}} \tag{5}$$

式中:x_i 为灾年减产率序列;$\bar{x}$ 为灾年平均减产率;n 为序列年数。

(3)不同减产率范围出现的概率:利用偏度峰度检验法对县级相对气象产量序列进行正态性检验,结果表明,全区 523 个县市通过正态性检验的占 81.3%,表明北方大部分地区冬小麦相对气象产量序列是符合正态分布的。对没有通过正态性检验的,采用偏态分布正态化处理,这样便可以相对气象产量序列为基础,根据正态分布的概率计算方法计算出不同减产率出现的概率。其计算方法如下[2-3]:

$$F(x) = \int_{-a}^{x} \frac{1}{\sqrt{2\pi}\sigma} e^{-\frac{1}{2\sigma^2}(x-u)^2} \mathrm{d}x \tag{6}$$

$$P(x > x_0) = 1 - \Phi\left(\frac{x_0 - u}{\sigma}\right) \tag{7}$$

式(6)和式(7)中,u 为样本均值;σ 为样本均方差。

实际上概率分布要查概率分布表,本文为在计算机上进行计算,用以下近似公式编制正态分布表：

$$P(x) = \frac{1}{2}(1 + a_1x^1 + a_2x^2 + a_3x^3 + a_4x^4 + a_5x^5 + a_6x^6)^{-16} \tag{8}$$

$a_1 = 0.049\,867\,437, a_2 = 0.021\,141\,100\,61, a_3 = 0.003\,277\,626\,3,$

$a_4 = 0.000\,038\,003\,6, a_5 = 0.000\,048\,890\,6, a_6 = 0.000\,005\,383。$

$$\phi(x) = \begin{cases} P(-x) & X \leqslant 0 \\ 1 - P(x) & X > 0 \end{cases} \tag{9}$$

（4）灾损减产风险指数：灾损减产风险指数(I)是指产量灾损不同减产率(J_i)与相应出现概率(R_i)的乘积的总和，是反映减产风险程度的一个指标，指数越大，风险就越大。表达式为：

$$I = \sum_{i=1}^{n} J_i R_i \tag{10}$$

（5）抗灾指数：抗灾指数主要反映农业生产综合抗灾能力的强弱，实际产量高则表明该地区农业生产水平高，也就间接反映了抗灾能力较强。光温产量是指当水分、土壤、品种和农业技术措施等处于适宜条件下，由当地辐射和温度条件决定的产量[4-5]，一般可以认为是该地区能够达到的最大产量。因此，实际产量与光温产量的比值可以作为间接反映农业综合抗灾能力的一种指标，比值越大则说明农业综合抗灾能力越强，抗灾能力强可降低灾害减产的风险程度。其表达式如下：

$$K = \frac{1}{n}\sum_{i=1}^{n}\frac{Y_i}{Y_{mi}} \tag{11}$$

式中：K 称为抗灾指数；Y_i 为实际产量；Y_{mi} 为光温产量，即最大产量，其计算结果取自文献[6]；n 为年代长度，本文取 1952 年（1949—2000 年）。

（6）产量灾损综合风险指数：冬小麦产量灾损风险程度与减产率及其发生概率、历年平均减产率、灾年减产率变异系数成正比，与抗灾能力的强弱成反比，本文在上述有关风险评估指标的基础上，构建冬小麦产量灾损综合风险指数(M)，其表达式如下：

$$M = \frac{1}{k} \times P \times V \times \sum_{i=1}^{n} J_i R_i \tag{12}$$

式中：J_i 为减产率；R_i 为相应减产率出现的概率；P 为历年平均减产率；V 为灾年减产率变异系数；k 为抗灾指数。

为了使风险类型分类指标有序化，将式（12）中的 M 值序列进行极差标准化，序列极差标准化的公式如下：

$$I = \frac{M_i - M_{min}}{M_{max} - M_{min}} \tag{13}$$

式中：I 为极差化综合风险指标；M_i 为序列中的逐个 M 值；M_{min} 为序列中的最小值；M_{max} 为序列中的最大值。极差标准化后的 I 值处于 0 ~ 1 之间，风险程度随 I 值的增加而增大。根据

I 值的大小确定分区指标。

根据公式,进行计算,得出北方冬小麦产量灾损综合风险指数类型分类指标(表 1)。

表 1　北方冬小麦产量灾损综合风险指数类型分类指标

编号	产量灾损综合风险类型	极差化综合风险指数范围
Ⅰ	低风险	0 ~ 0.1
Ⅱ	中风险	0.1 ~ 0.4
Ⅲ	高风险	0.4 ~ 1

A. 产量灾损综合风险类型. B. 极差化综合风险指数范围.

3　意义

薛昌颖等[1]总结概括了北方冬小麦产量灾损综合风险指数模型,根据风险分析原理,利用北方各县市冬小麦近 50 年的实际单产资料和气象资料,进行冬小麦产量灾损风险评估和风险类型划分。以历年平均减产率、灾年减产率变异系数、不同减产率及其发生的概率和抗灾指数作为产量灾损风险评估指标。结果表明,高风险类型主要分布在水土条件较差的陕、晋黄土高原地区和华北平原部分地区;中风险类型分布在华北平原东北部和河南南部以及太行山区;低风险类型主要分布在有灌溉条件和农业生产水平较好的华北平原的大部分地区和关中地区。旨在为农业生产部门制定适宜的防灾减灾政策、决策和措施提供科学依据。

参考文献

[1]　薛昌颖,霍治国,李世奎,等. 北方冬小麦产量灾损风险类型的地理分布. 应用生态学报,2005,16 (4):620 - 625.

[2]　Li SK(李世奎),Huo ZG(霍治国),Wang DL(王道龙). Risk Assessment and Strategies of Agricultural Disasters in China. Beijing:China Meteorological Press,1999.

[3]　Xue CY(薛昌颖),Huo ZG(霍治国),Li SK(李世奎),et al. Risk assessment of drought and yield losses of winter wheat in the northern part of North China. J Nat Disast(自然灾害学报),2003,12(1):131 - 139.

[4]　Guo TC(郭天财),Peng Y(彭　羽),Yan YL(闫耀礼),et al. Effects of water operation on water using traints and yield after anthesis on two cultivars of winter wheat. Acta Agric Boreali Sin(华北农学报), 2002,17(1):16 - 20.

[5]　Guo XW(郭晓维),Zhao CH(赵春红),Kang SH(康书红),et al. Effect of water treatments on the config-

uration, physiological characteristics and yield of winter wheat. Acta Agric Boreali-Sin(华北农学报), 2000,15(4):40 – 44.

[6] Wang SY(王素艳), Huo ZG(霍治国), Li SK(李世奎), et al. Water deficiency and climatic productive potentialities of winter wheat in north of China-Study on its dynamic change in recent 40 years. J Nat Disast (自然灾害学报),2003,12(1):121 – 130.

棉花的苗蕾期模型

1 背景

对棉花生育阶段和器官发生、发育进行深入的模拟研究,旨在准确地预测棉花各生育时期和棉株各节点的发生时间及其发育速率,为棉花生产管理提供实时参考。马富裕等[1]试图在前人工作的基础上,采用基于生理发育时间的建模原理和方法,对已有模型进行改进和补充,即提出棉花生育期及蕾铃发生发育模型[2]。

2 公式

2.1 引入果枝始节系数(IFIN)

在棉花生理发育时间计算中[2],增加果枝始节系数以调整不同熟性品种的苗期生理发育时间,减小对棉花全生育期及各生育阶段的预测误差。果枝始节系数的引入是基于不同熟性品种果枝始节差异较大而苗期每出现一张叶片(需要不小于12℃的有效积温大约40℃左右)所需积温差异较小的理论与实践。因此,假定此期棉花的展叶速率相对一致,品种之间苗期差异仅由果枝始节数不同引起,忽略熟性因子对展叶速度的影响。若以果枝始节为3的特早熟品种的果枝始节系数(IFIN)为1时,则有:

$$I_{FIN} = MIN(1.371\ 0e^{-0.100\ 05N}, 1) \tag{1}$$

式中:N 为果枝始节数,每个品种都具有较稳定的果枝始节数;$IFIN$ 为果枝始节系数,取值为 0~1。

2.2 日照时数因子 F_{SH} 计算

棉花属喜光作物,每天日照时数对温度的热效应具有促进或延迟效应。日照时数(Sunlight hours,H)对发育进程的影响可用日照时数因子(Sunlight duration,F_{SH})描述:

$$F_{SH} = MIN(1.2, 0.133\ 5 \times H + 0.180\ 2) \qquad (R^2 = 0.988\ 2) \tag{2}$$

式中:H 为日照时数,F_{SH} 为日照时数因子,取值 0.18~1.20。

2.3 果枝节位光照系数(I_{FBR})计算

棉株自下而上,随果枝节位升高,受光条件越来越好,蕾期或铃期均有逐渐缩短的趋势[3-4]。在本模型中,用果枝节位光照系数(Solar radiation index on fruiting branch,I_{FBR})描述不同果枝节位受光条件对蕾铃发育的影响。在蕾期这种变化与果枝序数呈线性关系;在

224

铃期随果枝升高这种影响呈二次曲线形式变化,即中部偏下果枝铃期略长于第一果枝,以后随果枝节位升高铃期逐渐缩短。

$$I_{FBR} = \begin{cases} MIN(1.2, 0.021\,7 \times B + 0.987\,77) & 17.5 < PDT \leqslant 30.0 \\ MIN(1.2, 0.002 \times B^2 - 0.014 \times B + 1.000\,4) & PDT > 30.0 \end{cases} \quad (3)$$

式中:I_{FBR}为果枝节位光照系数,B为果枝序数,PDT为棉花生理发育时间。

2.4 棉花生理发育时间的计算

温度对棉花器官建成及生育期的影响程度用相对热效应(Relative thermal effectiveness,R)衡量,其取值范围为0~1,一般采用两段线性函数描述这一过程[2]。

$$R(T) = \begin{cases} 0.0 & T < T_t \\ (T - T_b)/(T_0 - T_b) & T_0 \geqslant T \geqslant T_b \\ (T_m - T)/(T_m - T_0) & T_m \geqslant T \geqslant T_0 \\ 0.0 & T > T_m \end{cases} \quad (4)$$

式中:$R(T)$表示温度为T时的相对热效应;T_o为发育的最适温度;T_b为发育的最低温度,低于这一温度,棉花蕾铃发育速率为零;T_m为发育的最高温度,超过这一温度,棉花蕾铃就停止发育。各取值范围见表1。

表1　棉花各生育时期的三基点温度及生理发育时间(PDT)

生育期	T_b /℃	T_a /℃	T_m /℃	PDT
播种到出苗	12	30	45	2.5
出苗到现蕾	12	30	35	17.5
现蕾到开花	12	30	35	30.0
开花到吐絮	12	30	35	60.0

当前直播棉大都采用薄膜栽培,在计算每日生理效应时须考虑薄膜覆盖的增温效应。假定薄膜覆盖时,$F = 1.0$;不覆盖时,$F = 0$。地膜覆盖提高土壤温度对气温的补偿效应由以下公式计算[5]:

$$T_{PLUS} = (T_{SFav} - T_{Sav})/(T_{Sav} - T_b)/(T_{av} - T_b) \times E_C \quad (5)$$

$$T_{Sav} = 0.890 + 1.017 \times T_{av} \quad (6)$$

$$T_{SFav} = 7.572\,5 + 0.830\,3 \times T_{av} \quad (7)$$

式中:T_{PLUS}表示地膜覆盖地温增加对气温的补偿值。T_{SFav}为地膜覆盖后5 cm的土壤温度;T_{Sav}为无地膜覆盖时的5 cm土壤温度;T_b为生物学活动下限温度,模型中取值为12℃;E_C为补偿效应系数。地膜覆盖的补偿效应随棉花生育进程的推进逐渐下降,一般至开花时随灌溉、施肥等田间作业的进行补偿效应即行结束。E_C取值前人按苗期到蕾期0.51、蕾期到

花期0.22取值[5]。为便于模型运行,可用如下公式计算:

$$E_C = -0.00009D^2 - 0.0009D + 0.5175 \qquad (n = 11, R^2 = 0.9121^{**}) \qquad (8)$$

式中:D 为播种后天数,春播棉最大值取 60 d,夏播棉一般不覆膜,因此无 E_C 值计算。

地膜覆盖期间($F = 1.0$)每日平均气温热效应 R 可用当天平均气温值加上 T_{PLUS},然后再用热效应公式计算得到[2]。

$$R(T) = (T + T_{PLUS} - T_b)/(T_0 - T_b) \qquad (T_0 \geqslant \geqslant T + T_{PLUS} \geqslant T_b) \qquad (9)$$

日温变化特别是昼夜温差变化对每日热效应和蕾铃发育速率有明显影响[6]。采用积分步长为 1 d,每日热效应 R 可表示为:

$$R = 0.25 \times [R(T_{min}) + R(T_{max}) + 0.05 \times R(T_{av}) \times F_{SH}] \qquad (10)$$

式中:$R(T_{min})$ 为最低气温相对热效应,$R(T_{max})$ 为最高气温相对热效应,$R(T_{av})$ 为平均气温相对热效应,F_{SH} 为日照时数因子。棉花蕾铃期最低、最适、最高温度分别为 12℃、30℃和 35℃。

平均温度(T_{av})计算方法有两种,一种按照 4 点平均法,即取每天 2:00、8:00、14:00、20:00 时 4 个观测时间的平均值,一般可直接从当地气象部门得到(适宜于昼夜温差较小的黄河流域、长江流域等棉区);另一种按照最高温度和最低温度权重平均法计算(适宜于昼夜温差较大的北方特早熟和西北内陆等棉区),方法如下:

$$T_{av} = 0.68 \times T_{max} + 0.32 \times T_{min} \qquad (11)$$

根据以上分析,棉花在不同生育时段每日生理效应就会不同,具体描述如下:

$$E_{DP} = \begin{cases} R \times E_I & PDT < 2.5 \\ R \times I_{FIN} & 2.5 \leqslant PDT \leqslant 17.5 \\ R \times E_I & 17.5 < PDT \leqslant 60 \\ R & PDT > 60 \end{cases} \qquad (12)$$

式中:E_I 为早熟因子,其他符号同前式。

棉花生理发育时间 PDT 为每日生理效应(EDP)的积分。用公式表示为:

$$PDT = INTGL(0, E_{DP}) \qquad (13)$$

2.5　棉花蕾铃发育模型描述

当棉花生育期达到现蕾标准后,开始运行该模型预测各果枝第一果节现蕾日期:

$$T_{FBPD} = INTGL(0, E_{FBDP}) \qquad (14)$$

$$E_{FBDP} = R \times E_I \times I_{FBR} \qquad (15)$$

式中:T_{FBPD} 为果枝发生的生理发育时间,是果枝发育生理效应(E_{FBDP})的积分,I_{FBR} 为果枝节位光照系数,R 和 E_I 分别为每日相对热效应和早熟性参数。当棉株达到现蕾标准后,开始运行该模型,当 T_{FBPD} 值达到为 2.0 以上时,则第二果枝第一果节现蕾,达到 4.0 以上时,则第三果枝第一果节现蕾,依次类推。同一果枝不同果节现蕾日期预测,用下列模型模拟:

$$T_{FSPD} = INTGL(0, E_{FSDP}) \tag{16}$$

$$E_{EFDP} = R \times E_1 \times I_{FBR} \tag{17}$$

式中:T_{FSPD} 为果节生理发育时间,是果节每日生理效应($EFSDP$)的积分。各果枝第二果节以后现蕾时间即可用该模型预测,当该果枝的 E_{FSDP} 值达到 3.5 以上时第二果节达到现蕾日期,达到 7.0 以上时,第三果节现蕾,依次类推。

3 意义

马富裕等[1]总结概括了花生育时期及蕾铃发生发育模型,通过定量分析南京、安阳、保定和石河子 4 个试验点 2002 年不同播期 3 个品种(早熟品种中棉所 36 号、中早熟品种中棉所 35 号、中熟品种中棉所 41 号)的生育时期与环境因子之间的动态关系,建立了基于生理发育时间(DPT)的棉花生育期、果枝出现时间及其蕾铃发育阶段的模拟模型。模型的热效应计算考虑了不同棉区昼夜温较差对棉花发育速率的影响以及薄膜覆盖的增温效应,在模型中引入了果枝始节系数(I_{FIN})、日照时数因子(F_{SH})和果枝节位光照系数(I_{FBR})。利用不同年份、生态区、基因型的试验资料对模型进行了测试检验。为提高预测精度和普适性提供理论基础。提高预测精度和普适性,准确预测棉株各节点蕾、花、铃发生时间及其发育过程,构画棉花各生育时期株式图。

参考文献

[1] 马富裕,曹卫星,张立祯,等. 棉花生育时期及蕾铃发生发育模拟模型研究. 应用生态学报,2005,16 (4):626 – 630.

[2] Zhang LZ(张立祯),Cao WX(曹卫星),Zhang SP(张思平),et al. Simulation model for cotton development stages based on physiological development time. Acta Gossypii Sin(棉花学报),2003,15(2):97 – 103.

[3] Chen GW(陈冠文),Yu Y(余渝). Preliminary study on the temperature-light effects on boll development. Acta Gossypii Sin(棉花学报),2001,13(1):63 – 64.

[4] Cotton Research Institute of CAAS. Chinese Cotton Cultivation. Shanghai:Shanghai Science and Technology Press,1983.

[5] Cotton Group of Chinese Plastic Mulching Crop Cultivation Research Association. Chinese Plastic Mulching Cultivation. Ji'nan:Shandong Science and Technology Press,1982.

[6] Gipson JR,Joham HE. The influence of night temperature on growth and development of cotton(*Gossypium hirsutum* L.)I. Fruiting and boll development. Agron J, 1968,60(3):292 – 295.

白姑鱼的生长和死亡模型

1 背景

　　白姑鱼属鲈形目，石首鱼科，白姑鱼属，为暖温性近底层鱼类，广泛分布于印度洋和太平洋西部海域，我国沿海均有分布，是产量较高的重要经济鱼类。陈作志等[1]利用近年来南海北部渔业资源调查资料，分别对北部湾和陆架区白姑鱼的生长、死亡等渔业生物学特征做了初步研究，并利用Beverton-Holt动态综合模型对该资源状况进行分析，建立白姑鱼生长和死亡参数模型。

2 公式

　　白姑鱼的生长用von Bertalanffy生长方程拟合。生长过程的特征变化，则分别用生长速度和生长加速度曲线来描述。生长参数L_∞、k根据体长频率的时间序列，用FAO开发的Fi-SAT(Version 0.3.1)软件中的ELEFAN(Electronic Length Frequency Analysis)技术估算[2]。其中理论生长起点年龄t_0应用经验公式[3]计算：

$$t_0 = [(1/K)L_N(1 - L_t/L_\infty) + t]/N \tag{1}$$

　　拟合优度的估计值，其值分布在0与1间，选取s最优值（相应的参数在生物学上能被接受且s值尽量大）对应的参数组（L_∞与K）作为生长参数的估计值[4-5]。

　　总死亡系数(Z)采用体长变换渔获曲线法估算，而自然死亡系数(M)采用Pauly[6]的经验公式：

$$\mathrm{Ln}M = -0.0066 - 0.279\ln L_\infty + 0.6543\ln K + 0.4634\ln T \tag{2}$$

式中：L_∞（全长、cm）和K分别为渐近体长值和生长系数，T为该鱼种栖息水层的平均温度（℃）。

　　由于式(2)中的L_∞为全长，故需将本文所使用的体长生长参数的L_∞换算为全长。为此本文根据调查数据选取了100尾北部湾白姑鱼体长(BL)和全长(L_∞)的数据拟和得到以下直线方程：

$$L_\infty = 1.2252BL - 3.7531 \qquad r = 0.965 \tag{3}$$

　　同样，拟合的陆架区的方程为：

$$L_\infty = 1.346BL - 4.215 \qquad r = 0.957 \tag{4}$$

228

开发率(E)指捕捞死亡占总死亡的比例:

$$E = (Z - M)/Z \tag{5}$$

Beverton-Holt[7]动态综合模型为:

$$Y_w/R = FW_\infty e^{-M(t_e-t_r)} \sum_{n=0}^{3} \frac{Q_n e^{-nK(t_e-t_0)}}{F + M + nK}(1 - e^{-(F+M+nK)(t_\lambda-t_e)}) \tag{6}$$

(n, Q_n: $n=0$ 时,$Q_0=1$;$n=1$,$Q_1=-3$;$n=2$,$Q_2=3$;$n=3$,$Q_3=-1$)

式中,Y_w/R 为单位补充量渔获量;W_∞ 为渐近体重,F 为捕捞死亡率,M 为自然死亡率,t_c 为开捕年龄,t_r 为补充年龄,t_λ 为渐近年龄。白姑鱼的 t_r 和 t_λ 的估算方法参考陈丕茂等[8]。

利用 Von Bertalanffy 来描述它的生长规律。根据 ELEFAN 描述北部湾白姑鱼的生长曲线(图1)。

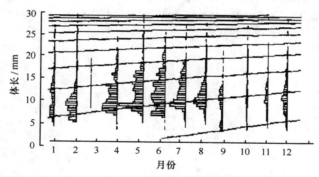

图1   白姑鱼的体长频率时间序列及应用 ELEFAN 估计的生长曲线

3   意义

陈作志等[1]总结概括了白姑鱼生长和死亡参数模型,将南海北部白姑鱼分成南海北部大陆架和北部湾两个不同海域群体,根据 20 世纪 60 年代和 90 年代在南海北部底拖网渔业资源调查资料,利用 ELEFAN 技术估算了南海北部白姑鱼的生长和死亡参数。建立最适开捕规格,为合理利用该资源提供科学依据。

参考文献

[1] 陈作志,邱永松,黄梓荣. 南海北部白姑鱼生长和死亡参数的估算. 应用生态学报,2005,16(4):712-716.

[2] Pauly D. ELEFAN I:User's Instruction and Program Listings. ICLARM,Conference Proceedings,Manila,1980.

[3] Pauly D. Length-converted catch curve: A powerful tool for fisheries research in the tropics (Part I). ICLARM Fish byte,1983,1(2): 9 – 13.

[4] Munro JL, Pauly D. A simple method for comparing growth of fishes and invertebrates. ICLARM Fishbyte, 1983,1(1):5 – 6.

[5] Pauly D, Munro JL. Once more on the comparison of growth in fish and invertebrates. ICLARM Fishbyte, 1984,2(1):21.

[6] Pauly D. On the interrelationships between natural mortality, growth parameters and mean environmental temperature in 175 fish stocks. J Cons Int Explor Mer, 1980,39(2):175 – 192.

[7] Beverton RJH, Holt SJ. On the dynamics of exploited fish populations. Fish Invest Lond Ser, 1957,19:1 – 533.

[8] Chen PM(陈丕茂),Zhan BY(詹秉义). Age and growth of *Thamnaconus septentrionalis* and rational exploitation. J Fish Sci China(中国水产科学), 2000,7(1):35 – 40.

景观空间格局模型

1 背景

景观空间格局是大小和形状各异的景观要素在空间上的排列,是各种生态学过程在不同尺度上相互作用的结果,属于生命组建的一种宏观分异性状[1-2]。景观格局分析作为景观生态学的基本研究内容,可以数量化地分析景观组分的空间分布特征,是进一步研究景观功能和动态的基础。郭泺等[3]以泰山为例,分析了自 20 世纪 80 年代中期以来该区域景观格局的时空变化,并探讨其成因;比较自然区域和人为活动集中区域的景观格局时空变化特点,并建立了景观空间格局分析模型。

2 公式

获得两个时期景观类型的矢量数据与属性数据,建立 GIS 数据库,建立数字高程模型(DEM),生成坡度图、坡向图,利用 GIS 的空间分析功能,将景观类型图与 DEM、坡度图、分区图进行空间叠置分析,并运用景观格局分析软件 FRAGSTATS 进行景观指数的计算[4],在软件 SPSS 中进行统计分析。景观格局变化的定量分析可以从景观指数的变化上反映出来,本研究选择斑块总面积和斑块总数、斑块密度指数、景观多样性指数、分维数、破碎化指数、形状指数等指标进行分析[5-6]。

(1)多样性指数(Landscape diversity index)反映一个区域内不同景观类型分布的均匀化和复杂化程度。依据 Shannon-Wiener 指数,景观多样性指数为:

$$H = - \sum_{i=1}^{m} (P_i \cdot \ln P_i) \tag{1}$$

式中:P_i 是第 i 类景观面积比;m 为景观类型数。H 值越大,景观要素类型愈丰富,景观多样性越大。

(2)景观破碎度(Landscape fragmentation)是指某景观内斑块数目增多,单个或某些斑块的面积相对减少,则斑块形状更趋复杂化、不规则化。景观破碎度的表达式为:

$$I = - \sum_{i=1}^{m} N_i / A \tag{2}$$

式中:I 为景观破碎度;N_i 为第 i 类景观斑块数;A 为景观总面积,I 值越大,破碎化程度越高。

（3）斑块密度指数(Patch density index)是斑块个数与面积的比值,可以计算整个研究区的斑块总数与总面积之比,也可以计算各类景观斑块个数与其面积之比:

$$B = N_i / A_i \qquad (3)$$

B 值越大,破碎化程度越高;用这一指数可以比较不同类型景观或整个研究区域的景观破碎化状况,可以识别不同景观类型受干扰的程度。

（4）分维数(Fractal dimension)

$$\ln A(r) = \frac{2}{F_d} \ln P(r) + C \qquad (4)$$

式中:$A(r)$表示以 r 为量测尺度的某景观斑块的面积;$P(r)$为其周长;C 为截距;F_d 为斜率,分形维数 F_d 的理论范围为 $1.0 \sim 2.0$。F_d 值越大代表图形形状越复杂。

（5）斑块扩展度(Development)用形状指数来表示,是景观空间格局的一个重要特征,其表达式为:

$$D = \frac{P}{2\sqrt{\pi A}} \qquad (5)$$

式中:P 为斑块周长,A 为面积。D 值越接近1,斑块与圆形越相似,反之,则斑块形状越不规则。

从图1可见,8 个不同地形区景观要素斑块面积与周长之间双对数散点图的线形关系都很好,表明面积周长法适用于计算不同地形分区景观斑块的综合分形维数。

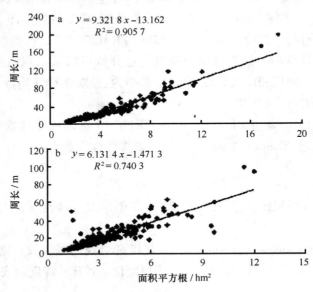

图1　自然景观区 a 和人为干扰区 b 景观的扩展度比较

232

3 意义

郭泺等[3]总结概括了景观空间格局模型,采用1986年和2001年两期遥感数据,结合野外调查,研究了20世纪80年代中期以来泰山景观格局的时空变化特征及成因,并探讨了相关人类活动对景观格局的影响。结果表明,过去15年的人为干扰是研究时段内景观格局显著变化的主要成因。80年代后期大规模纯林改造和景区建设活动,使大范围的景观斑块被分割,景观类型优势度降低。研究还表明,森林景观要素中松林面积减少最明显,大部分松林变为刺槐林和混交林。研究区景观斑块数量增加,导致部分区域景观格局破碎化程度加剧,特别是裸岩面积增加对山地生态系统的健康造成潜在危害。为合理评价自然和人为干扰因素的影响,制定有效的生态保护和管理策略奠定基础。

参考文献

[1] Chang XL(常学礼),Wu JG(邬建国). Spatial analysis of pattern of sandy landscapes in Keerqin,Inner Monglia. Acta Ecol Sin(生态学报),1998,18(3):225 – 232.

[2] Farina A. Principles and Methods in Landscape Ecology. New York:Chapman and Hall,1998:115 – 126.

[3] 郭泺,余世孝. 泰山风景区景观格局时空变化的研究. 应用生态学报,2005,16(4):641 – 646.

[4] McGarigal K ,Marks BJ. FRAGSTATS: Spatial pattern analysis program for quantifying landscape structure. USDA. Forest Service,Pacific Northwest Research Station,Portland,O R,USA. General Technical Report PNW – GTR –351. 1995.

[5] Li H, Reynolds JF. A new contagion index to quantify spatial pattern. Landscape Ecol,1993(8):155 – 162.

[6] O'Neill RV, Krummel JR, GardnerRV, et al. Indices of landscape pattern. Landscape Ecol,1998,1(3): 153 – 162.

玉米的磷吸收利用模型

1 背景

在农业生态系统中,植物根区磷的供应对植物的生长有重要作用。植物对磷的吸收与植物的根特性和介质中磷的有效性有关[1]。植物对某种养分的吸收和利用效率不仅与介质中该养分的浓度供应有关,还与其他养分含量的变化有关。张富仓等[2]采用水培方法研究了不同磷水平对玉米的磷,锌吸收和利用效率的影响,探讨施磷对玉米磷、锌反应的影响。

2 公式

培养液磷浓度有 0.1 μmol/L、1.0 μmol/L、5.0 μmol/L、10 μmol/L 和 100 μmol/L 5 个水平。每个处理 6 个重复。在培养期间,收获两次玉米苗,每次处理重复收获 3 盆,收获时测定每盆玉米植株的根鲜重、茎叶鲜重、根长、植株干质量。冠层和根的相对生长速率(RGR)用 Hunt[3] 的公式计算:

$$RGR = \frac{\ln W_2 - \ln W_1}{T_2 - T_1} \qquad (1)$$

式中:W_1 和 W_2 分别为两次收割时玉米冠层或根系的干重,T_1 和 T_2 分别为相应的收获时间,两次收获时间分别为第 12 天和第 20 天。

收获的玉米冠层和根系样品,在烘箱中烘干(70℃),样品用硝酸 – 高氯酸消化,用原子吸收分光光度计测定全锌量,钒钼黄比色法测定全磷量。单位根重的玉米植株对磷和锌吸收的平均速率($\bar{I}_{P/Zn}$)用 Hunt[3] 的公式计算:

$$\bar{I}_{P/Zn} = \frac{(Q_2 - Q_1)(\ln RW_2 - RW_1)}{(T_2 - T_1)(RW_2 - RW_1)} \qquad (2)$$

式中:RW_1 和 RW_2 分别为两次收割时玉米根干重(g),Q_1 和 Q_2 分别在 T_1 和 T_2 收割时玉米植株的全磷量或全锌量。玉米对磷的利用效率可通过计算磷比利用速率[$\bar{U}_P$,mg · mg^{-1}(DW) · d^{-1}]得到:

$$\bar{U}_P = \frac{(W_2 - W_1)(\ln P_2 - \ln P_1)}{(T_2 - T_1)(P_2 - P_1)} \qquad (3)$$

234

式中：W_1 和 W_2 分别为在 T_1 和 T_2 时植株总干重，P_1 和 P_2 分别为在 T_1 和 T_2 时植株全磷含量。锌转移到冠层的平均速率（$\bar{R}_{Zn}$）可用 Pitman[4] 的公式计算：

$$\bar{R}_{Zn} = \frac{(Zn_2 - Zn_1)(\ln W_2 - \ln W_1)}{(T_2 - T_1)(W_2 - W_1)} \tag{4}$$

式中：Zn_1 和 Zn_2 分别为在收获时间 T_1 和 T_2 时冠层干重的全锌量。

随着玉米根介质中磷水平的增加，玉米冠层和根系磷含量及总吸收磷数量显著增加。随着溶液中磷浓度的增加，冠层和根系的磷含量与溶液磷浓度均呈正对数增加，二者没有显著差异。

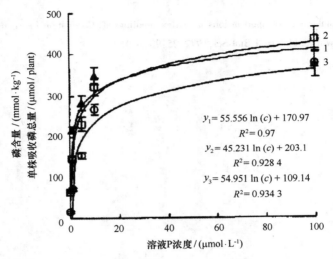

$y_1 = 55.556 \ln(c) + 170.97$
$R^2 = 0.97$
$y_2 = 45.231 \ln(c) + 203.1$
$R^2 = 0.928\,4$
$y_3 = 54.951 \ln(c) + 109.14$
$R^2 = 0.934\,3$

图1　冠层和根系磷含量、单株吸收磷总量与溶液磷浓度关系
(1)冠层；(2)根系；(3)单株

3　意义

张富仓等[2] 总结概括了不同磷浓度对玉米生长及磷、锌吸收的影响模型，在不同磷水平(0.1 μmol/L、1.0 μmol/L、5.0 μmol/L、10 μmol/L 和 100 μmol/L)的水培液中培养玉米苗，测定不同培养时期玉米的生长和玉米植株对磷、锌吸收和利用效率。结果表明，玉米在 100 μmol/L 的溶液中生长速率最大，而根冠比在 0.1 μmol/L 的溶液中为最大。随着水培液中磷水平的增加，植株对磷的吸收速率增加，而利用效率降低；玉米根系含锌量增加，而冠层含锌量变化不大，说明增磷使锌在根内富集，锌向冠层转移速率较小，玉米幼苗根系中磷和锌的浓度呈正相关关系。为后期施磷对植物根系锌吸收和运输影响的生理机制的研究打下理论基础。

参考文献

[1] Anghinoni I, Barber SA. Phosphorus influx and growth characteristics of corn roots as influenced by phosphorus supply. Agron J,1980,72:685 – 688.

[2] 张富仓,康绍忠,龚道枝,等. 不同磷浓度对玉米生长及磷、锌吸收的影响. 应用生态学报,2005,16(5):903 – 906.

[3] Hunt R. Plant Growth Analysis. The Institute of Biology's Studies in Biology No. 96. London:Edward Arnold Ltd,1978.

[4] Pitman MG. Uptake and transport of ions in barley seedlings III. Correlation between transport to the shoot and relative growth rate. Aust J Biol Sci,1972,25:905 – 919.

森林的蒸散模型

1 背景

森林水量平衡在陆地水循环水平衡中具有举足轻重的地位,森林蒸散是森林水量平衡和热量平衡的关联要素,并且在上述两项平衡中占有主要份额[1]。王安志等[2]以 Raupach 提出的拉格朗日逆分析方法为基础,使用微气象参数的梯度观测值模拟 2003 年 5 月 1 日至 9 月 30 日长白山阔叶红松林的水汽源/汇强度分布和蒸发散,并将得到的结果与涡动相关法得到的实测值进行对比,确定该方法模拟森林蒸散过程的精度。

2 公式

2.1 水汽浓度及其源/汇强度之间的关系

林冠内水汽浓度场可以看做是由许多源所释放水汽经过线性叠加构成的。Raupach 将此浓度场划分为由邻近源控制的近场部分和由远距离源控制的远场部分[3]。其中,近场部分定义为在此区域内流体质点从源出发移动的时间 $T \leqslant T_L(z)$(拉格朗日时间尺度),而远场部分定义为在此区域流体质点移动的所需时间 $T \geqslant T_L(z)$。

大气湍流造成水汽从释放源传输到被观测点的过程中,在近场,水汽的输送主要受控于连续湍涡;在远场,输送主要受控于分子扩散[4]。因此,在高度 z 处的水汽浓度可以表示为:

$$C(z) = C_n(z) + C_f(z) \tag{1}$$

式中:$C(z)$ 为水汽浓度;$C_n(z)$ 为近场水汽浓度;$C_f(z)$ 为远场水汽浓度。假设,z_R 为参考高度,则在 z 和 z_R 之间的浓度差可以表示为:

$$C(z) - C(z_R) = C_n(z) - C_n(z_R) + C_f(z) - C_f(z_R) \tag{2}$$

LNF 理论假设:①林冠在水平方向上是均匀的,净传输通量完全发生在垂直方向;②通过垂直速度标准差 $\sigma_w(z)$ 和拉格朗日时间尺度 $T_L(z)$,近场输送可以近似表示成高斯(Gaussian)均匀湍流运动;③远场源对浓度场的贡献严格服从分子扩散[5]。源强、$\sigma_w(z)$ 和 $T_L(z)$ 的垂直分布决定了近场浓度廓线,设初始源高度为 z_0,则近场浓度廓线表示如下:

$$C_n(z) = \int_0^\infty \frac{S(z_0)}{\sigma_w(z_0)} \left\{ k_n \left[\frac{z - z_0}{\sigma_w(z_0) T_L(z_0)} \right] + k_n \left[\frac{z + z_0}{\sigma_w(z_0) T_L(z_0)} \right] \right\} \mathrm{d}z_0 \tag{3}$$

式中:$S(z)$为高度z处的水汽源/汇强度;k_n为近场算子,Raupach 给出了其近似解析形式[6]:

$$k_n(\xi) = -0.398\,94\ln(1 - e^{-|\xi|}) - 0.156\,23e^{-|\xi|} \tag{4}$$

基于梯度-扩散关系,可得$C_f(z) - C_f(z_R)$的表达式为:

$$C_f(z) - C_f(z_R) = \int_z^{z_R} \frac{1}{\sigma_w^2(z')T_L(z')}\left[\int_0^{z'} S(z'')\,\mathrm{d}z'' + F_g\right]\mathrm{d}z' \tag{5}$$

式中:F_g为地面水汽通量密度,z'和z''都表示高度。于是,由方程(2)至方程(5)便可以得到$C(z)$和$S(z)$之间的关系式。如果将林冠以厚度Δz_j分成水平性质均匀的m层,且源强S_j和F_g已知,则$C(z)$和$S(z)$之间的关系式的离散形式可以表示为,

$$C_i - C_R = \sum_{k=1}^{m} D_{ij}S_j\Delta z_j \tag{6a}$$

式中:D_{ij}为扩散系数矩阵;C_i为在高度i处林冠内/上的水汽浓度;C_R为参考高度上的水汽浓度。若F_g未知,则上述离散形式可以改写为,

$$C_i - C_R = \sum_{j=1}^{m} D_{ij}S_j\Delta z_j + D_{i0}F_g \tag{6b}$$

式中:D_{i0}为F_g的系数矩阵。D_{ij}和D_{i0}都可以通过方程(3)和方程(5)求解。

2.2 中性大气层结下$\sigma_w(z)$和$T_L(z)$的廓线

为了从已知的$S(z)$求解$C(z)$(即 inverse problem),必须获得林冠内/上的$\sigma_w(z)$和$T_L(z)$。根据 Leuning 的研究[4],无量纲量$T_L u^*/hc$和σ_w/u^*在中性大气层结中的廓线如图1所示,其中u^*为摩擦速度,h_c为平均林冠高度,图中曲线可以近似表示为以下方程[4]。

$$y = \left[(ax + b) + d\sqrt{(ax + b)^2 - 4\theta abx}\right]/2\theta \tag{7}$$

其中参数a,b,d和θ详见表1。以下方程保证了σ_w/u^*能在$0 < z/h_c < 0.8$内取得平滑廓线[4]。

$$y = 0.2e^{1.5x} \tag{8}$$

式中:$x = z/h_c$;$y = \sigma_w/u^*$。

表1 描述σ_w/u^*和$T_L u^*/h_c$无量纲廓线的参数和变量

z/h_c	x	y	θ	a	b	d
≥ 0.8	z/h_c	σ_w/u_*	0.98	0.850	1.25	-1
≥ 0.25	$z/h_c - 0.8$	$T_L u_*/h_c$	0.98	0.256	0.40	$+1$
< 0.25	$4z/h_c$	$T_L u_*/h_c$	0.98	0.850	0.41	-1

2.3 σ_w和T_L的稳定度订正

虽然上述σ_w/u^*和$T_L u^*/h_c$廓线适合于中性大气层结,然而在使用拉格朗日扩散分析

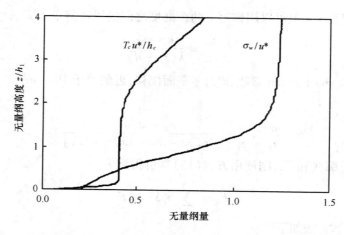

图1 中性大气层结条件下垂直速度标准差和拉格朗日时间尺度廓线

时还是会引起水汽源/汇分布和蒸散的计算误差,尤其是在大气为中性层结时[4,7]。Leun-ing[4,7]曾用 Obukhov 长度函数 ζ 作为稳定度参数,利用以温度和风速为变量的稳定度函数来订正稳定度对 σ_w 和 T_L 的影响。显然,显热通量的涡动协方差是 Obukhov 长度计算的必要参数,但是其值在夜间通常非常小,而且林冠上层温度梯度的测量误差也会引起 Obukhov 长度的计算偏差。为了克服这一问题,在这里引入梯度的理查孙数 R_i 来代替 ζ,得到 σ_w 和 T_L 的订正函数分别为:

$$\frac{\sigma_w(R_i)}{\sigma_w(0)} = \frac{\phi_m(R_i)}{1.25} \tag{9}$$

$$\frac{T_L(R_i)}{T_L(0)} = \frac{1}{\phi_h(R_i)} \frac{(1.25)^2}{\phi_m^2(R_i)} \tag{10}$$

式中:$\sigma_w(0)$ 和 $T_L(0)$ 分别为大气层结中性条件下的垂直速度标准差和拉格朗日积分时间尺度,可由方程(7)和方程(8)给出;$\sigma_w(R_i)$ 和 $T_L(R_i)$ 分别是参数为 R_i 时的垂直速度偏差和朗格朗日时间尺度,R_i 可由在林冠上的两个高度之间的位温和风速值得到。

$$R_i(z_g) = z_g \frac{g}{\theta} \frac{(\theta_2 - \theta_1)}{(u_2 - u_1)^2} \ln\left(\frac{Z_2 - d}{z_1 - d}\right) \tag{11}$$

式中:$z_g = \sqrt{(z_2 - d)(z_1 - d)}$ 表示几何平均高度,并假设 $z_2 > z_1$。稳定度函数和 R_i 之间的关系式可以用下列方程表示[8]:

$$\begin{cases} \phi_m(R_i) = (1 - 16R_i)^{-\frac{1}{3}} \\ \phi_h(R_i) = 0.885(1 - 22R_i)^{-0.4} \end{cases} \quad R_i < 0 \tag{12a}$$

$$\begin{cases} \phi_m(R_i) = (1 + 16R_i)^{\frac{1}{3}} \\ \phi_h(R_i) = 0.885(1 + 34R_i)^{-0.4} \end{cases} \quad R_i \geqslant 0 \tag{12b}$$

同样,摩擦速度 $u*$ 也可以用林冠上两个高度之间的风速值求解[9],

$$\frac{\partial u}{\partial z} = \frac{u * \phi_m}{k(z_g - d)} \tag{13}$$

式中: $k(=0.4)$ 为 von Karman 常数; d 为零平面位移,近似等于 19.5 m[10]。因此,方程(13)可化为:

$$\frac{\partial u}{\partial z} = \frac{u_2 - u_1}{z_g \cdot [\ln(z_2 - d) - \ln(z_1 - d)]} \tag{14}$$

若已知源/汇廓线和 F_g,则使用方程(15)即可得到 E_t。

$$E_t = \sum_{i=1}^{n} S_i \Delta z_i + F_g \tag{15}$$

水汽浓度计算方法如下[11]:

$$C = 21.68 \frac{e}{t + 273.15} \tag{16}$$

式中: $C(g/cm)$ 为水汽浓度, $t(℃)$ 和 $e(kPa)$ 为所测得的气温和水汽压。

3 意义

王安志等[2]总结概括了森林蒸散模型,以长白山阔叶红松林为研究对象,根据 Raupach 提出的 Localized Near Field(LNF)理论为依据,耦合垂直速度标准差 $\sigma_w(z)$ 和拉格朗日时间尺度 $T_L(z)$,建立林冠内水汽源汇强度和平均浓度廓线之间的关系;利用拉格朗日逆分析法提出了通过林冠水汽浓度梯度计算林冠内的水汽源汇强度进而推算森林蒸散的方法,提高了森林蒸散模型的精度。研究如何准确测量和模拟森林蒸散对充分认识森林水循环水平衡和森林能量流动具有重要理论价值[12],同时为森林流域水资源的合理开发利用、森林生态系统管理提供科学依据。

参考文献

[1] Wang AZ(王安志), Pei TF(裴铁璠). Research progress on surveying calculation of forest evapotranspiration. Chin J Appl Ecol(应用生态学报),2001,12(6):933–937.

[2] 王安志,刁一伟,金昌杰,等. 拉格朗日逆分析在森林蒸散模拟中的应用. 应用生态学报,2005,16(5):843–848.

[3] Raupach MR. A Lagrangian analysis of scalar transfer in vegetation canopies. Q J R Meteorol Soc,1987,113:107–120.

[4] Leuning R. Estimation of scalar source/sink distributions in plant canopies using Lagrangian dispersion analysis: Corrections for atmospheric stability and comparison with a multilayer canopy model. Boundary

Layer Meteorol,2000,96:293 - 314.

[5] Katul GG, Leuning R, Kim J, et al. Estimating momentum and CO_2 Source/ Sink distribution within a rice canopy using higher-order closure models. Boundary Layer Meteorol, 2001,98(1):103 - 105.

[6] Raupach MR. A practical Lagrangian method for relation scalar concentration to source distribution in vegetation canopies. Q J R Meteorol Soc, 1989a,115:609 - 632.

[7] Leuning R, Denmead OT, Miyata A, et al. Source/sink distributions of heat, water vapour, carbon dioxide and methane in a rice canopy estimated using Lagrangian dispersion analysis. Agric For Meteorol, 2000, 104:233 - 249.

[8] Pruitt WO. Momentum and mass transfers in the surface boundary layer. Quart J Roy Meteol Soc, 1973, 96:715 - 721.

[9] Zhu GK(朱岗崑). Theory and Application of Evaporation on Natural Surfaces. Beijing:Meteorology Press, 2000:1 - 2.

[10]   Liu HP(刘和平),Liu SH(刘树华),Zhu TY(朱廷耀),et al. Determination of aerodynamic parameters of Changbai Mountain forest. Acta Beijing Univ(Nat Sci) (北京大学学报·自然科学版), 1997,33(4): 522 - 528.

[11]   Liu GW(刘国纬). Atmosphere Process in Hydrologic Cycle. Beijing:Science Press, 1997:26.

[12]   Smith RCG, Choudhury BJ. Relationship of multispectral satellite data to land surface evaporation from the Australian continent. Int J Remote Sensing,1999,11:2069 - 2088.

虚拟林火的蔓延模型

1 背景

林火蔓延是一个多相、多组分可燃物在各种气象条件（温度、湿度、风向、风力等）和地形影响下燃烧和运动的极其复杂的现象。李建微等[1]的系统在构建大场景虚拟森林景观的基础上，以福建漳浦林区为实验区，采用 Rothermel 模型，利用改进的粒子系统模拟林火在风速、坡向等各种影响因子变化下的发展蔓延的整个过程，并提出虚拟森林景观林火蔓延模型。

2 公式

国内外有关火灾蔓延的模型很多，但均有一定的局限性。而基于能量守恒定律的半经验 Rothermel 模型抽象程度较高，几乎涵盖了能影响燃烧的所有因素；模型的输入参数不仅有影响权值大的风速及坡度，而且燃料的许多性质如燃料承载量（共 5 级）[2-3]、燃料表面积与体积比（共 5 级）、燃料湿度（共 5 级）、燃料床高度、粒子密度、矿物含量[4]、燃料单位体积需要最小热量等都被考虑到[5]，是现有国内外运用最广的模型，如著名的 FARSITE 系统等。实践证明，该模型比较成熟，也比较接近现实。为此，本系统的火灾蔓延模型主要采用 Rothermel 模型（应用于表面火行为）[6]。

$$R = \frac{I_R \xi (1 + \Phi_w + \Phi_s)}{\rho_b \varepsilon \varphi_{ig}} \tag{1}$$

式中：R 为林火蔓延速度（m/min）；I_R 为火焰反应强度（$\text{kJ} \cdot \text{min}^{-1} \cdot \text{m}^{-2}$）；$\zeta$ 为林火传播通率（无因次）；Φ_s 为坡度修正系数；Φ_w 为风速修正系数；ρ_b 为可燃物的密度（kg/m^3）；ε 为有效加热数（无因次）；φ_{ig} 为点燃单位质量的可燃物所需的热量（kJ/kg）；风的修正系数（Φ_ω）公式：

$$\Phi_w = C(3.281U)^B \left| \frac{\varepsilon}{\varepsilon_{0P}} \right|^{-E} \tag{2}$$

$$C = 7.47\exp(-0.133\sigma^{0.55}) \tag{3}$$

$$B = 0.025\,26\sigma^{0.54} \tag{4}$$

$$E = 0.715\exp(-3.59 \times 10^4\sigma) \tag{5}$$

$$\varepsilon_{0P} = 3.348\sigma^{-0.818\,9} \tag{6}$$

式中：σ 为燃料的表面积与体积之比；U 为风速坡度的修正系数：

$$\Phi_s = 5.275\sigma^{-0.3}(\tan\varphi)^2 \tag{7}$$

假设火势扩散模型只是一个简单的椭圆,Anderson[7]曾计算出椭圆的长轴和短轴的比(LB):

$$LB = 0.936\exp(0.2566U) + 0.461\exp(-0.1548U) - 0.397 \tag{8}$$

而前火头与后火头的比值公式为[8]:

$$HB = [LB + (LB2 - 1)/LB - (LB2 - 1)]0.5 \tag{9}$$

根据以上两个公式可以求出与椭圆尺寸相关的 $a(\mathrm{m/min})$,$b(\mathrm{m/min})$ 及 $c(\mathrm{m/min})$ 值[7]:

$$a = 0.5(R + R/HB)/(LB) \tag{10}$$

$$b = (R + R/HB)/2.0 \tag{11}$$

$$c = b - R/HB \tag{12}$$

根据公式,进行火灾模拟。参数的获取方式主要有:遥感影像、林相图、历年气象资料和实地考察等,有些参数无法直接获取,采用经验值(表1)。

表1 输入参数及取值(适用于马尾松、杉木为主的森林)

参数类型		取值
燃料量/	I	0.6
(kg·m⁻²)	II	0.2
	III	0.5
	IV	0.04
	V	0.12
表面积与体积比/	I	9 800
(1·m⁻¹)	II	9 800
	III	9 800
	IV	4 900
	V	4 900
燃料湿度/	I	8
(%)	II	7
	III	8
	IV	100
	V	150
燃料床深度/m		0.15
粒子密度/(kg·m⁻³)		500
粒子低热容量/(kJ·kg⁻¹)		8 600
矿物含量/(%)		0.8
有效矿物含量/(%)		0.8

参数类型	取值
枯、干燃料湿度/(0.01%)	0.18
风速、风向/(m·s⁻¹)	输入
坡度、坡向/(°)	输入

Ⅰ. 干燃料 0～0.6 cm;Ⅱ. 干燃料 0～2.5 cm;Ⅲ. 干燃料 2.5～7.5 cm;Ⅳ. 湿草本燃料;Ⅴ. 湿木本燃料.

3　意义

李建微等[1]总结概括了虚拟森林景观中林火蔓延模型,采用现今运用最广泛的 Rothermel 模型,利用 Huygen 原理,并以改进的粒子系统方法三维模拟在不同的风速、坡度下林火在火场不同位置的扩散行为。采用该方法模拟林火扩散行为,不仅能实时显示受灾面积、火势蔓延的方向、火势大小,且能给人以真实感。并将该方法成功地应用于福建漳浦林区。此模型利用改进的粒子系统模拟林火在风速、坡向等各种影响因子变化下的发展蔓延的整个过程,并将火灾模拟的成果成功运用于森林灭火演练。

参考文献

[1] 李建微,陈崇成,於其之,等. 虚拟森林景观中林火蔓延模型及三维可视化表达. 应用生态学报, 2005,16(5):838 – 842.

[2] Oswald BP. Classifying fuels with aerial photography in east texas. Int J Wildland Fire,1999,9(2):109 – 113.

[3] Sandberg DV,Ottmar RD,Cushon GH. Characterizing fuels in the 21st Century. Int J Wildland Fire,2001, 10:381 – 387.

[4] Li YZ(李玉中),Zhu TC(祝廷成),Li JD(李建东),et al. Effect of prescribed burning on grassland nitrogen gross mineralization and nitrification. Chin J Appl Ecol(应用生态学报),2003,14(2):223 – 226.

[5] Nguyen DQ,Fedkiw RP,Jensen HW. Physically based modeling and animation of fire. ACM Trans Graph, 2002,21(3):721 – 728.

[6] Rothermel RC. How to predict the spread and intensity of forest and range fires USDA Forest Service. General Technical Report,INT – 143,1983.

[7] Anderson HE. Predicting wind-driven wildland fire size and shape. USDA: Forest Service Research Paper. INT – 305,1983.

[8] Karafyllidis I. Design of a dedicated parallel processor for the prediction of forest fire spreading using cellular automata and genetic algorithms. Eng Appl Artif Intell, 2004,17(1):19 – 36.

遥感水分限制的作物生长模型

1 背景

为满足大范围农作物生长评价和产量预测、农业生产决策管理以及气候变化影响评估等的需要,作物生长模拟模型的区域应用研究越来越受到国内外许多专家和学者的关注,成为作物模型研究的热点之一。为了进一步推动遥感信息应用于估算水分限制条件下大范围作物生长模拟研究的发展,张黎等[1]简要回顾了遥感信息应用于区域尺度水分限制条件下作物生长模拟的研究进展,并在已有遥感反演地表水分状况相关研究的基础上,探讨了当前该领域研究的其他可能途径及需要进一步研究和解决的科问题,并提出来遥感信息应用于水分限制下作物生长模型。

2 公式

2.1 田间尺度水分限制条件下作物生长模拟

由于作物生长与土壤水分之间复杂的反馈机制还不十分清楚,难以精确模拟土壤水分对作物生长的影响,因此作物生长模拟模型中大多通过引入水分修正因子来模拟水分胁迫对作物生长发育的影响。在荷兰模型(如 MACROS 和 WOFOST)中,考虑到土壤水分供应不足时植物水分吸收减少,气孔阻力增强,实际蒸腾低于潜在蒸腾,光合强度降低,采用水分胁迫系数(即相对蒸腾—实际蒸腾与潜在蒸腾之比)来修正冠层光合作用、干物质分配以及作物生育期[2]。在 CERES 模型中,引入两个因子 F_1 和 F_2,分别用于修正光合作用及叶面积的扩展和根的伸长[3]。这些水分修正因子均通过土壤水分平衡子模块模拟得出。例如,在荷兰模型中,不考虑毛管上升水、作物截流、渗漏和径流,农田土壤水分平衡方程可写成[4]:

$$\Delta W = P + I - E_a - T_a + dM_r \tag{1}$$

式中:ΔW 为根区土壤水分变化量,P 为降水量,I 为灌溉量,E_a 为土壤实际蒸发量,T_a 为作物蒸腾量,dM_r 为随根系向下生长吸收而进入土壤 – 作物系统内的土壤下层水分。实际蒸发量由下式估算:

$$E_a = E_m(\theta_r - \theta_a)/(\theta_{fc} - \theta_a) \tag{2}$$

式中:θ_r 为根区土壤含水量,θ_a 为蒸发完全停止时的土壤含水量,约为凋萎湿度的 $1/3$,θ_{fc} 为

田间持水量。E_m 为最大蒸发量:

$$E_m = ET \cdot e^{-kLAI} \tag{3}$$

式中:k 为消光系数,LAI 为叶面积指数,ET 为潜在蒸散,通过不同版本的 Penman 公式估算。由式(3)即可估算出作物冠层表面最大蒸腾量:

$$T_m = ET \cdot (1 - e^{-kLAI}) \tag{4}$$

作物冠层实际蒸腾量根据土壤临界水分含量 θ_{cr} 与上一时刻土壤水分含量 θ_r 确定,如果 $\theta_r \geq \theta_{cr}$ 则 $T_a = $;如果 $\theta_r < \theta_{cr}$,则:

$$T_a = (\theta_r - \theta_w)/(\theta_{cr} - \theta_w) \tag{5}$$

$$\theta_{cr} = (1 - p)(\theta_{fc} - \theta_w) + \theta_w \tag{6}$$

式中:θ_w 为凋萎湿度,p 为土壤耗水系数,与作物种类和最大蒸腾量有关。

2.2　遥感监测土壤水分模型

对于植被覆盖区,一般采用植物缺水指数法来估算土壤水分。Idso 等[5]提出了作物水分胁迫指数 CWSI(crop water stress index),定义如下:

$$CWSI = (T_c - T_a) - (T_c - T_a)_u / (T_c - T_a)_{ul} - (T_c - T_a)_u \tag{7}$$

式中:$(T_c - T_a)_{ul}$ 是作物无蒸腾条件下的冠气温差,是冠气温差的上限;$(T_c - T_a)_u$ 是作物在土壤水分供应充足下的冠气温差,是冠气温差的下限。

Jackson[6]用基于冠层能量平衡的单层模型,对 Idso[5]提出的冠气温差上下限方程的经验模式进行了理论解释,将 CWSI 表示为:

$$CWSI = [\gamma(1 + r_c/r_a) - \gamma(1 + r_{cp}/r_a)]/[\Delta + \gamma(1 + r_c/r_a)] \tag{8}$$

其中:

$$r_c/r_a = [\gamma r_a R_n/(\rho C_p) - (T_c - T_a)(\Delta + \gamma) - (e_a^* - e_a)]/\gamma[(T_c - T_a) - r_a R_n/(\rho C_p)] \tag{9}$$

式中:R_n 为净辐射通量密度(W/m^2),ρ 为空气密度(kg/m^3),C_p 为空气比热(J·kg^{-1}·℃$^{-1}$),γ 为干湿表常数(Pa/℃),r_a 为空气动力学阻力(s/m),r_c 为冠层阻力,r_{cp} 为潜在蒸发条件下的冠层阻力(s/m),Δ 为饱和水汽压随温度变化的斜率(Pa/℃),T_a 和 T_c 分别为空气和冠层温度,e_a^* 为温度 T_a 时的下垫面饱和水汽压(hPa),e_a 为与温度 T_a 同高度处的空气水汽压(hPa)。

3　意义

张黎等[1]总结概括了遥感信息应用于区域尺度水分限制条件下作物生长模型,在目前已有研究的基础上,通过深入探讨并解决上述遥感反演土壤水分精度、时空尺度匹配及作物生长模拟模型中其他参数在区域尺度上的获取等问题,有望结合遥感信息,更好地实现区域尺度水分限制条件下作物生长的模拟。为后期的模拟提供依据。

参考文献

［1］ 张黎,王石立,马玉平. 遥感信息应用于区域尺度水分限制条件下作物生长模拟的研究进展. 应用生态学报,2005,16(6):1156－1162.

［2］ Penninning de Vries FWT,Jansen DM,ten Berge HFM Simulation of ecophysiological processes of growth of several annual crops. Simulation Monographs. Wageningen,the Netherlands:Centre for Agricultural Publishing and Documentation (Pudoc),1989:129－160.

［3］ Li BG(李保国),Gong YS(龚元石),Zuo Q(左强). Application of Dynamic Model for Soil Water in Field. Beijing:Science Press,2000:160.

［4］ Wang SL(王石立). Growth simulation model of winter wheat and its application in drought assessment. J Appl Meteorol Sci(应用气象学报),1998,9(1):15－23.

［5］ Idso SB,Jackson RD,Pinter PJ. Normalizing the stress degree day for environmental variability. Agric Meteorol,1981,24:45－55.

［6］ Jackson RD,Idso SB,Reginato RJ. Canopy temperature as a crop water stress indicator. Water Resour Res,1981,17:1133－1138.

溶质的迁移模型

1 背景

水是溶质迁移的载体,水分运动是溶质(养分)迁移的主要推动力。空间变异是土壤性质的一种普遍规律,应用地统计理论研究土壤性质的空间变异已成为土壤科学家研究的热点。为研究坡地表层土壤饱和状态下的溶质迁移规律及其变异特征,郑纪勇等[1]采取原状土柱法,在定水头条件下测定了表层土壤的溶质迁移过程,拟合了迁移模型中的参数,并利用经典统计学和地统计学理论对溶质迁移参数在坡面的空间变异特征进行了分析。

2 公式

溶质迁移模型可分为确定性模型和随机模型,确定性模型又可分为确定性平衡模型和确定性非平衡模型,考虑到黄土的均质性和迁移离子(Cl^-)的惰性,本研究采用确定性平衡模型进行参数的拟合。在忽略源汇项稳态条件下的确定性平衡模型可描述为:

$$R \frac{\partial c_r}{\partial t} = D \frac{\partial^2 c_r}{\partial x^2} - v \frac{\partial c_r}{\partial x} \tag{1}$$

$$R = 1 + \frac{\rho_b K_b}{\theta} \tag{2}$$

式中:c_r 为溶质浓度(M/L);t 为时间(T);R 是无量纲延迟因子;D 为弥散系数(L2·T^{-1});x 为距离(L);v 为平均孔隙水流速(L·T^{-1});ρ_b 为土壤容重(M·L^{-3});θ 体积含水量(L^3·L^{-3});K_b 为经验分配常数。

Cl^- 为带有负电荷的惰性离子,常被用来进行土壤中溶质迁移机理的研究[2-3]。Cl^- 在土壤中基本上不发生反应,也不被带有负电荷的土壤颗粒所吸附,因此溶质迁移实验中可以认为延迟因子 R 等于1。平均孔隙水流速 v 既可以通过试验实测获得,又可由拟合穿透曲线获得。

机械弥散系数(D)和平均孔隙水流速(v)的比值即 D/v 称为弥散度。弥散度是表征溶质迁移过程中溶质弥散程度的一个物理参数,也可以用来表征土壤的异质程度。溶质迁移过程中迁移物质的弥散是机械弥散和离子扩散的共同作用,即

$$D(\theta,v) = D_h + D_s = \alpha |v|^n + D_s \tag{3}$$

248

式中:D 为弥散系数;D_h 为机械弥散系数;D_s 为离子扩散系数;n 为经验参数;v 为平均孔隙水流速。但实际中离子的扩散作用远小于弥散作用,可以忽略不计,n 值一般可近似等于 1,所以有:

$$\alpha = D_h/v \approx D/v \tag{4}$$

在假定 $R = 1$ 条件下,拟合的平均孔隙水流速、弥散系数和弥散度见表 1。图 1 是以距坡顶 3 m 和 30 m 处为例的实测穿透过程和拟合穿透过程比较。从表 1 可以看出,拟合的结果反映了 Cl^- 迁移特征的真实情况,从拟合图(图 1)也可以看出观测值与拟合线吻合非常好,说明拟合结果可信。

表 1　坡面距坡顶不同距离溶质迁移参数

项目	距坡顶距离/m											Max.	Min.	Cv
	3	6	9	12	15	18	21	24	27	30	33			
实测/$(cm \cdot h^{-1})$	2.25	2.56	2.75	2.82	3.30	2.70	3.85	4.70	6.07	5.40	6.47	6.47	2.25	0.37
拟合/$(cm \cdot h^{-1})$	2.99	2.03	2.445	2.39	3.61	2.48	2.79	3.25	4.78	4.07	5.65	5.65	2.03	0.32
D 溶解扩散系数/$(cm^2 \cdot h^{-1})$	1.12	0.93	0.94	0.94	0.87	1.04	1.34	2.52	2.95	2.41	2.77	2.95	0.87	0.50
α 扩散度/cm	0.38	0.46	0.38	0.39	0.24	0.42	0.48	0.78	0.62	0.59	0.49	0.78	0.24	0.29
相关系数	0.98	1	1	1	0.99		0.97		1	0.98	1			

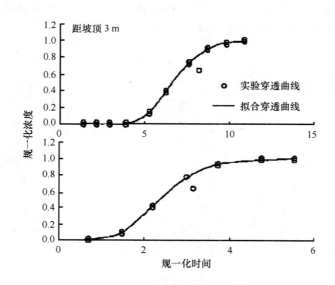

图 1　Cl^- 在土壤中的迁移特征

3 意义

郑纪勇等[2]总结概括了溶质迁移模型,以氯离子为示踪离子,以 41 m×5 m 径流小区为研究区域,采用原状土柱法,通过拟合穿透曲线估计了氯离子在坡地土壤中的迁移参数,并利用经典统计学和地统计学理论分析了溶质迁移参数在坡面的空间变异特征。结果表明,平均孔隙流速从坡上到坡下有逐渐增加的趋势,属于中等程度变异,在坡面的变异具有漂移特征;弥散系数在距坡顶 0~20 m 范围内变化不大,20 m 以下呈逐渐上升趋势,属于中等程度变异,具有空间自相关特征,其自相关特征长度为 21 m;弥散度从坡上到坡下有逐渐增加的趋势,属于中等程度变异,具有空间自相关特征,其自相关特征长度为 10 m。证明平均孔隙水流速在坡面具有漂移特征。为以后的研究提供理论依据。

参考文献

[1] 郑纪勇,邵明安,张兴昌,等. 坡地土壤溶质迁移参数的空间变异特性. 应用生态学报,2005,16(7): 1285 – 1289.

[2] Anderson JL,Bouma J. Water movement through pedal soils I. Saturated flow. Soil Sci Soc Am J,1977,41: 413 – 418.

[3] Bejat L,Perfect E,Quisenberry VL,et al. Solute transport as related to soil structure in unsaturated intact soil blocks. Soil Sci Soc Am J,2000,64:818 – 826.

荫香的光合作用模型

1 背景

大气二氧化碳浓度和平均气温的增高是影响植物生长和生态系统碳平衡的两个主要因素。从长期来看,大气二氧化碳浓度和气温增高,直接或间接影响植物的碳代谢。荫香是亚热带常绿阔叶林第 2 或第 3 层乔木植物种类,分布广泛,对不同环境胁迫有较强适应能力,在华南地区退化生态系统植被恢复中具重要意义[1]。研究供氮及高温对倍增二氧化碳条件下荫香光合作用的影响,提出了光合作用参数的计算模型。

2 公式

光饱和光合速率[2](P_{nsat})

$$P_{nsat} = \frac{\alpha \cdot C_i \cdot J_{max}}{\alpha \cdot C_i + J_{max}} - R_L \tag{1}$$

式中:R_L 为细胞间二氧化碳浓度(C_i)为 0 时的光呼吸和光下线粒体呼吸总速率[3],α 为表观羧化效率。

光合速率($\mu mol \cdot m^{-2} \cdot s^{-1}$)[4]:

$$P_n = \min\{P_{nc}, P_{nj}\} - R_d \tag{2}$$

$$P_{nc} = V_{cmax} \cdot \frac{C_i - \Gamma^*}{C_i + K_c \cdot \left(1 + \dfrac{O}{K\varepsilon}\right)} \tag{3}$$

式中:P_{nc} 为最大光合速率,P_{nj} 为光合电子传递速率限制下的最大光合速率,V_{cmax} 为 Rubisco 的最大羧化速率,K_c 和 K_o 分别为二氧化碳羧化反应和氧气氧化反应的米氏常数,O 为叶绿体基质的氧气浓度,C_i 为细胞间二氧化碳浓度。

光呼吸速率(R_p)[5]:

$$R_P = P_{nc} - R_d - A \tag{4}$$

或者:

$$R_P = \left[V_{cmax} \cdot \frac{C_i - \Gamma^*}{C_i + K_c + \dfrac{O}{K_\alpha}}\right] - R_d - A \tag{5}$$

式中:A 为当时测定的光合速率($\mu mol \cdot m^{-2} \cdot s^{-1}$)。

最大光合速率(P_{nj})

$$P_{nj} = \frac{C_i - \varGamma^*}{4(C_i + 2\varGamma^*)} - R_d \tag{6}$$

且

$$Q \cdot J^2 - (PPFD_a + J_{max}) \cdot J + PPFD_a \cdot J_{max} = 0 \tag{7}$$

$$PPFD_a = \frac{PPFD(1-f)}{2} \tag{8}$$

式中:J 为所测定 $PPFD$ 下的光合电子传递速率($\mu mol \cdot m^{-2} \cdot s^{-1}$),$J_{max}$ 为最大电子传递速率,Q 为 J 对 $PPFD$ 响应曲线的曲率,其值为 07[6],$PPFD_a$ 为光系统Ⅱ的有效光吸收,f 为光谱校正因子,其值为 015[4],测定时叶温出现变化则需要校正[7]。

类囊体膜氮 N_T[7]($mmol \cdot m^{-2}$):

$$N_T = aJ_{max} + bx \tag{9}$$

式中:a 和 b 的近似值分别为 079 和 0331[8],x 为叶绿体含量。

Rubisco 的含量 N_R[9]($g \cdot m^{-2}$):

$$N_R = 0.012 \cdot J_{max} \tag{10}$$

单位叶面积 Rubisco 活化中心的浓度(M,$\mu mol \cdot m^{-2}$)

$$V_{cmax} = M \cdot K_c^c \tag{11}$$

式中:K_c^c 为每个 Rubisco 活化中心的最大羧化速率。C_3 植物 Rubisco 平均活化中心最大羧化速率为 $2.5\ S^{-1}$[10]。

Rubisco 比活因子 $S_{C/O}$:

$$S_{C/O} = \frac{0.5 \cdot O}{\varGamma^*} \tag{12}$$

根据公式,计算了不同温度及倍增二氧化碳下荫香叶片光合速率。从图 1 可见,在倍增二氧化碳下,无论日间生长温度 25℃ 或 32℃,供给 0.6 mg 氮植物叶片净光合速率均较低。随氮供给增高,叶片净饱和光合速率增高。

3 意义

孙谷畴等[11]总结概括了光合作用参数的计算模型,研究供氮及高温对倍增二氧化碳条件下荫香光合作用的影响,在增高二氧化碳浓度下植物对二氧化碳驯化并需要相对较高的氮量,且光合作用与叶氮关系密切。研究供氮及高温对植物光合速率、光呼吸和 Rubisco 羧化能力的影响,将有助于进一步阐明全球变化对植物生产力的影响。可为预测热带亚热带植物对全球气候变化的响应提供实验依据。

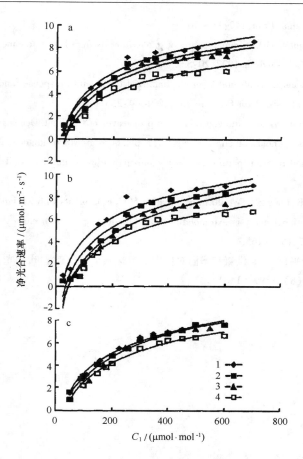

图1 不同氮量荫香叶片光合速率对二氧化碳的响应

参考文献

[1] Teskey RO, Will RE. Acclimation of loblolly pine(*Pinus taeda*)seedlings to high temperature. Tree Physiol, 1999,19:519－525.

[2] Medlyn BE, Badeck FW, De Purry DGG. Effects of elevated［CO_2］on photosynthesis in European forest species:A meta-analysis of model parameter. Plant Cell Environ, 1999,22:1475－1495.

[3] Escalona JM, Flexas J, Medrano H. Stomatal and non-stomatal Limitation of photosynthesis under water stress in field-grown grapevines. Austr J Plant Physiol, 1999,26:421－433.

[4] Brooks SA, Farquhar GD. Effect of temperature on the CO_2/O_2 specificity of ribulose－1,5 bisphosphate carboxylase/oxygenase and the rate of respiration in light. Planta,1985,165:397－406.

[5] Farquhar GD, van Caemmerer S, Berry JA. A biochemical model of photosynthetic CO_2 assimilation in leav-

es of C_3 species. Planta. 1980,149:78 – 90.

[6] De pury DGG,Farquhar GD. Simple scaling of photosynthesis from leaves to canopies with the error of big-leaf models. Plant Cell Environ. 1997,20:532 – 557.

[7] Bernacchi CJ,Singsaas EL,Pimentel C,et al. Improved temperature response functions for models of Rubisco-limited photosynthesis. Plant Cell Environ,2001,24:253 – 259.

[8] Evans JR. Photosynthesis and nitrogen relationship in leaves of C3 plant. Oecologia,1989,78:9 – 19.

[9] Evans JR,Poorter H. Photosynthetic acclimation of plants to growth irradiance:The relative importance of specific leaf area and nitrogen partitioning in maximizing carbon gain. Plant Cell Environ,2001,24:755 – 769.

[10] Zhu XG,Portis AR,Long SP. Would transformation of C_3 crop plants with foreign Rubisco increase productivity? A computational analysis extrapolating from kinetic properties to canopy photosynthesis. Plant Cell Environ, 2004,27:151 – 165.

[11] 孙谷畴,赵平,饶兴权,等. 供氮和增温对倍增二氧化碳浓度下荫香叶片光合作用的影响. 应用生态学报,2005,16(8):1399 – 1404.

林冠的降雨截持模型

1 背景

在森林生态系统中,林冠对降雨的截持过程是一个十分重要的水文过程,通过对降雨的再分配影响最终落到地面上的降雨的质和量。郭明春等[1]通过对华北落叶松降雨截持的试验研究,将降雨划分成很多个小的时段,考虑冠层叶面积指数、单位林地面积上树干表面积及冠层和树干干燥情况对冠层雨期蒸发的影响,在前人模型研究的基础上建立了一个林冠降雨截持模型。

2 公式

首先将降雨划分成一个个独立的降雨事件,,使每两次降雨间的间隔足够长,前一场降雨被林冠、树干截持的水量可以完全蒸发掉,间隔时间不够长的降雨看做是一个降雨事件。将降雨事件划分成很多个短的时间段 Δt。在 Δt 很短的情况下,可以认为在每个时间段内降雨强度(RP)与冠层蒸发速率不变,等于该时段初始时刻的降雨强度和蒸发速率。通过计算每个时间段内的蒸发量和冠层蓄水量的变化,得到整个降雨事件的降雨截持过程,同时得到树干径流和林内穿透雨量随着降雨的变化过程。

图1为概化的截持过程图,将林分冠层及树干分别看做一个整体,其各个部分的截持作用是相同的。

某一 Δt 时间段内截持过程计算如下:在 Δt 时间内总的降雨量(PG)等于这一时段初始时刻的降雨强度($RP,$)乘以 Δt。它可分成两部分,即不通过冠层直接落到地面的降雨(PF)和落在冠层的降雨(PC)。

PG:总降雨量:不通过冠层直接落到地面的降雨;PC:落在冠层的降雨($PG - PT$);PS:从冠层流到树干的;PD:从冠层直接滴到地面的雨量;SF:树干茎流量;C:冠层蓄水量;CS:树干蓄水量;EcT:冠层蒸发量;EsT:树干蒸发量。

$$PF = F \cdot PG \tag{1}$$
$$PC = PG - PF = (1 - F)PG \tag{2}$$

其中,F 为自由穿透系数,表示不通过冠层的降雨的比例,它与林分郁闭度(COV)有关,这里假设 $F = 1 - COV$[2]。

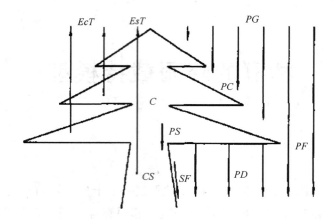

图 1　模型概化的截持过程

PC 被林冠层拦截吸附,或保持在林冠层,或蒸发散失到大气中,或通过冠层排水进入林地。冠层排水也分成两部分:直接落到地面部分(PD)和沿枝条进入树干部分(PS)。因此对于林冠根据水量平衡有下式:

$$\Delta C = PC - PS - PD - EcT \tag{3}$$

其中,ΔC 为 Δt 时间内冠层蓄水量的变化;EcT 为 Δt 时间内的冠层蒸发量,由下式确定:

$$EcT = K_c \cdot D \cdot LAI \cdot EP_t \cdot \Delta t \tag{4}$$

其中,K_c 为冠层蒸发特性的一个经验常数;D 为冠层干燥程度,用这一时段的冠层蓄水量(C)与冠层容量(Cm)的比值表示[3],对独立降雨事件,降雨起始时 C 值为 0,中间某一时段的 C 值等于上一时段的 C 值加上上一时段内冠层蓄水量的变化;LAI 为冠层叶面积指数;EP_t 为这一时刻气象条件下的蒸散潜力,用不考虑林分冠层阻力的 Penman-Monteith 公式计算。

模型中假设随着降雨的进行,落在冠层的降雨先保持在冠层枝叶中,只有在冠层蓄水量达到其蓄水容量后,降雨才会从冠层排出。冠层蓄水变化量(ΔC)取 Δt 时段内 PC 与 EcT 的差值和 Cm 与 C 的差值中的小值。

当 $PC - EcT \leqslant Cm - C$ 时,PC 不能或刚能满足冠层容量,林冠不排水,$PS = PD = 0$。当 $PC - EcT > Cm - C$ 时,PC 能满足冠层容量,林冠开始排水。假设进入树干水量占总排水量的比例一定,用干流系数(S)表示,则 PS 计算公式为:

$$PS = (PC - \Delta C) \cdot S \tag{5}$$

根据式(3),有

$$PD = PC - \Delta C - PS - EcT \tag{6}$$

PS 进入树干后为树干表面吸收,在满足了树干容量(CSm)后从树干流到地面,即形成

树干茎流(SF)。同样,对树干根据水量平衡有:

$$\Delta CS = PS - SF - EsT \tag{7}$$

其中,ΔCS 为 Δt 时间内树干蓄水量的变化;EsT 为 Δt 时间内树干蒸发量:

$$EsT = K_s \cdot D_s \cdot SAI \cdot EP_t \cdot \Delta t \tag{8}$$

其中,K_s 是表示树干蒸发特性的一个经验常数;D_s 表示树干干燥程度,用这一时段的树干蓄水量(CS)与树干容量(CSm)的比值表示,对独立降雨事件,降雨起始时 CS 值为 0,中间某一时段的 CS 值等于上一时段的 CS 值加上上一时段内树干蓄水量的变化;SAI 为单位林地面积上的树干表面积。

在模型中首先计算树干还能容纳的水量,即:$\Delta CS = CSm - CS$

然后比较 ΔCS 与 $PS - EsT$,并根据式(7)计算产生的树干茎流量:

当 $PS \leqslant \Delta CS$ 时

$$SF = 0 \tag{9}$$

$$\Delta CS = PS - EsT \tag{10}$$

当 $PS > \Delta CS$ 时

$$SF = PS - \Delta CS - EsT \tag{11}$$

至此这一时段的截持过程计算结束,得到时段内自由穿透降雨(PT)、树冠排水(PD)和树干径流(SF)3 个林内降雨组分以及冠层、树干蓄水量和冠层、树干的雨期蒸发量构成的截持量。模型从降雨开始如此分时段计算到降雨结束,即可得到整个降雨事件中林冠的截持。

用林内穿透雨的实测值和模拟值作散点图(图4),可以看出,模型模拟林内降雨量与实测的林内降雨量比较吻合,回归直线斜率为 1.006 2。

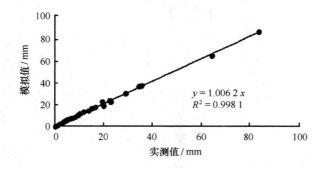

图 2　穿透雨实测值和模拟值比较

3 意义

郭明春等[1]通过对林冠截持过程的研究,将单场降雨划分成很多个小的时段,顺序计算各小时段内降雨在林冠内的分配,建立了一个林冠降雨截持模型。模型考虑了冠层和树干干燥度对冠层雨期蒸发的影响,并在计算雨期蒸发时引入冠层叶面积指数和单位林地面积上树干表面积。运用模型对华北落叶松林的降雨截持进行模拟,结果表明,模拟穿透雨与实测穿透雨基本吻合,误差 ±1 mm,但在小降雨(<6 mm)时模拟值偏低;树干茎流量模拟值偏低,茎流模拟相对误差随着降雨量增大而减小。同时模拟了穿透降雨的过程,结果与林内自动气象站实测穿透降雨的过程基本吻合,模拟效果较好。

参考文献

[1] 郭明春,于澎涛,王彦辉,等. 林冠截持降雨模型的初步研究. 应用生态学报,2005,16(9):1633 – 1637.

[2] Liu JG(刘家冈),Wan GL(万国良),Zhang XP(张学培),et al. Semi-theoretical model of rainfall interception of forest canopy. Sci Silvae Sin(林业科学), 2000,36(2): 2 – 5.

[3] Liu SG. A new model for the prediction of rainfall interception in forest canopies. Ecol Model, 1997,99: 151 – 159.

次生林的蒸散模型

1 背景

森林蒸散是生态学和水文学研究的一个焦点和难点问题,不仅涉及森林生态系统的能量平衡和水分平衡,也是坡面水文过程及水量转化的重要组成。熊伟等[1]为估计温带落叶阔叶林的蒸散量及分量,利用热扩散技术,结合微型蒸渗仪和传统水文学方法,以辽东栎、少脉椴次生林为对象,对约占六盘山林区林地面积 60% 以上的次生林进行了相关研究,旨在估计乔木树种个体水平的蒸腾量及种间差异;林分蒸散量及其分量组成;探讨林分蒸散量与其结构的关系。

2 公式

2.1 单株蒸腾量测定

(1)乔木:在标准地内选择生长良好的少脉椴和辽东栎样木,利用热扩散液流探头(Thermal Dissipation Probe,以下简称 TDP;德国 Ecomatic 公司),在 2004 年 8—9 月份连续测定了 5 株样木的树干液流,通过生长锥抽取样品来确定树木边材面积,最后计算出两个树种的单株蒸腾量。仪器的安装和计算见文献[2 - 3]。

(2)灌木:在标准地选择主要灌木树种灰木旬子和黄刺玫的单株样木,用快速称重法测定典型天气下树冠不同部位叶片的蒸腾速率,用式(1)计算单株的蒸腾量[4]。

$$W_T = E_L \cdot H \cdot O \cdot P \cdot C \cdot L \tag{1}$$

式中:W_T 为灌木单株日蒸腾量($mm \cdot d^{-1}$);E_L 为功能叶蒸腾速率的日平均值($g \cdot g^{-1} \cdot min^{-1}$);$H$ 为测定日实际日照时数(h);O 为天气系数,本研究晴天为 1,下雨天为 0,多云天气为 0.7;P 为叶位系数,是指同一枝条不同部位叶片日平均蒸腾速率与功能叶的比值;C 为树冠系数,是指树冠不同方向和上下部位叶片日平均蒸腾速率与功能叶的比值;L 为树冠总的鲜叶质量(g),这里假定其值在测定中不变。

2.2 单木到林分蒸腾量的尺度放大

在测定少脉椴和辽东栎单株蒸腾量的基础上,用两个树种的边材面积为空间纯量来实现林分蒸腾量的尺度放大,具体通过式(2)计算乔木层的蒸腾耗水量[5]。

$$E_c = J_{mean} \cdot A_{s-stan\,d} \tag{2}$$

式中：E_c 为乔木层林木的蒸腾量（mm·d^{-1}），J_{mean} 为测定样木平均的液流密度（μ_1·cm^{-2}·min^{-1}），$A_{s-stand}$ 为单位面积上累积的边材面积（cm^2·m^{-2}）。

通过式（1）计算灌木单株的蒸腾量及两个树种在单位林地面积上的叶片总重量来计算整个灌木层的蒸腾耗水量。

2.3 草本层蒸散量（草本层蒸腾量＋土壤蒸发量）测定

用自制微型蒸渗仪（ϕ20 cm、高 30 cm）24 h 连续测定其重量变化，通过式（3）计算草本层的蒸散量。

$$ET = \frac{\sum_{i=1}^{n} \Delta W_i}{ns} \times 10 \tag{3}$$

式中：ET 为草本层蒸散量（mm·d^{-1}）；ΔW_i 为第 i 个微型蒸渗仪两次称量值之差（kg）；S 为蒸渗仪的开口面积（m^2）；n 为测定个数。

2.4 林冠层截留量测定

在标准地相隔 5 m 划方格线，按方格线交点布设雨量筒共 8 个；林外降水在样地附近空地上测定；树干茎流测定按树木径阶（按 4 cm 划分）进行，每个径级选 1~2 棵标准木，用 PVC 管做成的蛇形管收集树干茎流，按式（4）计算树干茎流量：

$$C = \sum_{I=1}^{N} \frac{C_N \cdot M_N}{S \cdot 10^4} \tag{4}$$

式中：C 为树干茎流量（mm）；N 为树干径级数，C_N 为每一径级的树干茎流量（mL）；M_N 为每径级树木株数；S 为样地面积（m^2）。最后按式（5）计算乔木冠层截留量。

$$I = P - T - C \tag{5}$$

式中：I 为冠层截留量（mm）；P 为大气降水量（mm）；T 为林内穿透降水（mm）；C 为树干茎流量（mm）。

根据公式，研究乔木层涉及辽东栎和少脉椴两个树种边材面积的确定问题，每个树种各取 8 株样木，同时测量树干的胸径和边材面积，分析两者关系（图1）。结果表明，两树种树干胸径和边材面积之间存在着高度的相关关系，可以用幂函数较好地表示这种数量关系，其确定系数（r^2）均达到显著。

3　意义

熊伟等[1]总结概括了天然次生林夏季蒸散模型，2004 年 8—9 月份，利用热扩散技术，结合微型蒸渗仪和水文学方法，研究了辽东栎、少脉椴次生林蒸散组成及其与林分结构的关系。结果表明，辽东栎和少脉椴树干的液流密度在"相对静止期"内比较稳定和微弱；在"活跃期"内树干液流密度上升较快，并呈单峰、双峰或多峰曲线；两树种单株蒸腾量有明显

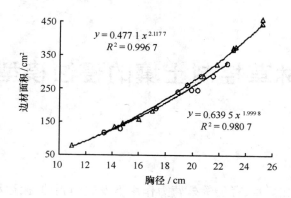

图1　树干胸径与边材面积的关系

的种间差异,乔木层对林分日蒸散量大小起主要作用,灌木层次之,草本和土壤蒸发量的贡献最小。为以后的研究提供了理论基础。

参考文献

[1]　熊伟,王彦辉,于澎涛,等. 六盘山辽东栎、少脉椴天然次生林夏季蒸散研究. 应用生态学报,2005,16(9):1628 – 1632.

[2]　Rust S. Comparison of three methods for determining the conductive xylem area of scots pine(*Pinus sylvestris*). Forestry, 1999,72(2):103 – 108.

[3]　Wang AZ(王安志),Pei TF(裴铁璠). Research progress on surveying and calculation of forest evpotranspiration and its prospects. Chin J Appl Ecol(应用生态学报),2001,12(6):933 – 937.

[4]　Liu FJ(刘奉觉),Zheng SK(郑世锴). Researches on Water Relation in Physiology of Populus. Beijing:Beijing Agricultural University Press, 1992: 87 – 102.

[5]　Kostner B. Evaporation and transpiration from forests in central Europe-Relevance of patch-level studies for spatial scaling. Meteorol Atmos Phys, 2001,76: 69 – 82.

林草控制土壤的侵蚀模型

1 背景

土壤侵蚀是土壤在降水、径流等外营力作用下发生的剥蚀、搬运和堆积的过程。在影响侵蚀的因子当中,地形及下垫面状况对侵蚀具有决定性作用,降雨等外营力通过地形及下垫面状况而起作用[1]。只有通过改变地形或下垫面条件,才能有效地防止土壤侵蚀。秦富仓等[2]以甘肃省天水市桥子东、西沟流域为研究对象,探讨林草植被控制土壤侵蚀的机理。

2 公式

2.1 林木对地表径流的影响

对于坡面流,在林草植被的作用下,地表糙率大,流层又浅,可用圣维南运动波方程表述[3-4]:

$$\begin{cases} \dfrac{\partial h}{\partial t} + \dfrac{\partial q}{\partial x} = i_e \\ S_0 = S_f \end{cases} \tag{1}$$

式中:h 为地面径流深,q 为坡面单宽径流量,t 为径流时段,x 为距分水岭距离,i_e 为坡面上的净降雨强度,S_0 为地面坡度,S_f 为摩阻坡度。

巴津认为,坡面流流速与其水深呈线性关系[5-6]:

$$v = m \cdot \sqrt{S_f} \cdot h \tag{2}$$

式中:m 为巴津系数,v 为坡面流速。

式(2)可写为:

$$S_f = v^2 / (m^2 h^2) \tag{3}$$

巴津系数 m 与地表粗糙度 λ 有关。它取决于地被物厚度、林木的地径、密度和林下灌草的盖度。

在林地中,乔木树干使坡面径流绕行,引起局部水头损失[7-8],令局部水头损失为 h_j,则:

$$h_j = \beta \sin\theta (D/b)^{4/3} \frac{S_0}{2g} (mh)^2 \tag{4}$$

262

假定树木为圆形,则 $\beta = 1.73$,D 为树木地径;b 为单宽上的树木间的平均株距;θ 为地面坡度。

彻卡索夫[5]认为:$m = \dfrac{87}{\lambda}$,则式(4)可变为:

$$h_j = \beta \sin \theta (D/b)^{4/3} \frac{S_0}{2g} (87h/\lambda)^2 \tag{5}$$

由式(5)可知,随着坡长的增加,树木地径的生长,坡面径流的局部水头损失增大,径流沿程总水头损失 E 为:

$$E = \int_0^l \beta \sin \theta (D/b)^{4/3} \frac{S_0}{2g} (87/\lambda)^2 \left(\frac{i_e}{m\sqrt{S_0}} x \right) \mathrm{d}x = \beta \sin \theta (D/b)^{4/3} \frac{87\sqrt{S_0}}{2g\lambda} i_e l^2 \tag{6}$$

由式(6)可见,坡面上径流的总水头损失与坡面坡度、林木密度(b)、净雨强、坡长等有关,对于某一特定坡面,其坡度、雨强一定时,林木密度增加则水头总损失增大,即:

$$E \propto (D/b)^{4/3} \tag{7}$$

由于草本植物高度大都较矮,坡面水流在汇入沟道前不会将其淹没,但水流作用下易弯曲,因此,它们可增大水流底层的阻力,减小床面的切应力[9]。

坡面切应力(τ)$\tau = \gamma R S_f$,由于坡面水流浅,湿周 $R = h$,所以:

$$\tau = \gamma h S_f \tag{8}$$

式中:τ 为某一断面的切应力,γ 为水的容重。因此对于坡面上单位宽度的总阻力积分:

$$\tau = \int_0^l \gamma h S_f \mathrm{d}x = \frac{2}{3} \gamma S_f \left| \frac{i_e}{m\sqrt{S_0}} \right|^{1/2} l^{3/2} = \frac{2}{3} \gamma \left| \frac{\lambda\sqrt{S_0}}{87} \right|^{1/2} i_e^{1/2} l^{3/2} \tag{9}$$

2.2 林地枯落物的抗冲蚀作用

Hartam 从摩擦阻力概念出发,提出稳定条件下,水流流过 1 mm 长、1 m 宽的坡地时,单位时间内克服磨擦阻力所做的功等于重量与径流速度的乘积[10],即:

$$c = \omega_1 \frac{\delta_x}{1\,000} v \sin \theta \tag{10}$$

式中:ω_1 为 1 m³ 含沙水流的重量,δ_x 为距分水岭 x 处的径流深(mm),v 为 x 处的流速(m·s⁻¹),θ 为坡度。

由于单位时间所做的功等于作用力 F 与速度的乘积,因此,消耗在单位面积上与坡度平行的力为:

$$F = \frac{c}{v} = \omega_1 \frac{\delta_x}{1\,000} \sin\theta \tag{11}$$

由式(11)可以看出,控制侵蚀力大小的因子主要是径流深、坡度或流速。

雅里加诺夫研究认为,坡面径流的挟沙能力可用下式计算:

$$p = A \frac{v^5}{gh\omega} \tag{12}$$

式中:p 为径流的含沙浓度,h 为径流深;v 为径流速度;g 为重力加速度;ω 为泥沙的水力黏度;A 为系数。

根据降雨后对小流域实测可知,利用公式,桥子东和西沟两个流域洪水是以坡面流和冲沟急流形式出现的,在梯田和林草地内,由于水流流速减缓,有泥沙落淤。表 1 为二流域的几次暴雨洪水和侵蚀特征值。由表 1 可知,桥子东沟由于有林草地和梯田存在,具有较好的滞洪减沙效益;而桥子西沟内径流、泥沙量均大于桥子东沟。

表 1　桥子东、西沟流域径流、产沙对比分析

序号	降水量 /mm	径流模数/(m³·hm⁻²)			侵蚀模数/(t·hm⁻²)		
		桥子东沟	桥子西沟	东沟较西沟减少 /(%)	桥子东沟	桥子西沟	东沟较西沟减少 /(%)
1	27.6	11.10	20.78	46.59	2.80	5.67	50.51
2	17.1	1.34	2.53	47.10	0.64	0.95	33.25
3	80	163.21	247.87	34.15	48.13	87.83	45.20
4	12.8	23.23	26.68	12.93	8.55	8.86	3.50
5	29	29.27	41.41	29.33	13.94	24.79	43.78
6	28.8	6.10	8.22	25.85	0.89	1.39	36.00
7	13	1.56	2.26	30.85	0.82	1.04	20.82
8	29.4	5.40	26.61	79.71	3.11	15.81	80.30
平均				38.31			39.17

3　意义

秦富仓等[2]总结概括了林草植被控制土壤侵蚀的机理模型,从坡面水动力学角度研究了坡面乔木林、草本植物和林地枯落物对坡面径流流速和动能的影响机理。结果表明,坡面径流水头损失与坡面坡度、林木密度、净雨强、坡长等有关;坡面草本植物在水流作用下易弯曲,增大水流底层的阻力,减小床面的切应力;枯枝落叶使径流速度减小,从而大大降低径流挟沙能力。对甘肃省天水市桥子东沟和桥子西沟两个对比小流域的实测单次降雨、径流、泥沙资料分析可见,在相同降水条件下,已治理小流域内的径流量、产沙量、洪峰流量、最大输沙率等指标均小于未治理小流域,说明林草植被在小流域中的涵养水源、保持水土的作用明显。此模型对于解决小流域水土保持措施体系的合理布局,特别是小流域内林草植被的布局具有十分重要的意义。

参考文献

[1]　Stednick JD. Monitoring the effect of timber harvest on annual water yield. Hydrology, 1996, 176: 79 – 95.

[2]　秦富仓, 余新晓, 张满良, 等. 小流域林草植被控制土壤侵蚀机理研究. 应用生态学报, 2005, 16(9): 1618 – 1622.

[3]　Cao WH(曹文洪), Qi W(祁　伟). Distributed model for simulating runoff yield in small watershed. J Water Cons(水利学报), 2003, (9): 48 – 54.

[4]　Tang LQ(汤立群), Chen GX(陈国祥). A dynamic model of runoff and sediment yield from small watershed. J Hydrod(水动力学研究与进展), 1997, 12(2): 164 – 174.

[5]　Lei XZ(雷孝章). Research on the regulation and transfer rules of forest to precipitation-runoff. J Sichuan For Sci Technol(四川林业科技), 2000, 21(2): 7 – 12.

[6]　Qi LX(戚隆溪), Huang XF(黄兴法). Simulation on slope runoff and soil erosion in a raining event. Acta Mechanica Sin(力学学报), 1997, 29(3): 27 – 31.

[7]　Zhao HY(赵鸿雁), Wu QX(吴钦孝). Studies on hydro-ecological effects of artificial Chinese pine stand in Loess Plateau. Acta Ecol Sin(生态学报). 2003, 23(2): 376 – 379.

[8]　Zhao HY(赵鸿雁), Wu QX(吴钦孝). Study on sediment and yield runoff of nature mountain Populus woodland in Loess Plateau. Res Soil Water Cons(水土保持研究), 1996, 3(4): 120 – 123.

[9]　Yao WY(姚文艺). Experiment study on hydraulic resistance laws of overland sheet flow. J Sediment Res(泥沙研究), 1996, (1): 74 – 81.

[10]　Song XD(宋西德). Function on soil and water conservation of forest vegetation on the Loess Plateau. J Inner Mongolia Agric Univ(内蒙古农业大学学报), 2001, 22(2): 7 – 11.

林地的生产力模型

1 背景

区域林地林木产量和光能利用率的有效估测,有利于探索提高林木光能利用率的途径,充分开发利用区域气候资源和最大限度地挖掘林地林木产量。邢世和等[1]利用福建省气象要素观测及山地土壤调查资料,探讨 GIS 和数学模型集成技术在省域林地栅格空间林木产量和光能利用率估测中的应用。

2 公式

2.1 相关气象要素栅格数据推算

采用下列模型[2]推算并建立省域年实际蒸散量栅格数据库:

$$E = 3.645\,93P/[\,1 + (3.645\,93P/(308.533\,2 + 20.764\,82T + 0.115\,625T^3\,))\,)^2\,]^{1/2} \quad (1)$$

式中:E 为年实际蒸散量(mm);P 为年均降水量(mm);T 为年均温度(℃)。

2.2 林地生产力计算及其数据库建立

利用省域年实际蒸散量栅格数据库,借助下列模型[2]计算省域植被气候生产力并建立栅格数据库:

$$NPP(E) = 2\,999.854\{1 - \exp[\,-0.000\,958\,515\,4(E - 30.021\,67)\,]\} \quad (2)$$

式中:$NPP(E)$ 为由年实际蒸散量计算的植被气候生产力($\mathrm{g \cdot m^{-2} \cdot a^{-1}}$)。利用评价区域林地资源底图栅格数据屏蔽省域植被气候生产力栅格数据,建立省域林地气候生产力栅格数据库[3]。以土壤质量系数修正法[4]计算并建立省域林地生产力栅格数据库:

$$NPP(S) = K_i \cdot NPP(E) \quad (3)$$

式中:$NPP(S)$ 为林地生产力栅格数据($\mathrm{g \cdot m^{-2} \cdot a^{-1}}$),$K_i$ 为各栅格林地土壤质量订正系数。林地土壤质量订正系数是以土壤质地、有机质、pH、阳离子代换量、全磷、全钾、土层厚度、冬季地下水位、障碍层深度和土壤侵蚀强度为评价因子,采用加权指数和法计算获得[4]。

2.3 林地林木产量和光能利用率估测及其数据库建立

利用省域林地生产力和太阳总辐射能数据库,借助下列公式[5-6]分别估测并建立省域林地林木产量和光能利用率栅格数据库:

266

$$H = 0.6NPP(S)(1 + Mg)/Wg = 0.886NPP(S)/100 \qquad (4)$$

式中:H 为林地林木产量($m^3 \cdot hm^{-2} \cdot a^{-1}$),$Mg$ 为主要树种平均含水量,Wg 为湿材单位体积重量。

$$E = 19.678NPP(S) \times 100\% / \sum Q \times 10^4 \qquad (5)$$

根据公式,利用福建省 59 个气象站的经度、纬度、海拔以及年均温度、降水量和太阳总辐射能观测数据,借助 1~3 次趋势面分析模型拟合建立区域年均温(T)、降水量(P)及太阳总辐射能(E)与经度(λ)、纬度(φ)和海拔(h)关系模型。结果表明(表 1),评价区域年均温度、降水量及太阳总辐射能与经度、纬度和海拔关系模型的相关性均以 2 次趋势面拟合模型最为密切,其复相关系数为 0.692~0.981,明显高于相应气象要素 1 和 3 次趋势面拟合模型的相关性。

表 1   年均温度、降水量和太阳总辐射能趋势面分析模型

气象要素	复相关系数			二次趋势面分析模型
	一次模型	二次模型	三次模型	
气温/℃	0.951	0.981	0.913	$T = -4\,563.223\,0 - 47.762\,5i + 88.163\,6\lambda + 0.996\,4h - 0.166\,3i^2 - 0.424\,5\lambda^2 - 0.000\,001h^2 + 0.474\,0i\lambda + 0.000\,145ih - 0.000\,902\lambda h$
降水量/mm	0.587	0.692	0.568	$P = -395\,927.714\,5 - 9\,072.895\,9i + 8\,853.781\,4\lambda - 18.373\,5h - 42.605\,6i^2 - 48.742\,2\lambda^2 + 0.000\,1h^2 + 96.551\,4i\lambda + 0.124\,6ih + 0.128\,6\lambda h$
太阳辐射能 /($MJ \cdot m^{-2}$)	0.575	0.732	0.554	$E = -43\,642.287\,8 - 215.963\,4i + 783.132\,3\lambda + 4.323\,2h + 10.990\,8i^2 - 2.886\,9\lambda^2 - 0.000\,07h^2 - 3.236\,0i\lambda + 0.028\,82ih - 0.042\,39\lambda h$

3   意义

邢世和等[1]总结概括了 GIS 和数学集成技术模型,利用福建省气象要素观测及山地土壤调查资料,探讨地理信息系统和数学模型集成技术在区域林地栅格空间林木产量和光能利用率估测中的应用。结果表明,区域年均温、降水量和太阳总辐射能与经度、纬度及海拔的两次趋势面分析模型相关性均达极显著水平,复相关系数为 0.692~0.981。采用地理信息系统与两次趋势面分析及 1、2 和 4 次反距离权重插值模型集成技术可分别较准确推算区域太阳总辐射能、年均温和降水量的空间数据,验证气象站点相应气象要素观测值与模型推算值之间的差异均未达显著水平。借助地理信息系统与相关模型集成技术可实现区域林地栅格空间。

林木产量和光能利用率的估测。为实现省域林地林木产量和光能利用率及其空间差异的科学评价、合理开发利用区域气候和林地资源、改善森林生态环境提供科学依据。

参考文献

[1] 邢世和,林德喜,沈金泉,等. 地理信息系统与模型集成技术在林地林木产量和光能利用率估测中的应用. 应用生态学报,2005,16(10):1805 – 1811.

[2] Yan SJ(阎淑君),Hong W(洪　伟),Wu CZ(吴承祯),et al. Modification of natural vegetation NPP model. Acta Agric Univ Jiangxiensis(江西农业大学学报),2001,6(2):248 – 252.

[3] Xing SH(邢世和),Sheng JQ(沈金泉),Cao RB(曹榕彬). Assessment of variance and division of climate potential productivity of forest land in Fujian by GIS. J Fujian Agric For Univ(福建农林大学学报),2000,34(1):97 – 101.

[4] Xing SH(邢世和). Cropland Resource in Fujian. Xiamen:Xiamen University Press,2003:52 – 56.

[5] Hong W(洪　伟),Wu CZ(吴承祯),Pen SF(彭赛芬). Evaluation and analysis of forest vegetation potential productivity in Fujian Province. Syst Sci Compreh Studies Agric(农业系统科学与综合研究),1999,15(1):48 – 53.

[6] Huang CB(黄承标),He ZY(何志远),Pang TY(庞庭颐). Comparison between potential climate productivity and actual forest productivity in Guangxi. Acta Agric Univ Jiangxiensis(江西农业大学学报),2002,24(3):355 – 359.

土壤的多样性模型

1 背景

城市化是当今中国土地利用变化中的一个快速而颇受关注的过程。它对自然土壤资源的影响是直接占有式的、难以恢复的。苏州地区是我国经济发达、文化繁荣,城市化快速发展的一个典型区域。研究城市化对苏州地区土壤多样性的影响[1],了解长三角苏南地区土地利用与土地覆盖变化,探索该地区土壤多样性特征,提出土壤多样性研究模型。

2 公式

2.1 多样性测定方法的选择

本研究选用两组多样性测度方法[2]:第 1 组多样性指数选用 Shannon 指数(H_P),均匀度指数选用 Pielou 指数(J_{sw}),丰富度指数选用 Gleason 指数(R_2);第 2 组多样性指数选用 Simpson 指数(D_1),均匀度指数选用 Heip 指数(J_{gi}),丰富度指数(S)。其中第 2 组多样性测度指数的稳定性均高于第 1 组,达到稳定状态所需要的样方数量:$H_P > D_1$、$J_{sw} > J_{gi}$、$R_2 > S$。因此,在样方数量较少时 D_1、J_{gi}、S 更能真实地反映区域间土壤多样性特征,有利于对苏州各市(区)间土壤多样性特征进行比较;第 1 组多样性测度指数灵敏度较好,利于对苏州地区近 20 年来城市化对土壤多样性分布格局的影响及苏州地区土壤多样性的动态变化进行研究。不同土壤多样性测定指数的数学表达式[3]如下:

$$H_P = - \sum P_i \ln P_i \tag{1}$$

$$D_1 = 1 - \sum P_i^2 \tag{2}$$

$$J_{sw} = (- \sum P_i \ln P_i)/\ln S \tag{3}$$

$$J_{gi} = (- \sum P_i^2)/(1 - 1/S) \tag{4}$$

$$R_2 = S/\ln N \tag{5}$$

式中:H_P 为 Shannon 指数;D_1 为 Simpson 指数;J_{sw} 为 Pielou 指数;J_{gi} 为 Heip 指数;R_2 为 Gleason 指数;S 为苏州地区各市(区)土属类型数目;N 为苏州地区各市(区)土壤面积;$P_i = N_i/N(i = 1,2,3,\cdots,S)$;$N_i$ 为苏州地区各市(区)内被第 i 个土属所覆盖的面积。

2.2 土壤多样性动态度模型

为了研究土壤多样性时空变化格局,我们引用土壤多样性动态度模型来表达土壤多样性变化快慢程度(以 Shannon 指数为例),数学式为:

$$SI = \left[\sum_{ij}^{n} (dH_{i-j}/dH_i) \right] \times 100\% \qquad (6)$$

式中:SI 为 t 时段内研究区域土壤多样性变化速率,dH_i 为起始时间 i 研究区土壤多样性指数,dH_{i-j} 为 t 时段内 i 研究区土壤多样性指数变化量。

2.3 城市化过程中不同土壤类型动态度

不同土壤类型在城市化过程中面积变化率的区域差异,可以用土壤类型动态度模型来表达,数学表达式[4]为:

$$R = \left\{ \sum_{ij}^{n} (dAT_{i-j}/AT_i) \right\} \times 100\% \qquad (7)$$

式中:R 为与 t 时段对应的研究区不同土壤类型变化速率,AT_i 为起始时间 i 类土壤的总面积(km^2),dAT_{i-j} 为 t 时段内 i 类土壤转化为城镇用地的面积总和(km^2)。

2.4 土地分类指数

为了研究苏州地区土地利用变化对土壤多样性的影响,需要定义各类土地利用指数,如垦殖指数、城市化指数、林地指数等,从而定量表达苏州地区某一土壤类型的利用情况和变化趋势。由于数据库正在建立中,文中仅计算了城市化指数。城市化指数的定义为:

$$I = \sum (a_i/AT) \times 100\% \qquad \sum a_i \leq AT \qquad (8)$$

式中:I 为研究区域的城市化指数,a_i 为研究区域内 i 类土壤所占的面积,AT 为研究区土壤总面积。

根据城市化指数定义,可定义城市化指数变化模型[4]为:

$$\Delta I_{b-a} = I_b - I_a = \left\{ \frac{\sum a_{ib} - \sum a_{ia}}{AT} \right\} \times 100 \qquad (9)$$

式中:I_a、I_b 分别为 b 时间和 a 时间研究区域的城市化指数,ΔI_{b-a} 为在 $t(t = b - a)$ 时间段城市化指数变化量,dI_{b-a} 为在 t 时间段城市化指数变化率。

根据公式,可以看出苏州不同时期土壤多样性动态变化(图1)。

3 意义

孙燕瓷等[1]总结建立了土壤多样性研究模型,利用1984年、1995年、2000年和2003年4期 TM 遥感资料,对苏州地区快速城市化背景下土壤多样性时空动态变化特征进行了定量分析和研究。苏州地区黏壤质普通简育水耕人为土和粉砂黏壤质普通简育水耕人为土分布面积最广,近20年来面积比重分别减少了5.11%和3.14%,是苏州地区城市扩张用地

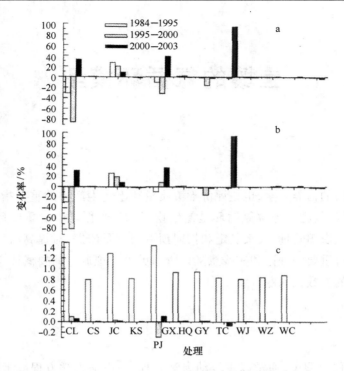

图 1　1984—2003 年苏州地区土壤多样性指数 a、均匀度指数 b、丰富度指数 c 的动态变化

的主要土壤类型,城市化对土壤多样性的影响极显著,是苏州地区土壤多样性变化的一个首要驱动因子。对区域开发、环境基因保护和可持续发展具有重要意义。

参考文献

[1]　孙燕瓷,张学雷,陈杰. 城市化对苏州地区土壤多样性的影响. 应用生态学报,2005,16(11):2060 –
2065.

[2]　Zhang XL(张学雷),Chen J(陈　杰),Zhang GL(张甘霖). Land form-based pedodiversity of some soil chemical properties in Hainan island,China. Chin J Appl Sin(应用生态学报), 2004,15(8):1368 –
1372.

[3]　Zhang XL(张学雷),Mantel S,Zhang GL(张甘霖),et al. Exploring suitability for tropical crop cultivation in Hainan island by SOTAL methodology. J Geogr Sci(地理学报), 2001,11(4): 420 – 426.

[4]　Zhang XL(张学雷),Tan MZ(檀满枝),Chen J(陈　杰),et al. Impact of land use change on soil resources in the peri-urban area of Suzhou city. J Geogr Sci(地理学报), 2005,15(1):71 – 79.

土壤的氮循环模型

1 背景

氮是植物必需的营养元素,也是评价土壤质量和土地生产力的重要指标。为了获得高产,需要施用大量的氮肥。土壤氮循环是氮生物地球化学循环中的重要环节,其模拟是作物估产、环境评价、农田管理、决策制定和长期预测的重要依据,对提高氮肥利用率、防止或减轻环境污染具有重要的理论和实践意义。唐国勇等[1]拟通过简要概述土壤氮循环过程,讨论模型模拟中的参数化问题。

2 公式

在氮循环过程模型中,通常以零级动力学方程、一级动力学方程或米氏方程等作为模型的数学基础,根据氮循环过程的影响因子,对模型进行调整和修正。零级动力学方程的微分形式可表示为:

$$\mathrm{d}y_t/\mathrm{d}t = -k_0 \tag{1}$$

一级动力学方程的微分形式可表示为:

$$\mathrm{d}y_t/\mathrm{d}t = -k_1 y \tag{2}$$

米氏方程的微分形式可表示为:

$$\mathrm{d}y_t/\mathrm{d}t = -u_m y/(K_s + Y) \tag{3}$$

其中,k_0 和 k_1 分别为零级和一级动力学常数;u_m 为最大转化速度;K_s 为半饱和常数;$\mathrm{d}y_t/\mathrm{d}t$ 为转化速率,Y 为某 N 成分的含量(或浓度)。

硝化过程可用零级、一级或米氏方程进行模拟。在 NTRM 模型中,最初用经验的回归方程表示硝化速率[2]:

$$K = a + bTC_{\mathrm{NH_4}} + c\lg C_{\mathrm{NH_3}} + d\lg C_{\mathrm{NO_3}} \tag{4}$$

其中,K 为硝化反应速率;a、b、c、d 均为常数;其值分别为 4.64、1.62×10^{-3}、0.238 和 -2.51;T 为土壤温度;$C_{\mathrm{NH_4}}$ 为土壤铵态氮含量;$C_{\mathrm{NO_3}}$ 为基质硝态氮含量。经过修正,Shaffer 等[3]用机理性的半阶方程来表示硝化速率:

$$\mathrm{d}(\mathrm{NH_4})/\mathrm{d}t = [k_{1/2}(\mathrm{NH_4})^{1/2}\mathrm{O_2}\exp(E_a/k_b T_s)]/\mathrm{H^+} \tag{5}$$

其中,$\mathrm{d}(\mathrm{NH_4})/\mathrm{d}t$ 为硝化速率,$k_{1/2}$ 为半阶速率常数,E_a 为化学自由能,k_b 为波尔茨曼常

数,T_s 为土壤温度,NH_4 为土壤溶液中铵离子浓度,O_2 为土壤空气中氧气浓度,H^+ 为基质氢离子浓度。

目前反硝化过程的模拟一般采用零级或一级动力学方程,如 CERES 模型用一级动力学方程模拟该过程,其一级反硝化速率系数为:

$$k_{dnit} = 6.0 \times 10^5 \times C_W \times T_f \times W_{fd} \times h \times NO_3 \tag{6}$$

其中,k_{dnit} 为一级反硝化速率系数,C_W 为土壤有机质中水提取 C 浓度($\mu g \cdot g^{-1}$),W_{fd} 和 T_f 分别为水分和温度影响因子,h 为土层厚度。C_W、W_{fd} 和 T_f 又可表示为:

$$C_W = 24.5 + 0.003\ 1C \tag{7}$$

$$T_f = 0.1 \times \exp(0.046T_s) \tag{8}$$

$$W_{fd} = 1.0 - (SAT - SW)/(SAT - DUL) \tag{9}$$

其中,C 为土壤有机碳含量;SAT 为土壤饱和水含量;SW 为土壤含水量;DUL 为土壤排干时水分含量;T_s 为土壤温度。

可用零级或一级动力学方程模拟氨挥发过程,如 GLEAMS 模型用一级动力学方程表示该过程:

$$r = C_{NH_3}\exp(-K_v t) \tag{10}$$

其中:r 为一级氨挥发速率;C_{NH_3} 为基质中氨浓度;t 为时间;K_v 为速率常数,该常数又可用指数方程表示:$K_v = 0.409 \times 1.08^{ATP-20}$,ATP 为气温。

3 意义

既是植物必需的营养元素,又是造成环境污染的重要元素。正确模拟土壤中氮循环已经成为科学家共同关注的热点问题。唐国勇等[1]总结概括了土壤氮素循环模型,简述了土壤氮循环的基本过程,介绍了硝化过程、反硝化过程、氨挥发过程等,并讨论了模拟中存在的参数化问题。为深入研究土壤氮循环及其模拟提供一定的参考和借鉴。

参考文献

[1] 唐国勇,黄道友,童成立,等. 土壤氮素循环模型及其模拟研究进展. 应用生态学报,2005,16(11):2208 – 2212.

[2] Dutt RG,Shaffer MJ,Moore WJ. Computer simulation model of dynamic bio-physicochemical processes in soils. Arizona Agric Exp Sta Technol Bull,1972,196:128.

[3] Sabey BR,Frederik LR,Barthdomew WV. The formation of nitrate from NH_4^+ – H in soils Ⅳ. Use of the delay and maximum rate phase for making quantitative predictions. Soil Sci Soc Am J,1969,33:276 – 278.

景观生态的规划模型

1 背景

景观生态学的发展为景观规划注入了新的活力。景观规划是在工业文明及后工业文明中,为适应新的社会发展需要而产生的一门新兴工程应用性学科专业[1-2]。范文义等[1]借助于 RS、GPS 和 GIS 技术,从大区域尺度来掌握不同景观要素(土地利用类型)分布的时空差异,从景观生态学的角度研究区域各景观要素之间的相互关系。在景观分析的基础上,掌握城郊景观格局现状,通过对多个因子综合分析,借助数字高程模型(DEM),对城乡交错带进行景观生态规划。

2 公式

根据景观分类结果并借助于 DEM 派生出的数据,选取平均斑块面积、景观优势度、平均坡度、平均海拔、破碎度进行景观生态分析评价。

平均斑块面积(PA):$A = \sum_{i=1}^{n} p_i, PA = A/n$

式中:p_i 为某个斑块的面积;n 为某类景观斑块的个数,是计算其他空间特征指标的基础。

景观优势度(D):$D = H_{max} + \sum_{i=1}^{n} P_i \ln(P_i); H_{max} = \ln(n)$

式中:H_{max} 是多样性指数的最大值;P_i 是斑块类型 i 在景观中出现的概率;n 是景观中斑块类型的总数。优势度大,表明各景观类型所占比例差别大,其中一种或某种景观类型占优势;优势度小,表明各类型所占比例相当。

破碎度(F):$F = \sum_{i=1}^{n} N_i/A$

式中:n 表示景观类型数目;N_i 为第 i 类景观类型的斑块数;A 为景观总面积;F 为破碎度。用单位面积内的斑块数测度表示 F 越大,表示景观斑块越破碎,为景观生态规划提供了一定的依据,在一定程度上反映了人为对景观的干扰程度。

坡度(S):$\tan a = h/d$

式中:h 表示高程;d 表示相应的水平距离;$\tan a = [(z/x)^2 + (z/y)^2]^{1/2}$,其中 z 表示高差,x, y 为相应的坐标增量。

采用因子分析提取主成分的方法,将多个因子综合为少数几个因子,用最少的因子来概括和解释多个因子所要说明的事件。

因子分析的数学模型:

$$X_m = b_{m1}z_1 + b_{m2}z_2 + \cdots + b_{mn}z_n + e_n$$

即 $X = BZ + E$

其中,X 为原始变量向量;B 为公因子负荷系数矩阵;Z 为公因子向量;E 为残差向量。在实际的研究中,根据积累方差贡献率大于 80% 原则选取 m 个方差贡献率大的因子,舍弃那些方差贡献率小的因子。

根据公式,应用 R2V 矢量化软件对地形图上的等高线进行矢量化并对高程赋值,导入 ArcView3.3 并生成哈尔滨市区的 DEM 模型。

3 意义

范文义等[1]总结概括了 DEM 因子选择模型,利用哈尔滨市遥感数据资料,在 RS、GIS 和 GPS 技术支持下,获取哈尔滨市郊景观格局现状及哈尔滨数字高程模型(DEM)。选取平均斑块面积、景观优势度、平均坡度、平均海拔和破碎度因子对其进行综合分析,并借助 DEM 模型进行景观生态规划。结果表明,3S 技术为典型景观类型的确定提供了科学依据;建立了市郊景观类型数据库,并生成景观类型专题图;土地利用现状和景观空间分布以及地形地貌和土地利用类型相结合。DEM 和遥感影像的叠加,从大尺度上定性刻画市郊的景观生态规划,而景观生态规划和 DEM 的叠加,更加直观地反映了市郊的景观结构,为提高区域生态功能,促进城乡一体化的健康发展提供科学依据。

参考文献

[1] 范文义,龚文峰,刘丹丹,等 . 3S 技术在哈尔滨市郊景观生态规划中的应用 . 应用生态学报,2005,16 (12):2291 – 2295.

[2] Liu BY(刘滨谊). The Design and Planning of Landscape. Nanjing:Southeast University Press,2001.

土壤侵蚀的动态模型

1 背景

土壤侵蚀是最活跃、最敏感的生态致灾因子之一,在特定的地质条件下会诱发滑坡、崩塌和泥石流等山地灾害。岷江是长江水系中水量较大的一条支流,岷江上游流域成为长江的重要源头区域之一,是我国一个重要的大尺度、复合型生态过渡带,也是一个生态系统脆弱区[1]。了解该区域土壤侵蚀动态与空间格局、分析其影响因子以及其演化规律。

2 公式

随着 3S 技术的发展,结合通用水土流失方程,为快速准确的土壤侵蚀动态提供了快速便利的手段。本研究采用这一模型。其数学表达式为:

$$A = f \times R \times K \times L \times S \times C \times P$$

式中:A 为土壤侵蚀量($t \cdot km^{-2} \cdot a^{-1}$);$f$ 为 224.2;R 为降雨侵蚀力因子;K 为土壤可蚀性因子;L 为坡长因子;S 为坡度因子;C 为植被覆盖因子;P 为土壤侵蚀控制措施因子。

计算各因子的技术路线图见图 1。

(1)R 因子:降雨侵蚀力 R 因子是一项评价降雨引起的土壤分离和搬运的动力指标,Arnoldus[2]提出了一种简便的 R 值计算方法,采用研究区的月降水和年降水资料来修订 Fournier 指数(MFI),然后利用一个普遍适用的 R 因子方程来计算 R 值。该公式同时考虑了年降水量和降水的分布,数据较为容易获取,其公式为:

$$F = \sum_{i=1}^{12} j_i^2 / J$$

式中:i 为月份;j_i 为月降水量;J 为年降水量。R 与该指数的关系为:

$$R = 4.17 \cdot F - 152$$

(2)K 因子:土壤可蚀性因子 K 值,主要表达土壤的性质,反映土壤被降雨侵蚀力分离、冲蚀和搬运的难易程度。本研究采用 Williams 等[3]发展的 K 因子估算法。该法使用方便,仅由土壤有机碳、土壤颗粒组成数据即可以估算。

$$K = \{0.2 + 0.3\exp[-0.025\,6 \cdot S_d \cdot (1 - S_i/100)]\} \times [S_i/(C_l + S_i)]^{0.3} \times$$

$$\{1.0 - 0.25 \cdot C/[C + \exp(3.72 - 2.95 \cdot C)]\} \times [1.0 - 0.7 \cdot (1 - S_d/100)] \times$$

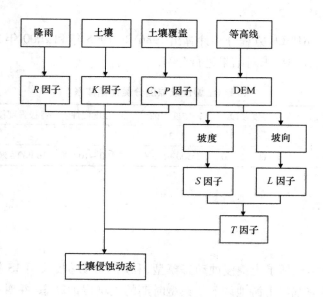

图1 土壤侵蚀计算流程

$$\{1 - S_d/100 + \exp[-5.51 + 2.29 \cdot (1 - S_d/100)]\}$$

式中:S_d 为沙粒含量(%),S_i 为粉粒含量(%),C_l 为黏粒含量(%),C 为有机碳含量(%)。

(3)地形因子(T 因子):在 ArcGIS 8.3 中,利用1:25 万数字高程模型数据(DEM),根据 Moore 和 Wilson[4-6]提出的方程获得 L 因子、S 因子,由 L 因子、S 因子相乘得到地形因子:

$$S = (\sin \theta/0.089\ 6)^{0.6}$$

$$L = (e/22.13)^m$$

$$T = S \cdot L$$

式中:c 为水平坡长(m);θ 为百分比坡度,二者皆由 DEM 作栅格计算获得;22.13 为标准小区坡长;m 为坡长指数,其取值条件为:

$$\theta \geqslant 9 \quad m = 0.5 \quad 9 > \theta \geqslant 3$$

$$3 > \theta \geqslant 1 \quad m = 0.3 \quad 1 > \theta$$

(4)C 因子:它受到植被、作物种植顺序、生产力水平、生长季长短、栽培措施、作物残余物管理、降雨分布等因素的控制[7]。本研究采用蔡崇法[8]的植被覆盖度(c)与 C 因子方程,具有简单、准确、适于本研究区等特点。取值条件为:

$$C = 1 \qquad\qquad c = 0$$

$$C = 0.650\ 8 - 0.343\ 61 \cdot \lg c \quad 0 < c \leqslant 78.3\%$$

$$C = 0 \qquad\qquad c > 78.3\%$$

(5)P 因子:侵蚀防治措施因子 P 是指采用专门措施后的土壤流失量与采用顺坡种植时的土壤流失量的比值,一般指人为的地表耕作情况对土壤流失的相对大小,与坡度和地表形状有一定关系[9]。

根据公式,应用 RUSLE 方程分别计算出 1986 年、1995 年和 2000 年 3 个时期的土壤侵蚀量,并按照表 1 的分类要求对结果进行分类。

表 1　土壤侵蚀强度分类指标体系　　　　　　　　　　　　$t \cdot km^{-2} \cdot a^{-1}$

侵蚀强度	微度侵蚀	轻度侵蚀	中度侵蚀	强度侵蚀	极强度侵蚀	剧烈侵蚀
	1	2	3	4	5	6
侵蚀模数	<1 000	1 000~2 500	2 500~5 000	5 000~10 000	10 000~20 000	>20 000

3　意义

何兴元等[1]总结概括了土壤侵蚀动态模型,利用 TM 数据,采用 3S 技术和通用土壤侵蚀方程(RUSLE)研究岷江上游地区 3 个典型时期的土壤侵蚀动态,并对影响侵蚀的主要因子进行初步分析。结果表明,不同类型的植被直接影响到侵蚀的发生,灌木林地以及新退耕的疏林地是 3 个时期侵蚀的主要发生地,过度放牧导致草场退化,也产生了微度侵蚀;侵蚀的发生和土壤类型密切相关,燥褐土、石灰性褐土最易发生侵蚀,是控制侵蚀的重点区域;人口的增长、户数的增加是侵蚀发生的驱动因子,人口与户数增长导致资源需求压力的增大,侵蚀呈线性增加。模型对于土壤侵蚀的预测预报和防治有重要意义,也将为生态退耕、区域可持续发展决策提供重要依据。

参考文献

[1]　何兴元,胡志斌,李月辉,等. GIS 支持下岷江上游土壤侵蚀动态研究. 应用生态学报,2005,16(12):2271 – 2278.

[2]　Arnoldus HMJ. Methodology used to determine the maximum potential average annual soil loss due to sheet and rill erosion in Morocco. FAO Soils Bull,1977,34:39 – 44.

[3]　Williams JRR. EPIC-A new method for assessing erosion's effects on soil productivity. J Soil Water Cons,1983,38:381 – 383.

[4]　Moore ID,Wilson JP. Length-slope factors for the revised universal soil loss equation:Simplified method of estimation. J Soil Water Cons,1992,47:423 – 428.

[5]　Wilson JP. Estimating the topographic factor in the universal soil loss equation for watersheds. J Soil Water Cons,1986,41(3):179 – 184.

[6]　Wu DL(吴东亮),Liu PJ(刘鹏举),Tang XM(唐小明),et al. Simulating flow direction over raster-based hill-slopes and computing topographic parameters (LS) on GIS. J Beijing For Univ(北京林业大学学报),2001,(5):10 – 14.

［7］ Edwards M,Eisawi D,Millington A. The use of ERS AT – SR – 2 data for monitoring rangeland vegetation in the eastern badia. Jordan. Proceedings of the 22nd Annual Conference of the Remote Sensing Society. 11 – 14 September 1996. University of Durham. 1996:29 – 36.

［8］ Cai CF(蔡崇法),Ding SW(丁树文). Study of applying USLE and geographical information system IDRI-SI to predict soil erosion in small watershed. J Soil Water Cons(水土保持学报),2000,14(2): 19 – 24.

［9］ Liu SL(刘世梁),Fu BJ(傅伯杰),Ma KM(马克明),et al. Effects of vegetation types and landscape futures on soil properties at the plateau in the upper reaches of Minjiang River. Chin J Appl Ecol(应用生态学报),2004,15(1):26 – 30.

金线鱼的渔获量模型

1 背景

深水金线鱼属鲈形目金线鱼科,分布于印度洋、中国和日本海域,在我国仅产于南海[1]。王雪辉等[2]利用底拖网调查收集的大量深水金线鱼生物学测定数据,运用 ELEFAN 技术软件,对南海北部深水金线鱼的群体结构、资源密度的分布和变化、生长和死亡及摄食习性等生态特点进行了研究。了建立 Beverton-Holt 动态综合模型。

2 公式

深水金线鱼的生长用 von Bertalanffy 生长方程拟合。生长过程的特征变化,则分别用生长速度和生长加速度曲线来描述。生长参数 L_∞、k 根据体长频率的时间序列,用 FAO 开发的 FiSAT(Version 0. 3. 1)软件中的 ELEFAN I(Electronic Length Frequency Analysis I)子程序估算[3]。其中理论生长起点年龄 t_0 应用 Pauly 的经验公式[3]计算:

$$\ln(- t_0) = - 0. 392\ 2 - 0. 275\ 2\ln L_\infty - 1. 038\ln k \tag{1}$$

总死亡系用 FiSAT 软件中的长度变换渔获曲线法[4]估算;

自然死亡系数采用 Pauly[5]公式计算:

$$\ln M = - 0. 006\ 6 - 0. 279\ln L_\infty + 0. 654\ 3\ln k + 0. 463\ 4\ln T \tag{2}$$

式中:L_∞(全长,cm)和 k 都是 von Bertalanffy 生长方程中的参数;T 为深水金线鱼栖息环境的年平均水温(℃)。

由于式(1)和式(2)中规定的 L_∞ 为全长,故需将体长渐近值换算为全长。为此,根据调查数据选取 100 尾深水金线鱼的体长(BL)和全长(TL)数据,拟合得到以下直线方程(3),并据此求出深水金线鱼的渐近全长。

$$TL = 1. 216\ 6BL + 2. 488\ 5 \qquad r = 0. 989\ 4 \tag{3}$$

用 Beverton-Holt 的单位补充量渔获量模式,计算单位补充量渔获量变化,作出单位补充量等渔获量曲线图,用于评价深水金线鱼资源的利用状况,并确定最适开捕规格。

为了比较各类食物在胃含物中的出现情况和在食物组成中的比重,采用以下指标来衡量:

$$出现频率(\%) = \frac{含有该成分的实胃数}{除去反胃的总胃数} \times 100\% \tag{4}$$

$$实际质量百分比（\%） = \frac{该成分的实际质量}{胃含物中可鉴定部分的质量} \times 100\% \tag{5}$$

3　意义

　　王雪辉等[2]总结概括了鱼类 Beverton-Holt 模型，根据 1964—1965 年及 1997—1999 年在南海北部采集的深水金线鱼生物学资料，对该鱼种群体结构、资源密度分布及其季节变化、生长和死亡参数及摄食习性进行了研究。结果表明，该群体的最适捕捞死亡系数为 $F = 2.9$，最适开捕年龄和体长分别为 1.1 a 和 12.0 cm。目前该群体已处捕捞过度状态，以捕捞幼鱼问题较为突出。建议南海北部深水金线鱼的最小可捕规格为体长 12.0 cm。此模型评价该群体的资源利用状况，并建议其最适开捕规格，以期为深水金线鱼资源的可持续利用提供科学依据。

参考文献

[1]　Chen ZC(陈再超), Liu JX(刘继兴). Commercial fishes of South China Sea. Guangzhou：Guangdong Science and Technology Press, 1982：184 – 188.

[2]　王雪辉, 邱永松, 杜飞雁. 南海北部深水金线鱼生物学及最适开捕体长. 应用生态学报, 2005, 16 (12)：2428 – 2434.

[3]　Pauly D. ELEFAN Ⅰ：User's instruction and program listings. ICLARM, Manila, 1980.

[4]　Fei HN(费鸿年), Zhang SQ(张诗全). Study of Fisheries Resources. Beijing： China Science and Technology Press, 1991：303 – 305.

[5]　Pauly D. On the interrelationships between natural mortality, growth parameters and mean environmental temperature in 175 fish stocks. J Cons Int Exp Mer, 1980, 39(2)：175 – 192.

土地利用的生态价值模型

1 背景

生态系统健康是指一个生态系统能维持自身正常新陈代谢的一种状态,自身恢复能力可缓和外界对其的不良冲击,从而保持系统的稳定性和可持续性。王成等[1]以重庆市沙坪坝区为研究对象,应用1996年、2002年的TM遥感影像以及1996年建立的土地利用现状数据库等资料,采用景观生态学的空间格局指数的分析方法,分析了沙坪坝区近10年来的土地利用动态变化特征,并对各种土地利用类型赋予相应的相对生态价值,探讨不同土地利用结构对区域生态健康状况的影响。

2 公式

2.1 土地利用变化分析

运用景观生态学的斑块数、平均斑块面积以及景观多样性分析土地利用类型变化特征。其中景观多样性的计算公式[2]:

$$H = -\sum_{i=1}^{m} Pc_i \times \lg(Pc_i) \tag{1}$$

其中,H 为景观多样性;Pc_i 为第 i 类土地利用类型占土地总面积的百分比;m 为区域土地利用类型的数量。

运用 ERDAS 软件,采用监督分类和目视修正相结合的方法,获得2002年土地利用现状图,运用 ARCGIS 8.02 软件,将多期土地利用矢量数据进行"Intersection"两两叠加运算,并用"Eliminate"去除因叠加而产生的碎屑多边形,提取土地利用变化的信息,即对于任意两期土地利用类型图 A_{ij} 和 B_{ij} 运用地图代数方法,求得由 A 时期到 B 时期的土地利用变化图 C_{ij},以反映土地利用变化的类型及其空间分布。据此可得出各时期土地利用类型转移矩阵,并对重庆市沙坪坝区土地利用类型转移模式及动态变化进程进行初步分析。

$$C_{ij} = A_{ij} \times 10 + B_{ij} \qquad \text{(土地利用类型小于10时适用)} \tag{2}$$

2.2 生态系统的健康状况判定

基于研究区的土地总面积不变,各土地利用类型的面积与区域总面积的比例与其相应的相对生态价值的积,求出各子生态系统的生态价值,然后进行加权求和求出区域的生态

282

系统价值,从而根据区域生态价值在不同土地利用结构下的变差对区域生态健康状况进行判定,如果该生态系统提供服务的价值量不随时间的推移而减少,则通常认为该生态系统处于比较理想的健康状态[3]。

$$V = \frac{\sum_{i}^{m} P_i \times EV_i}{mf} \qquad (3)$$

其中,V 为区域的生态价值;m 为土地利用类型数量;P_i 为第 i 类土地利用类型的面积占土地总面积的百分比;EV_i 为第 i 类土地利用类型的相对生态价值;f 为权数。

根据公式,从总体来看,沙坪坝区生态健康状况为较健康生态系统(表1)。在研究时段内,区域生态价值有升有降。

表1   沙坪坝区各生态子系统的生态价值变化(1992—2002 年)

生态子系统	1992	1996	2002	变差/%		
				1996—1992	2002—1992	2002—1986
水田	9.379 2	9.150 5	8.197 5	−22.87	−118.17	−95.30
旱地	5.422 6	5.290 4	4.739 4	−13.22	−68.32	−55.10
园地	2.247 4	2.508 9	3.676 2	26.15	142.88	116.73
林地	15.330 4	15.205 2	17.537 6	−12.52	220.72	233.24
城市	0.254 3	0.269 0	0.306 0	1.47	5.17	3.70
水域	2.503 7	2.510 4	2.360 5	0.67	−14.32	−14.99
其他	0.498 9	0.495 8	0.462 4	−0.31	−3.65	−3.34
区域	4.454 6	4.428 8	4.651 0	−0.025 8	0.205 4	0.231 2

3   意义

王成等[1]总结概括了土地利用结构变化对生态健康的影响模型,运用景观生态学原理与方法,重庆市沙坪坝区近 10 年土地利用变化进行研究;通过对土地利用类型赋予相应的相对生态价值,探讨土地利用结构变化对区域生态健康状况的影响,旨在为区域土地利用总体规划和土地资源的可持续利用提供科学依据。

参考文献

[1]   王成,魏朝富,高明,等.土地利用结构变化对区域生态健康的影响——以重庆市沙坪坝区为例.应用生态学报,2005,16(12):2296 – 2300.

[2] Liding Chen, Jun Wang, Bojie Fu, et al. Land-use changes in a small catchment of northern Loess Plateau, China. Agric Ecosyst Environ, 2001, 86:163 – 172.

[3] Rapport DJ, Whiteford WG. How ecosystems respond to stresss: Common properties of arid and aquatic system. Biosicence, 1989, 49:193 – 203.

流域的蒸散量模型

1 背景

陆面实际蒸散量在陆地水循环、水平衡中具有十分重要的地位,是陆地水量平衡和热量平衡的关联要素[1-2]。刘建梅等[3]试图为分布式水文模型中实际蒸散量的模拟提供一种可靠、简便的方法,一方面考虑方法的普适性,减少经验参数;另一方面尽量应用流域内可以得到的实测数据,以便充分体现研究区实际蒸散量的时空分布特点,即蒸散量模型。

2 公式

2.1 潜在蒸散量模拟方法

由于观测数据的限制,在水文过程模拟中,一般需要通过常规的气象数据估算潜在蒸散量,彭曼－蒙蒂斯(Penman-Monteith)公式系基于阻力原理的蒸发模型,是目前国内外公认的比较精确的方法[4]。该模型认为所有用于蒸发的能量受植物冠体的影响,水汽首先克服表面(或气孔)阻力 r_s 逃逸叶面,然后克服空气动力阻力进入大气上层,同时,感热只需克服空气动力阻力向上扩散,其一般形式为:

$$E = \frac{1}{\lambda}\left[\frac{\Delta A + \rho_a c_p D / r_a}{\Delta + \gamma(1 + r_s / r_a)}\right]$$

式中:Δ 为饱和水汽压梯度(kPa·℃$^{-1}$);A 为有效能量(MJ·m^{-2}·d^{-1});D 为高度 Ze 处测得的水汽压力差($e_s - e$,kPa);r_a 为对应于 Ze 的空气动力阻力;r_s 为土壤覆盖物的表面阻力;γ 为干湿表常数(kPa·℃$^{-1}$);C_p 为空气比热(1.013 kJ·kg^{-1}·℃$^{-1}$);λ 为水的汽化潜热(MJ·kg^{-1});ρ_a 为空气密度(kg·m^{-3})。

此类模型要应用常规气象数据估算潜在蒸散量,需要对一些特殊的参照表面的阻力值进行定义,可将彭曼公式改写成以下形式估算流域内各个单元格的潜在蒸散量[5]:

$$E_{\max, i} = F_{p,i}^1 \cdot A_i + F_{p,i}^2 \cdot \overline{D}_i$$

其中,$F_{p,i}^1 = \dfrac{\Delta_i}{\Delta_i + \gamma}$

$$F_{p,i}^2 = \frac{\gamma_i}{\Delta_i + \gamma_i}\frac{6.43(1 + 0.53U_{2,i})}{\lambda_i}$$

式中：Δ_i 为单元格 i 处的饱和水汽压梯度（kPa·℃$^{-1}$）；$U_{2,i}$ 为格点 i 处 2 m 高的风速观测值（m·s^{-1}）；$\overline{D}$ 为单元格 i 的日平均水汽压力饱和差（kPa），是日平均温度和相对湿度的函数；γ_i 为干湿表常数（kPa·℃$^{-1}$）；T_i 为单元格 i 处的温度（℃），平均气温的垂直递减率一般为 0.55℃·（100 m）$^{-1[6]}$，即：

$$T_I = T_{实测} - 5.5\frac{Z_i - Z_{测站}}{Z_{测站}}$$

式中：T_i 为单元格 i 处日气温（℃）；T 实测为气象站实测气温（℃）；Z_i 为单元格 i 处的高程（m）；Z 测站为气象站处的高程（m）。

当模拟时间步长为 1 d 时，土壤热通量可以忽略不计，因此单元格 i 的蒸发有效能量 A_i 近似等于净辐射 R_n，a_s 和 b_s 为经验系数（一般 $a_s = 0.25$，$b_s = 0.5$）$^{[7]}$，则单元格 i 处的净短波辐射 $S_{n,i}$（MJ·m^{-2}·d^{-1}）为：

$$S_{n,i} = (1 - \alpha_i)\left(a_s + b_s\frac{n_i}{N_i}\right)S_{0,i}$$

式中：α_i 为单元格 i 的短波反射率，与土地覆盖类型有关，地球的反射率主要因云的变化、冰、雪和土地覆被状况的改变而变化$^{[5]}$；n_i/N_i 为日照率；$S_{0,i}$ 为单元格 i 的大气顶辐射量。植被和土壤向上的长波辐射（MJ·m^{-2}·d^{-1}）为：

$$L_{n,i} = -f_i\varepsilon'\sigma(T_i + 273.2)^4$$

式中：ε' 为净长波发射率，是温度的函数$^{[8]}$；f_i 为局部多云型天空的云量因子，是日照时数的函数；σ 为斯特芬 - 玻尔兹曼常数。

则单元格 i 处的净辐射（MJ·m^{-2}·d^{-1}）为：

$$R_{n,i} = S_{n,i} + L_{n,i}$$

即　　$A_i = \dfrac{R_{n,i}}{\lambda_i}$

2.2　实际蒸散量模拟方法

流域单元格 i 的实际蒸散量估算公式：

$$E_{a,i} = E_{\max,i}f(\theta_i)\left\{\frac{LAI_i}{LAI_{\max,i}} \cdot Veg_i + (1 - Veg_i)\right\}$$

式中：LAI_i 是单元格 i 当月的平均叶面积指数，$LAI_{\max,i}$ 是单元格 i 全年最大叶面积指数；Veg_i 是单元格 i 的植被覆盖度；$E_{\max,i}$ 为单元格 i 的潜在蒸散量（mm）；$f(\theta_i)$ 为土壤含水量的函数，当土壤含水量大于田间持水量时，$f(\theta_i) = 1.0$，即土壤蒸发等于潜在蒸发量；当土壤含水量小于凋萎系数时，$f(\theta_i) = 0$；其间植被蒸腾、土壤蒸发量与土壤含水量呈线性相关，如图 1 所示。

3　意义

刘建梅等$^{[3]}$总结概括了蒸散量研究模型，根据四川杂谷脑河流域上游地区 1989—2000 年

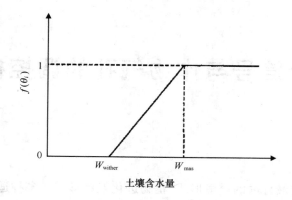

图1 $f(\theta_i)$随土壤含水量的变化

气象站常规观测数据,应用分布式模型方法,考虑流域的空间异质性及时空变异性,选择离散单元格尺度为500 m,时间步长为1 d,采用 Penman - Monteith 公式的改进形式,估算流域多年平均潜在蒸散量的时空分布;结合流域下垫面特点,估算逐日实际蒸散量的时空分布;并将模型模拟的多年平均值与研究区同期水量平衡法计算结果相比,相对误差为 +3.47% 且时空分布合理。为流域分布式降雨 - 径流模型提供了可靠的实际蒸散量模拟方法。

参考文献

[1] Wang AZ(王安志),Pei TF(裴铁璠). Research progress on surveying and calculation of forest evapotranspiration and its prospects. Chin J Appl Ecol(应用生态学报),2001,12(6):933 - 937.

[2] Wang AZ(王安志),Pei TF(裴铁璠). Determination and calculation of evapotranspiration of broad-leaved Korean pine forest on Changbai Mountains. Chin J Appl Ecol(应用生态学报),2002,13(12):1547 - 1550.

[3] 刘建梅,王安志,刁一伟,等. 分布式模型在流域蒸散模拟中的应用与验证. 应用生态学报,2006,17(1):45 - 50.

[4] Qiu XF(邱新法),Zeng Y(曾 燕),Miu QL(缪启龙),et al. Calculation of the annual actual land evapotranspiration using regular meteorologic data. Sci China Ser D(中国科学·D辑),2003,33(3):281 - 288.

[5] Zhang JY(张建云),Li JS(李纪生). Handbook of Hydrology. Beijing:Science Press,2002:108.

[6] Yang DW(杨大文),Li C(李 羽中),Ni GH(倪广恒),et al. Application of a distributed hydrological model to the Yellow River basin. Acta Geogr Sin(地理学报),2004,59(1):143 - 154.

[7] Zhang ZY,Kane DL,Hinzman LD. Development and application of a spatially-distributed Arctic hydrological and thermal process model(ARHYTHM). Hydrol Process,2000,14:1017 - 1044.

[8] Idso SB,Jackson RD. Thermal radiation from the atmosphere. J Geophys Res,1969(4):5397 - 5403.

根源信号与作物气孔的调控模型

1 背景

干旱胁迫是植物最普遍的逆境形式,植物进化发展形成了多种适应干旱胁迫的机制。阳园燕等[1]将根系吸水模型与根源信号 ABA 参与作物气孔调控的气孔导度模型相耦合,以此在 ABA 的产生项中考虑根系吸水影响函数和根系密度分布函数,并利用耦合后气孔导度模型模拟大田状况下根源信号 ABA 参与玉米气孔行为调控过程。

2 公式

选取罗毅等[2-3]对 Feddes 根系吸水模型的改进模型:

$$S = \frac{a(h)R(z)}{\int_0^{Lr} a(h)R(z)} Tr \qquad \left[S_i = \frac{a(h_i)R(z_i)D_i}{\sum_{i=1}^{N} a(h_i)R(z_i)D_i} Tr \right] \tag{1}$$

式中:S 为根系吸水强度;S_i 为第 i 层土壤中根系吸水强度;Lr 为根系长度;Tr 为作物蒸腾速率;Z 为空间坐标;D_i 为第 i 层土壤的厚度;N 为土壤分层数;$R(z)$ 为根系密度分布函数;$a(h)$ 为根区土壤水势对根系吸水的影响函数,定义为:

$$a(h) = \begin{pmatrix} \dfrac{h}{h_1} \\ 1 \\ \dfrac{h-h_3}{h_2-h_3} \\ 0 \end{pmatrix} \begin{pmatrix} h_1 \leq h \leq 0 \\ h_2 \leq h \leq h_1 \\ h_3 \leq h \leq h_2 \\ h \leq h_3 \end{pmatrix} \tag{2}$$

式中:h 为土壤水势;h_1、h_2 和 h_3 为影响根系吸水的土壤水势阈值。当土壤水势低于 h_3 时,根系已不能从土壤中吸取水分,所以 h_3 通常对应着作物出现永久凋萎的土壤水势;($h_2 - h_1$)是根系吸水最适的土壤水势区间;当土壤水势高于 h_1 时,由于土壤湿度过高,透气性差,根系吸水速率降低。

当植物没有萎蔫且蒸腾正常时,土壤-植物-大气的水分传输达到稳态,单位时间内植物体从根到叶各段水的进出量相等,净增加量为零,水流量可以表示为:

288

$$Jw = (\psi_s - \psi_r)/R_{sp} = (\psi_r - \psi_l)/R_p \tag{3}$$

式中：Jw 为根系吸水水流通量，ψ_s 为土壤水势，ψ_r 为根水势，R_{sp} 为根土界面阻力，ψ_l 为叶水势，R_p 为根到叶片的水流阻力。

干旱土壤中的根会合成较多的 ABA[4]。将根区土壤分为若干层，每层根系蒸腾流中 ABA 浓度不仅取决于根系的水势，还与来自该层土壤的水流通量大小有关，依照 Tardieu 等[5]的经验公式计算：

$$[ABA]_{xi} = \frac{a \cdot \psi_{ri}}{jw_i + b}(i = 1,2,\cdots,N) \tag{4}$$

$$[ABA]_x = \frac{\sum\limits_{i=1}^{N} Jw_i[ABA]_{xi}}{\sum\limits_{i=1}^{N} Jw_i} \tag{5}$$

式中：$[ABA]_{xi}$ 为第 i 层土壤中根系蒸腾流中 ABA 浓度，$[ABA]_x$ 为木质部汁液中 ABA 的浓度，a,b 为经验常数。

气孔对 ABA 的敏感性依赖于到达保卫细胞原生质膜外侧的 ABA 浓度，同时依赖于叶片水势的影响[6]，可用以下经验公式表示[7]：

$$g_s = g_{smax}\{A + B \cdot \exp[(ABA)_x \cdot \beta \cdot \exp(\delta \cdot \psi_i)]\} \tag{6}$$

式中：g_s 为气孔导度，g_{smax} 为最大气孔导度，A、B、β 和 δ 为经验系数。

联立式(1)至式(6)的方程组即可模拟出一天时间尺度上植物感知土壤水分获取能力的情况。方程组的求解用 FortranPowerStation 4.0 编译，单位转换在程序中实现，其中根系吸水强度与根系吸水水流通量的转换根据当 SPAC 体系水流运动达到稳态时，植物体蒸腾速率和根系吸水速率日变化基本一致的情况，依据植物体蒸腾速率日变化(拟合二次曲线，本文取 L_1 和 L_2)离散得到，模型参数见表1。

表1　模型主要参数

参数	取值	单位	来源	公式
h_1	0.63	m	固城试验基地	(2)
h_2	10.0	m	固城试验基地	
h_3	158.49	m	固城试验基地	
a	$-2.2e-04$	$\mu mol \cdot kg^{-1} \cdot m^{-5} \cdot s^{-1} \cdot MPa^{-1}$	依 Tardieu 等[8-9]的数据重新拟合	(4)
b	$1.12e-07$	$kg \cdot m^{-2} \cdot s^{-1}$		
A	0.008		金明现[10]	(6)
B	0.992			

续表

参数	取值	单位	来源	公式
β	$-1.29\mathrm{e}-02$	$\mu\mathrm{mol} \cdot \mathrm{m}^{-3}$	依 Tardieu 等[11-12]的数据重新拟合并整理	
δ	$-2.98\mathrm{e}-03$	MPa^{-1}		
Rp	$7.2\mathrm{e}+03$	$\mathrm{MPa} \cdot \mathrm{S} \cdot \mathrm{m}^{-1}$		
L_1	$-1\mathrm{e}-07x^2 + 0.0036x + 0.3902$			
L_2	$-1\mathrm{e}-08x^2 + 0.0004x + 11.631$			

3　意义

　　阳园燕等[1]建立了根系吸水模型和根源 ABA 参与作物气孔调控过程相耦合的气孔导度模型,该模型在根源信号 ABA 的产生项中考虑了根系吸水影响函数和根系密度分布函数。利用该耦合模型模拟大田状况下根源 ABA 参与玉米气孔行为调控过程,结果表明,由于充分考虑了根区土壤水势和土壤中根长密度分布对根系吸水的影响,较好地反映了土壤不同层次根系吸水强度,更为确切地描述了当土壤水分亏缺时,根系合成 ABA 的量、各层根系蒸腾流中 ABA 浓度、木质部 ABA 浓度以及最终 ABA 参与对气孔行为的调控作用。对改进和优化以 ABA 为信号载体的根冠通讯学说具有一定意义,为以后的研究奠定理论基础。

参考文献

[1]　阳园燕,郭安红,安顺清,等. 土壤水分亏缺条件下根源信号 ABA 参与作物气孔调控的数值模拟. 应用生态学报,2006,17(1):65-70.

[2]　Luo Y(罗毅),Yu Q(于强),Ouyang Z(欧阳竹). The evaluation of water uptake models by using precise field observation data. J Hydr Eng(水利学报),2000,(4):73-80.

[3]　Luo Y(罗毅),Yu Q(于强),Ouyang Z(欧阳竹),An integrated model for water heat CO_2 flux and photosynthesis in SPAC system I. Establishment of model. J Hydr Eng(水利学报),2001,(2):90-97.

[4]　Davies WJ,Zhang J. Root signals and the regulation of growth and development of plants in drying soil. Ann Rev Plant Physiol Mol Biol. 1991,42:55-76.

[5]　Tardieu F,Zhang J,Katerji N,et al. Xylem ABA controls the stomatal conductance of field-grow maize subject to soil compacting and soil drying. Plant Cell Environ,1992,15:193-197.

[6]　Slovik S,Baier M,Hartung W. Compartmental distribution and redistribution of abscisic acid in intact leaves (I - III). Planta,1992,187:14-47.

[7]   Jin MX(金明现),Wang TD(王天铎). A mathematical simulation of stomatal regulation association with root-originated ABA. Acta Bot Sin(植物学报),1997,39(4):335－340.

[8]   Tardieu F, Davles WJ. Inceqracion of hydraulit and chemieal sighaling in the contral of stomatal conductance and water status of drought plants. Plant cell Eaciron,1993,16:341－349.

[9]   Tardieu F, Davies WJ. What information is conleyed by an ABA Sigual from maiye roots in drying field soil? plant, Cell Environ. 1992,15:185－191.

[10]   Khalil AAM, Grace J. Does xylem sap ABA contral the stomatal behauior of water stressed sgeamore(*Acer pseudoplatanus* L.)seeding? J exp Bat,1993. 44:1127－1134.

[11]   Tardieu F, Zhang J. Katerji N, et al. Xylem ABA contrals the stomatal conductance of field grow maiye subject to soil compacting and soil a rying. Plant Cell Ewiron, 1992,15:193－197.

[12]   Tardieu F, Zhang J. Stamatal control by both[ABA]in the xylem sap and water status:A test of a model for droughted or ABA-feel field-grow. maiye Plant Cell environ, 1993,16:413－420.

种群分布的格局模型

1　背景

　　种群分布格局(pattern)或称散布(dispersion)是指种群个体在植物群落中的空间分布,这种分布是种群自身特性、种间关系及环境条件综合作用的结果[1]。它不仅对种群的水平结构给以定量的描述,还可用以揭示种群的动态变化[2]。田长城等[3]分别对不同年龄阶段旱冬瓜和潺槁木姜子种群的分布格局进行研究,进而对种群动态演化进行分析,并利用物种自身形态学特征和 Heygi 单木竞争指数模型来说明产生这种分布格局和动态变化的原因。

2　公式

2.1　种群分布格局调查方法

　　采用 Clark 和 Evans 的最近邻体法(the nearest neighbor methods),这是一种无样地分布格局测定方法,但是这种方法没有考虑到样地形状和边缘效应,其检验向均匀分布倾斜。Füdner 提出了一个修正公式[4]:

$$CE = \frac{r_A}{r_E} = \frac{\dfrac{1}{N}\sum_{i=1}^{N} r_i}{0.5\sqrt{A/N + 0.0514P/N + 0.04P/N^{3/2}}} \tag{1}$$

式中:CE 表示 Clark-Evans 指数;r_A 表示样地中个体和最近相邻个体间距离的平均值;r_E 表示所有个体随机分布时 r_A 的期望值;r_i 表示第 i 个个体和其最近邻体间的距离;N 表示样地内的个体总数;A 表示样地面积;P 表示样地周长。当 $CE = 1$ 时,种群呈随机分布;当 $CE > 1$ 时,为均匀分布;当 $CE < 1$ 时,则为聚集分布。利用正态分布进行检验[4]:

$$u = \frac{r_A - r_E}{\sigma_{r_E}} \tag{2}$$

$$\sigma_{r_E} = \frac{0.261\,36}{\sqrt{\rho N}} = \frac{0.261\,36}{\sqrt{N^2/A}} \tag{3}$$

式中:$\rho = N/A$ 为密度;σ_{r_E} 是一个密度为 ρ 符合 Possion 分布的 r_E 标准差。研究表明,无论在规则样地还是在不规则样地中,最近邻体法均非常有效[5]。

2.2 种群竞争分析方法

利用 Heygi 单木竞争指数模型对样地中的乔木进行竞争分析[6-7]:

$$CI = \sum_{j=1}^{N} (D_j/D_i)/L_{ij}$$

其中,CI 是 Heygi 系数;D_j 是竞争木胸径;D_i 是对象木的胸径;L_{ij} 是竞争木和对象木之间的距离。

表 1 列出了调查样地中旱冬瓜和潺槁木姜子分布格局类型参数以及样地乔木的平均胸径。从表中可见,5 块样地中,旱冬瓜均呈随机分布但是与之伴生的潺槁木姜子的分布在旱冬瓜平均胸径大于 50 cm 后,呈现出不同类型,这主要是受到旱冬瓜种群的影响。

表 1 旱冬瓜和潺槁木姜子的种群分布格局

样地	旱冬瓜				潺槁木姜子			
	CE	u	分布格局	DBH	CE	u	分布格局	DBH
1	0.885	1.767	R	27.563	0.994	0.135	R	10.992
2	0.956	0.540	R	28.800	0.935	1.519	R	10.980
3	0.937	0.363	R	42.220	1.012	0.138	R	13.263
4	1.050	0.387	R	50.375	0.894	2.037*	C	15.110
5	1.449	1.732	R	79.000	1.241	2.940**	Rc	11.362

* $P < 0.05$,$t_{0.05} = 1.96$;* * $P < 0.01$,$t_{0.01} = 2.58$;DBH:胸径平均值(cm);Re:均匀分布;R:随机分布;C:聚集分布.

3 意义

田长城等[3]总结概括了种群分布格局和动态模型,利用最近邻体法和 Heygi 单木竞争指数模型,对两个种群的分布格局和竞争情况进行分析。结果表明,旱冬瓜在不同生长阶段均呈现随机分布,而伴生的潺槁木姜子种群则呈现随机分布 - 聚集分布 - 均匀分布的变化趋势。种间竞争和物种自身生物学特性对两个种群的分布格局具有显著影响。旱冬瓜种群的龄级结构为衰退型,潺槁木姜子种群则为成长型。为黑长臂猿栖息地的保护和研究提供一些基础资料。

参考文献

［1］ Cao GX(操国兴),Zhong ZC(钟章成),Liu Y(刘 芸),et al. The study of distribution pattern of Camellia rosthornianna population in Jinyun mountain. J Biol(生物学杂志),2003,20(1):10 - 12.

［2］ Fu X(傅 星),Nan YG(南寅镐). Population pattern of main communities on halomorphic meadow of

Keerqin sandy land. Chin J Appl Ecol(应用生态学报),1992,3(4):313 - 320.

[3] 田长城,周守标,蒋学龙. 黑长臂猿栖息地旱冬瓜和潺槁木姜子种群分布格局和动态. 应用生态学报,2006,17(2):167 - 170.

[4] Dai XH(戴小华),Yu SX(余世孝). Interspecific segregation in a tropical rain forest at Bawangling Nature Reserve,Hainan Island. Acta phytoecol Sin(植物生态学报),2003,27(3):380 - 387.

[5] Dai XH(戴小华),Yu SX(余世孝). Analysis of population distribution pattern based on GIS technique. Acta Sci Nat Univ Sunyatseni(中山大学学报·自然科学版),2003,42(1):75 - 78.

[6] Zou CJ(邹春静),Wang QL(王庆礼),Han SJ(韩世杰). Study on competition relationship between dificators in dark conifer forest in the Changbai mountains. Chin J Appl Environ Biol(应用与环境生物学报),2001,7(2):101 - 105.

[7] Zou CJ(邹春静),Xu WD(徐文铎). Study on intraspecific and interspecific competition of Picea mongolica. Acta Phytoecol Sin(植物生态学报),1998,22(3):269 - 274.

蝴蝶的多样性模型

1 背景

生物多样性的研究及保护已经成为当今世界关注的热点问题。而昆虫多样性是生物多样性重要的组成部分,甚至有学者认为昆虫主宰着全球的生物多样性[1]。查玉平等[2]于 2003—2004 年定期对后河国家级自然保护区的蝴蝶进行实地调查,并对其群落结构和多样性进行了分析探讨,为自然保护区的资源保护、利用以及环境质量监测提供基础资料。

2 公式

等级多样性指数所用公式为:

$$H'(FGS) = H'(F) + H'(G) + H'(S) \tag{1}$$

其中,$H'(F)$、$H'(G)$、$H'(S)$ 分别为科级、属级和种级的多样性指数。

各级多样性指数用 Shannon-Wiener 公式:

$$H' = - \sum_{P_i}^{S} \ln P_i, P_i = N_i/N \tag{2}$$

其中,S 为物种总数;N 为物种总个体数;N_i 为第 i 种个体数;P_i 为群落中属于第 i 种的个体比例[3]。

物种丰富度(S)直接用物种数表示[4]。

优势度指数(D)采用 Berger-Parker 指数:

$$D = N_{\max}/N_T \tag{3}$$

其中,$N_{\max}$ 为优势种的种群数量,N_T 为群落全部种类的种群数量[5]。

均匀度(J')采用 Pielou 公式:

$$J' = H'/\ln S \tag{4}$$

其中,H' 为 Shannon-Wiener 多样性指数,S 为群落中物种数[6]。

根据公式,进行鉴定。经鉴定,后河国家级自然保护区有蝴蝶 9 科 60 属 112 种。春、夏、秋季种类组成差异较大(表 1)。

表1　后河国家级自然保护区蝴蝶群落的数量特征

科名	属数				种数				个体数				丰富度	种比例 /%
	春	夏	秋	总计	春	夏	秋	总计	春	夏	秋	总计		
凤蝶科	3	3	1	5	4	8	2	11	14	10	4	28	11	9.82
环蝶科	0	1	0	1	0	1	0	1	0	2	0	2	1	0.89
喙蝶科	0	1	0	1	0	1	0	1	0	4	0	4	1	0.89
粉蝶科	5	7	2	9	7	13	6	15	17	118	31	166	15	13.39
眼蝶科	0	6	1	6	0	18	3	20	0	50	7	57	20	17.86
蛱蝶科	3	14	6	15	4	24	10	32	12	73	26	111	32	28.57
灰蝶科	4	6	2	8	4	9	2	11	8	15	16	39	11	9.82
弄蝶科	0	13	1	13	0	18	1	19	0	56	2	58	19	16.96
蚬蝶科	2	0	1	2	2	0	1	2	4	0	1	5	2	1.79
合计	17	51	14	60	21	92	25	112	55	328	87	470	112	100.0

3　意义

查玉平等[2]总结概括了蝴蝶群落多样性研究模型,于2003—2004年对湖北省五峰后河国家级自然保护区的蝴蝶群落进行实地调查,采用α-多样性测度方法研究春、夏、秋3季蝴蝶群落的多样性,分析其物种丰富度指数,科、属和种级分类下的多样性指数、均匀度指数和优势度指数。对其群落结构和多样性进行了分析探讨,为自然保护区的资源保护、利用以及环境质量监测提供基础资料。

参考文献

[1] Lawton JH. Abstracts of International Congress of Entomology. Londrina:Embrapa Soja,2000:1-3.

[2] 查玉平,骆启桂,王国秀,等.后河国家级自然保护区蝴蝶群落多样性研究.应用生态学报,2006,17(2):265-268.

[3] Ji LZ(姬兰柱),Dong BL(董百丽),Wei CY(魏春艳),et al. Insect species diversity in Korean pine broad-leaved mixed forest in Changbai Mountains. Chin J Appl Ecol(应用生态学报),2004,15(9):1527-1530.

[4] Chen ZN(陈振宁),Zeng Y(曾　阳). The butterfly diversity of different habitat types in Qilian,Qinghai Province. Biodiv Sci(生物多样性),2001,9(2):109-114.

[5] Miao Y(缪　勇),Zou YD(邹运鼎),Sun SJ(孙善教),et al. Dynamics of predatory natural enemy community in cotton fields. Chin J Appl Ecol(应用生态学报),2002,13(11):1437-1440.

[6] Song TX(宋天祥),Zhang GH(张国华),Chang JB(常剑波),et al. Fish diversity in Honghu Lake. Chin J Appl Ecol(应用生态学报),1999,10(1):86-90.

蓝藻与猪粪的甲烷产量计算

1 背景

随着工农业生产的发展,太湖富营养化程度日益严重,由此产生的太湖蓝藻水华的暴发使局部地区水质恶化,产生异味,溶解氧降低,造成了区域性的生态灾害。王寿权等[1]在35℃条件下,利用猪粪为接种物,对接种比例(ISRs)(质量比)分别为3.0,2.0,1.0,0.5和0.25时的猪粪与蓝藻混合发酵进行研究,通过对厌氧分批发酵过程中的甲烷产量、生物降解率及特定影响参数的研究,寻找发酵过程中参数变化的规律。

2 公式

2.1 接种比例对蓝藻生物降解率(BD)的影响计算

对于 BD 的研究,Veeken 和 Hamelers 等[2]用最终积累的甲烷量来计算样品的 BD 值,即:

$$BD(\%) = \frac{Y \times 2.86 \times 100}{COD_{sample}} \tag{1}$$

式中,Y 为总甲烷量,mL/g;系数 2.86 表示理论上 1L CH_4 所消耗的 COD_{cr} 量,g;COD_{sample} 为样品的 COD_{cr},g/g。

2.2 接种比例对蓝藻的生物产甲烷潜力(BMP)影响计算

在 BMP 方面的研究,一些学者认为,生物质产甲烷过程遵循一级反应[3-4]。1979 年 Owen 等[5]提出了 BMP 分析方法,后经多位研究者应用并修正,1993 年 Cheynoweth 等[3]提出了生物质厌氧消化过程产甲烷动力学方程:

$$B = B_0(1 - e^{-kt}) \tag{2}$$

式中,B 为甲烷产量,mL/g;B_0 为甲烷最终产量,mL/g;k 为反应速率常数;t 为时间,d。

在式(2)中,经拟合得到动力学方程中各参数(表1),各个反应体系的数据与拟合模型的决定系数(R^2)都大于 0.97(显著性水平 $\alpha = 0.05$),由此可见,模型与试验的相关性比较高,能够很好地反映厌氧发酵过程中甲烷的产生过程。

表 1　蓝藻与猪粪产甲烷的反应速率参数(Cheynoweth 方程)

ISRs	$B = B_0(1 - e^{-kt})$			
	B_0	k	R^2	均方差($RMSE$)
3.0	303	0.048	0.984	8.23
2.0	283	0.071	0.977	11.76
1.0	103	0.222	0.977	4.87
0.5	49	0.372	0.984	1.74
0.25	21.3	0.634	0.998	0.24

3　意义

　　蓝藻与猪粪混合发酵的甲烷产量计算表明,ISRs 在 2.0 以下时,ISRs 对蓝藻发酵产甲烷影响较大,产甲烷量随猪粪接种量增加而增加;而 ISRs 为 3.0 时,甲烷产量与 2.0 相比变化不大。在各种 ISRs 情况下,整个产气过程遵守 Cheynoweth 方程($R^2 > 0.97$)。初步总结了各参数的变化规律,为蓝藻的资源化利用提供依据。

参考文献

[1]　王寿权,严群,缪恒锋,等. 接种比例对猪粪与蓝藻混合发酵产甲烷的影响. 农业工程学报,2009,25(5):172 – 176.

[2]　Veeken A,Hamelers B. Effect of temperature on hydrolysis rates of selected biowaste components. Biore-source Technology,1999,69:249 – 254.

[3]　Chynoweth D P. Biochemical methane potential of biomass and waste feedstocks. Biomass and Bioenergy,1993,5(1):95 – 111.

[4]　Richards B K,Cummings R J,White T E,et al. Methods for kinetic analysis of methane fermentation in high solids biomass digesters. Biomass and Bioenergy,1991,1(2):65 – 73.

[5]　Owen W F,Stuckey D C,Healy J B,et al. Bioassay for monitoring biochemical methane potential and anae-robic toxicity. Water Research,1979(3):485 – 492.